高职高专机电类专业系列教材

机械基础

——学做一体化

主　编　张随喜　宋志峰　朱　钰

副主编　许万有　刘文福

　　　　李晓静　徐超毅

参　编　于　晶　陈　潇

西安电子科技大学出版社

内 容 简 介

　　本书将工程力学、机械工程材料、公差与配合、机械设计基础课程设计和机械设计基础等课程内容进行了有机的结合，形成一门以任务为引领的机械基础课程。本书的总任务是带式输送机传动装置的设计，包含 10 个任务，即工程材料的选用、构件基本变形的强度计算、识读机械图纸上的标识、电动机的选择及运动动力参数的计算、传动机构的设计、轴的选择与设计、滚动轴承及其选择、各种连接的选择与计算、减速器箱体尺寸和附件的选择以及减速器润滑和密封方式的选择。

　　本书可作为高等职业院校机械类专业的教材，尤其适合有机械课程设计教学环节的专业使用，也可供其他近机类专业和成人高校、中职学校选用。

　　建议教学计划 100～110 课时。

图书在版编目(CIP)数据

机械基础：学做一体化 / 张随喜，宋志峰，朱钰主编. —西安：西安电子科技大学出版社，2022.7
ISBN 978-7-5606-6463-7

Ⅰ.①机…　Ⅱ.①张…　②宋…　③朱…　Ⅲ.①机械学　Ⅳ.①TH11

中国版本图书馆 CIP 数据核字(2022)第 080610 号

策划编辑　秦志峰　刘　杰
责任编辑　秦志峰
出版发行　西安电子科技大学出版社(西安市太白南路 2 号)
电　　话　(029) 88202421　88201467　　　邮　　编　710071
网　　址　www.xduph.com　　　　　　　电子邮箱　xdupfxb001@163.com
经　　销　新华书店
印刷单位　陕西天意印务有限责任公司
版　　次　2022 年 7 月第 1 版　　2022 年 7 月第 1 次印刷
开　　本　787 毫米×1092 毫米　1/16　印张 15
字　　数　353 千字
印　　数　1～2000 册
定　　价　45.00 元
ISBN　978-7-5606-6463-7 / TH
XDUP 6765001-1

***如有印装问题可调换

前　言

本书是根据高等职业技术教育机械类专业的"机械基础课程教学基本要求"编写的。本书充分考虑了机械类专业的特点，在引出抽象的定义和概念时，尽可能从工程实际出发，力求做到严格、严密和严谨。在列出定理、定律和公式时，着力于物理意义的阐述并作定性分析，使其推导过程尽量简化和从略。本书内容和文字表达力求深入浅出、联系实际和便于教学。

本书的鲜明特点之一是通过任务引领模式安排全书内容，书中的 10 个任务都是围绕总任务展开的(其中，前 3 个任务是基础准备内容，后 7 个任务可以授课和课程设计准备同步进行)；特点之二是本书根据现阶段学生的特点，弱化理论推导和讲解，侧重实训内容，教材内容简明，可操作性强，如减速器拆装练习、机械工程材料选材练习等；特点之三是书中有一些编者的思考和个性处理，如物体的受力分析、带轮的结构设计等。

本书根据课程内容，在每一个任务后精心安排了教学检测，并统一了课后习题类型，包括填空题、单选题、判断题、简答题和实作题(计算题、作图类和实操类等)。其中，从任务四到任务十的实作题中给出了课程设计的具体题目，体现了授课与课程设计同步进行的思路和步骤，实现学、练、考、用等环节的无缝对接。

本书编写分工为：河南轻工职业学院张随喜编写了绪论和任务六，濮阳职业技术学院宋志峰编写了任务二，郑州工业安全职业学院朱钰编写了任务一和任务三，河南轻工职业学院许万有编写了任务四和任务八，河南农业职业学院刘文福编写了任务七，邓州市职业技术学校李晓静编写了任务九，邓州市职业技术学校徐超毅编写了任务五，河南轻工职业学院于晶编写了任务十，开封大学陈潇编写了附录。全书由张随喜统稿。

由于编者水平有限，书中难免存在不妥之处，欢迎广大读者批评指正。

编　者
2022 年 2 月

目　　录

绪　　论

在人类发展的历程中，机械设备在生产和生活中的作用和影响巨大，可以说从人们的日常生活到工作的各行各业都离不开机械。我国在制造业方面取得的成就，如高铁、大型盾构机和天宫飞船等，正成为一张张中国名片闪亮登上世界舞台，国家制定的"中国制造2025"战略正推动我国逐渐迈进制造强国的行列。

下面对机械基础课程常讲述到的几个基础概念及机械基础课程的内容和任务做一简要介绍。

0.1　机器及其组成

人们在日常生活和生产劳动中，广泛地使用着各种机器，如洗衣机、挖掘机和汽车等，尽管它们的构造、用途和性能各异，但它们仍具有一些共同特征。

图 0-1 所示为带式输送机(运输机)传动装置简图，它是由电动机 1、小带轮 2、传动带 3、大齿轮 4、轴承 5、联轴器 6、卷筒 7、输送带 8、大带轮 9 和小齿轮 10 等组成的。整台机器以电动机为动力源，动力经带传动、齿轮传动机构传递到卷筒，从而带动输送带工作。

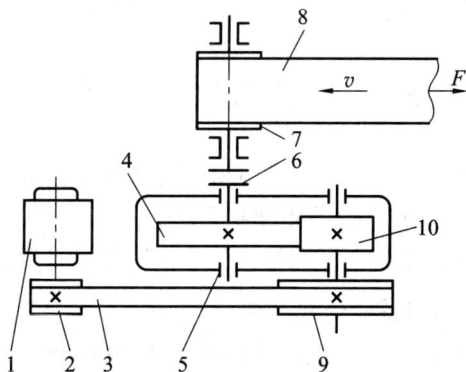

图 0-1　带式输送机传动装置简图

机器的特征：① 机器是一种人为的实物组合；② 各运动单元间具有确定的相对运动；③ 机器可代替人类劳动，完成物流、信息的传递及能量的转换。

机器的基本部分一般是由动力系统、传动系统、执行系统组成的。动力系统是机器工作的动力来源，如图 0-1 中的电动机；传动系统是将原动机的运动和动力传递给执行系统的中间部分，如图 0-1 中的带传动和齿轮传动；执行系统是直接完成工作任务的部分，如图 0-1 中的卷筒和输送带。

机器由若干个机构组成，如图 0-1 中的带式输送机是由齿轮机构和带传动机构组成的。机构是用来传递运动和动力的构件系统，它只具备机器的前两个特征。机构是由主动件、从动件和机架组成的。

零件是机器的制造单元。通用零件是各种机械中普遍使用的零件，如螺钉和齿轮等。专用零件是特定类型机械才用到的零件，如起重机吊钩和内燃机曲轴等。

构件是机械的运动单元。一个构件可由一个或若干个零件组成，如图 0-2 所示的带轮与轴的连接即为一构件。

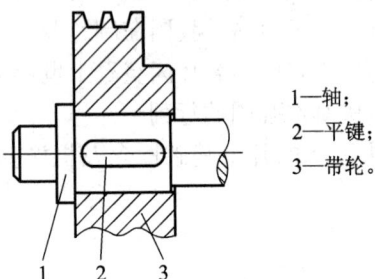

1—轴；
2—平键；
3—带轮。

图 0-2　带轮与轴的连接

0.2　机械基础课程的内容和任务

1. 机械基础课程的内容

(1) 机械工程材料：介绍机械工程材料的性能和用途以及可提高材料潜能的热处理方法，为正确、合理地选择和使用工程材料奠定基础。

(2) 工程力学：用力学分析的方法，对工程构件或机器零件的承载能力进行分析，使之工作安全、可靠。

(3) 公差与配合：介绍机械零件几何精度方面的基本知识和国家标准，使学生能够正确识读机械图纸上的各种标注。

(4) 机械设计基础：介绍机器中常用机构和通用零部件的工作原理、结构特点和运动、动力性能等，使学生掌握一些基本设计步骤和方法。

(5) 机械基础课程设计：主要介绍课程设计前期准备、计算的部分内容。

2. 机械基础课程设计的内容和一般过程

机械基础课程设计的题目较多是以减速器为主体的机械减速传动装置，因为这类选题不仅能充分反映机械设计课程的主要内容，同时还可使学生得到较全面的基本训练。本书选用的是图 0-1 所示的带式输送机传动装置。

课程设计的内容通常包括：确定传动装置的总体设计方案；选择电动机；计算传动装置的运动和动力参数；传动零件、轴的设计计算；轴承、联轴器、润滑、密封件和连接件的选择及校核计算；箱体结构及附件的设计；绘制装配工作图及零件工作图；编写"设计计算说明书"。

　　课程设计的一般过程是先从方案分析开始，再进行必要的设计计算和结构设计，最后以图样和计算说明书来表达设计结果。

3. 机械基础课程的任务

　　本课程的总任务是带式输送机传动装置的设计，通过总任务的学习和完成，可以培养学生分析和解决工程实际问题的能力，掌握机械零件、机械传动装置或简单机械的一般设计方法和步骤；提高有关设计能力，如计算能力、绘图能力以及计算机辅助设计能力等，熟悉设计资料(手册、图册等)的使用，掌握经验估算等机械设计的基本技能。

　　针对总任务，本书共安排了以下 10 个任务：① 工程材料的选用；② 构件基本变形的强度计算；③ 识读机械图纸上的标识；④ 电动机的选择及运动动力参数的计算；⑤ 传动机构的设计；⑥ 轴的选择及设计；⑦ 滚动轴承及其选择；⑧ 各种连接的选择与计算；⑨ 减速器箱体尺寸和附件的选择；⑩ 减速器润滑和密封方式的选择。

4. 机械基础课程的学习方法

　　(1) 总任务和详细任务的设定，能使学生清晰地了解这门课程的学习是为什么服务的，从而解决学用脱节问题。

　　(2) 本书的前三个任务是实现课程总任务的基本知识准备内容，后七个任务即进入课程设计前期的设计计算部分了。

　　(3) 在学习本课程过程中应注意与学习基础课之间的差异。基础课内容往往研究对象的影响条件或因素单一或理想化，较注重过程的推导和结果的准确性；本课程内容则与工程实际较接近，研究对象的影响条件或因素复杂或多样化(常采用简化和修正等手段)，更注重结果的实用性和便捷性。

　　(4) 本课程使学生从"学中做"(思考题和问题现象分析)向"做中学"(课堂练习)和"学会做"(课后教学检测)过渡。

　　(5) 学生应根据自己生活中经历的一些见闻或实践(实习)活动学习本课程内容。

任务一 工程材料的选用

工程上实际应用的材料类型繁多，通常按材料的化学成分、结合键的特点可将工程材料分为金属材料、高分子材料、陶瓷材料和复合材料等几大类。其中，金属材料的强韧性好，塑性变形能力强，导电、导热性好，故其为主要的工程材料；在各种机器设备所使用的材料中，金属材料约占80%～90%以上。本任务只介绍金属材料的性能和应用情况。

金属材料的性能包括工艺性能和使用性能两个方面。工艺性能是指材料加工时所表现出来的特性，如热处理性、铸造性、压力加工性、焊接性、切削性等；使用性能是指材料在使用时所表现出来的特性，如力学性能、物理性能和化学性能。其中，力学性能是评定金属材料质量的主要判据，也是金属制件在设计时选材和进行强度计算的主要依据，因此掌握金属材料的力学性能是非常重要的。

1.1 金属材料的力学性能

金属材料在载荷作用下所表现出来的特性，称为力学性能。它主要有强度、塑性、硬度、冲击韧性和疲劳强度等。

1. 强度

金属材料抵抗塑性变形(永久变形)和断裂的能力称为强度。抵抗能力越大，则强度越高。

测定强度高低的方法通常用试验法，其中拉伸试验应用最普遍。如图 1-1 所示为低碳钢的拉伸曲线，试样在拉伸过程中经历了弹性阶段、屈服阶段、强化阶段和颈缩阶段。常用的强度判据有抗拉强度 σ_b 和屈服强度 σ_s。其中，屈服强度为选用塑性材料的重要依据，抗拉强度为选用脆性材料的重要依据。

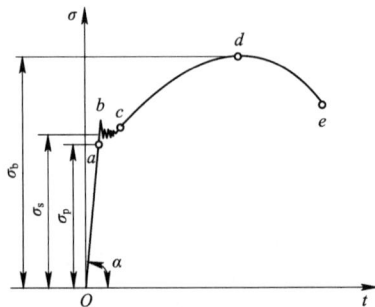

图 1-1　低碳钢的拉伸曲线

2. 塑性

塑性是指金属材料断裂前发生不可逆的永久变形的能力。塑性较好的金属材料便于进行压力加工。

判断金属材料塑性好坏的主要判据有断后伸长率 δ 和断面收缩率 ψ。如图 1-2 所示为拉伸试样，l_0、l_1 分别为试样的原始长度和被拉断后的长度，d_0、d_1 分别为标距内试样的原始直径和断口处直径。

$$\delta = \frac{l_1 - l_0}{l_0} \times 100\%$$

$$\psi = \frac{A_0 - A_1}{A_0} \times 100\%$$

式中：A_0 为试样的原始横截面积，A_1 为试样被拉断后颈缩处的最小横截面积。

δ、ψ 值越大，表示材料的塑性越好，比较容易进行锻压、轧制等压力加工。

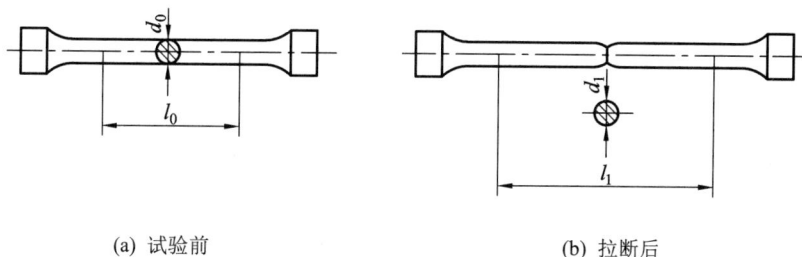

(a) 试验前   (b) 拉断后

图 1-2 拉伸试样

3. 硬度

硬度是指金属材料抵抗局部变形，尤其是局部塑性变形、压痕或划痕的能力，是衡量材料软硬的判据，也可以从一定程度上反映材料的综合力学性能。材料的硬度可通过硬度试验来测定。常用的硬度试验方法有布氏测试法、洛氏测试法、维氏测试法和里氏测试法，其中前两种方法应用较广泛。

在实际应用时，布氏硬度值既不用计算，又不用标注单位，只需测出压痕直径 D（见图 1-3）后，再查压痕直径与布氏硬度对照表即可。布氏硬度测量结果较准确，但压痕较大，适用于铸铁、铸钢、非铁金属材料及热处理后钢材毛坯或半成品。布氏硬度常见的表示方法为：硬度值＋压头符号，如 350 HBW。

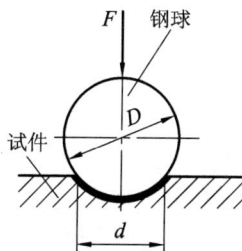

图 1-3 布氏硬度测试法

洛氏硬度测量操作简单，压痕小，测量精度较低，在批量的成品或半成品质量检验中被广泛采用，也可测定较薄工件或表面有较薄硬化层的硬度。洛氏硬度常采用三种标尺，即 HRA、HRB 和 HRC，其中 HRC 应用较广泛。洛氏硬度的表示方法为：硬度值＋符号，如 58 HRC、85 HRA 等。

4. 冲击韧性

冲击韧性是指金属材料在冲击载荷作用下抵抗塑性变形和断裂的能力。工程中常用冲击韧度值 a_K 的大小表示材料冲击韧性的好坏，a_K 值越大，金属抵抗冲击的能力越强。测定冲击韧性最常用的冲击试验是飞摆锤式一次性冲击试验，其工作原理如图 1-4 所示。

$$a_K = \frac{A_K}{S}$$

式中：A_K 为冲断试样所做的功，称为冲击吸收功，在工程实际中有时也可作为材料冲击韧性的判据；S 为试样缺口处的截面积。

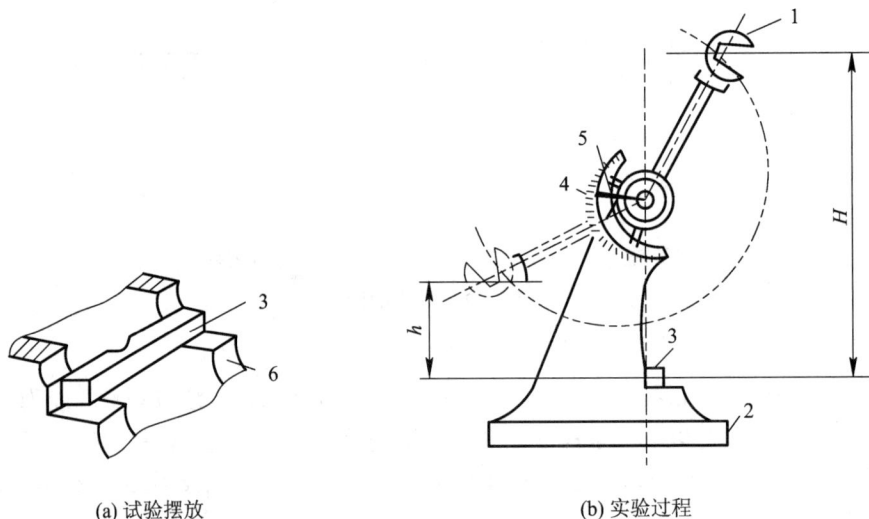

(a) 试验摆放 (b) 实验过程

1—摆锤；2—机架；3—试样；4—表盘；5—指针；6—机座。

图 1-4 冲击试验

5. 疲劳强度

许多零件工作时其内部都存在着变应力，如果这种变应力做周期性变化，则称之为循环应力或交变应力。

零件在交变应力下工作时，尽管有时交变应力值远远低于抗拉强度，但经过一定的应力循环次数后也会在一处或几处产生局部永久性积累损伤，导致零件产生裂纹或突然发生断裂，这个过程称为金属疲劳(疲劳破坏)。据统计，大部分零件的损坏都是由金属疲劳造成的。交变应力与应力循环次数的关系可以通过做疲劳试验来分析。经过对试验数据的整理，可画出材料的疲劳曲线。某金属材料的疲劳曲线如图 1-5 所示。金属在循环应力下能经受无限多次循环而不断裂的最大应力称为疲劳强度。

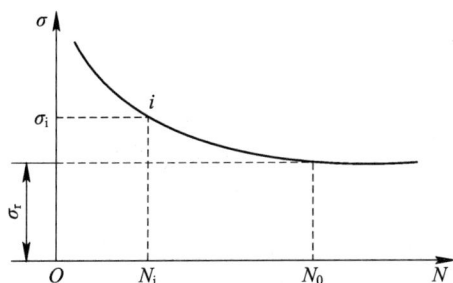

图 1-5　疲劳曲线

零件的表面有微裂纹、划痕或应力集中，内部有缺陷(如气孔、缩松、夹杂物等)时，极易出现疲劳破坏。减小零件的表面粗糙度、对其进行表面强化处理(如表面淬火、滚压加工、做喷丸处理等)均可提高零件的疲劳强度。

1.2　钢的热处理

钢的热处理是指将钢在固态下采用适当的方式进行加热、保温和冷却，以获得所需组织结构与性能的工艺。热处理是改善钢材性能的重要工艺措施，它不仅可提高机械零件的使用性能，还可用于改善钢材的工艺性能。因此，热处理在机械制造中占有十分重要的地位。

热处理的方法虽然很多，但任何热处理工艺都是由加热、保温和冷却三个阶段组成的，只是在工艺要素(温度、时间)上有所区别。因此，热处理工艺通常采用如图 1-6 所示的以温度和时间为坐标的工艺曲线来表示。钢的加热是热处理的第一道工序，其主要目的是使钢转变成均匀的奥氏体，为后续冷却转变做好组织准备。图 1-7 表示不同成分的钢在加热与冷却时相变临界点的位置。图中 A_1、A_3、A_{cm} 是平衡时的转变温度，称为临界点。在实际生产中由于加热速度比较快，因此相变的临界点要高些，分别以 Ac_1、Ac_3、Ac_{cm} 表示；相反，在冷却时，冷却速度也较平衡状态时快，因而临界点下降，分别以 Ar_1、Ar_3、Ar_{cm} 表示。

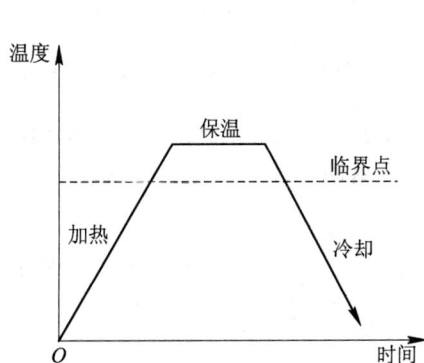

图 1-6　热处理工艺曲线

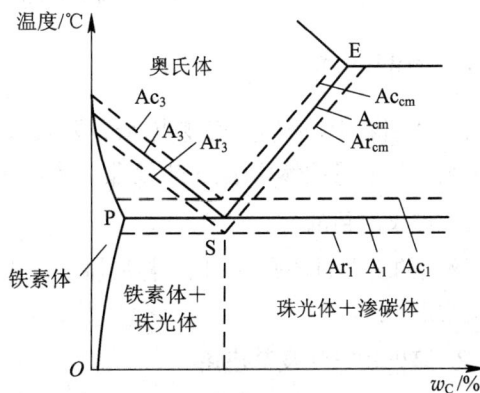

图 1-7　钢在加热(冷却)时的相变临界点

1.2.1　钢的退火与正火

退火与正火是钢的基本热处理工艺之一，其目的主要在于消除钢材经热加工所引起的某些缺陷，或者为以后的加工做好准备，故称为预备热处理。

1. 退火

将钢加热到适当温度，保温一定时间，然后缓慢冷却的热处理工艺称为退火。退火工艺的主要特点是缓慢冷却。退火的主要目的是：

(1) 降低硬度，提高塑性。经铸、锻、焊或冷变形加工后的钢件，一般硬度偏高，需经退火降低硬度，提高塑性，以利于切削加工或继续冷变形。

(2) 细化晶粒，消除组织缺陷。热加工后的钢件往往存在组织粗大等缺陷，需经退火进行重结晶，以消除组织缺陷，改善钢的性能，并为以后的淬火等最终热处理做好组织准备。

(3) 消除内应力。钢件在冷热加工过程中往往会产生内应力，如不及时消除，将会引起变形甚至开裂。退火可消除内应力，稳定工件尺寸，防止变形与开裂。

根据退火工艺和目的的不同，退火常分为完全退火、等温退火、球化退火、均匀化退火和去应力退火等。

完全退火主要用于亚共析钢的铸件、锻件、焊接件等。等温退火主要用于高碳钢、合金工具钢和高合金钢。球化退火主要用于共析或过共析成分的碳钢和合金钢。均匀化退火的目的是消除铸造结晶过程中产生的枝晶偏析，使成分均匀化。去应力退火主要用于消除铸件、锻件、焊接件的内应力，稳定尺寸，减少工件在使用过程中的变形。

2. 正火

正火是把工件加热到 Ac_3 或 Ac_1 以上 30～50℃，然后在空气中冷却的工艺。与退火相比，正火冷却速度稍快，因此正火后的组织比较细，强度、硬度比退火高一些。生产中常用正火来改善低碳钢的切削加工性能。对于力学性能要求不太高的普通零件，可考虑采用正火处理作为最终热处理。

各种退火与正火的工艺曲线如图 1-8 所示。

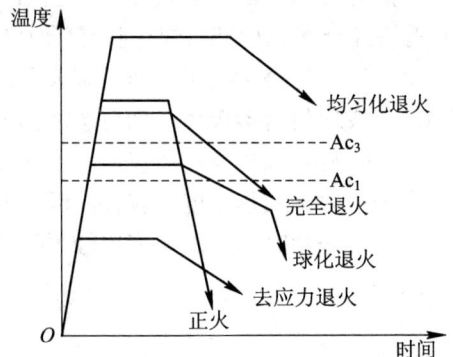

图 1-8　各种退火、正火工艺曲线

1.2.2　钢的淬火

淬火是将钢件加热到相变点 Ac_3 或 Ac_1 以上 30～50℃，保温一定时间，然后快速冷却，获得马氏体(或贝氏体)组织的热处理工艺。淬火是强化钢铁零件最重要的热处理方法。

1. 淬火的目的

淬火的主要目的是使钢件得到马氏体(或贝氏体)组织，零件通过适当回火，获得所需要的使用性能。

2. 淬火的方法及其应用

为了保证钢淬火后得到马氏体，同时又防止钢件产生变形和开裂，应选择合适的淬火方法。常用的淬火方法如图 1-9 所示，图中的 M_s 是指马氏体开始转变的温度(约为 230℃)。

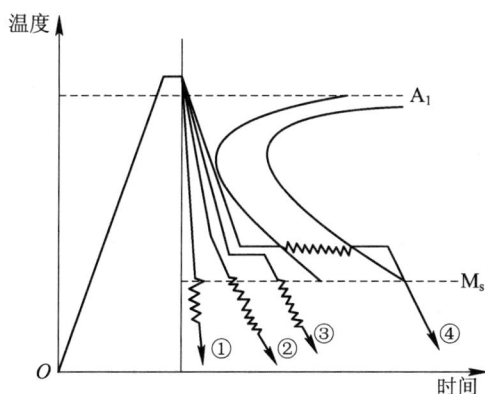

图 1-9　常用淬火方法示意图

(1) 单液淬火(图 1-9 中的①)：操作简单，易实现机械化，应用广泛。缺点是水淬变形开裂倾向大，油淬冷却速度小，容易产生硬度不足或硬度不均匀现象。

(2) 双液淬火(图 1-9 中的②)：其优点在于能将两种不同冷却能力介质的长处结合起来，既可保证获得马氏体组织，又可减小淬火应力，防止工件的变形与开裂。双液液火的关键是要准确控制工件由第一种介质转入第二种介质时的温度。

(3) 分级淬火(图 1-9 中的③)：主要用于形状复杂、尺寸较小的零件。

(4) 等温淬火(图 1-9 中的④)：产生的内应力很小，工件不容易变形与开裂，常用于形状复杂，尺寸要求精确，强度、韧性要求较高的小型工件，如各种模具、成形刃具和弹簧等。

1.2.3　回火

将淬火钢重新加热到 A_1 以下某一温度，保温一定时间，然后冷却到室温的热处理工艺称为回火。它是紧接淬火的热处理工序。

1. 回火的目的

回火的目的是减少内应力；稳定组织，使工件形状、尺寸稳定；调整组织，消除脆性，以获得工件所需要的使用性能。

2. 回火的方法及其应用

根据回火温度的不同，将回火的方法分为低温回火、中温回火及高温回火三种。

(1) 低温回火(150～250℃)：回火后的硬度一般为 58～64 HRC。低温回火的主要目的是降低工件内应力，减少脆性，保持淬火后的高硬度和高耐磨性。低温回火一般用于表面要求高硬度、高耐磨的工件，如刀具、量具、冷作模具、滚动轴承、渗碳件、表面淬火件等。

(2) 中温回火(350～500℃)：中温回火后的硬度为 35～50 HRC。其目的是获得较高的弹性极限和屈服点，并保持一定的韧性。中温回火一般用于要求弹性高、有足够韧性的工件，如弹簧、弹性元件及热锻模具等。

(3) 高温回火(500～650℃)(调质处理)：高温回火后的硬度一般为 220～330 HBW。通常将淬火加高温回火相结合的热处理称为调质处理，其目的是获得强度、硬度和塑性、韧性都较好的综合力学性能。调质处理广泛用于汽车、拖拉机、机床等重要的结构零件，如连杆、螺栓、齿轮及轴类。

通常不在 250～350℃进行回火，因为工件在该温度范围回火时容易产生低温回火脆性。

1.2.4　钢的表面热处理

在生产中有些零件，如齿轮、花键轴、活塞销等表面要求有较高的硬度和耐磨性，而心部却要求具有一定的强度和足够的韧性。采用一般淬火、回火工艺无法达到这种要求，这时需要进行表面热处理，以达到强化表面的目的。

表面热处理又分为两类：一类是只改变表面组织而不改变表面化学成分的热处理工艺，称之为表面淬火；另一类是同时改变表面化学成分及组织的热处理工艺，称之为化学热处理。

1. 钢的表面淬火

表面淬火是将钢件的表面层淬透到一定的深度，而中心部仍保持未淬火状态的一种局部淬火方法。它是通过快速加热，使钢件表面层很快达到淬火温度，在热量来不及传到中心时就立即迅速冷却，实现表面淬火。常用的表面淬火有感应加热表面淬火和火焰加热表面淬火。

(1) 感应加热表面淬火：在一个感应圈中通过一定频率的交流电，在感应圈周围就会产生一个频率相同的交变磁场，将工件置于磁场中，它就会产生与感应圈频率相同、方向相反的封闭的感应电流，这个电流叫作涡流，它主要集中分布在工件表面。如图 1-10 所示，感应加热表面淬火是依靠感应电流的热效应，使工件表层在几秒内快速加热到淬火温度，然后立即冷却，达到表面淬火的目的。

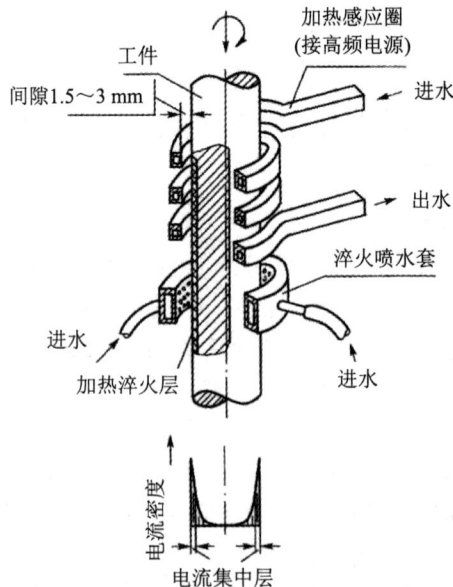

图 1-10　感应加热表面淬火示意图

与普通加热淬火相比，感应加热表面淬火有以下优点：因加热速度快，淬火组织为细小片状马氏体，表层硬度比普通淬火的高 2～3 HRC，且有较好的耐磨性和较低的脆性，不易氧化、脱碳、变形小；生产效率高，易实现机械化和自动化，适宜批量生产。

感应加热表面淬火大多应用于中碳钢和中碳低合金钢工件。根据电流频率不同，感应加热分为高频感应加热、中频感应加热、工频感应加热及超音频感应加热等。频率越高，感应电流集中工件的表面层越浅，则淬硬层越薄。

(2) 火焰加热表面淬火：应用氧—乙炔或其他可燃气的火焰对工件表面进行加热，然后快速冷却的淬火工艺(见图 1-11)。

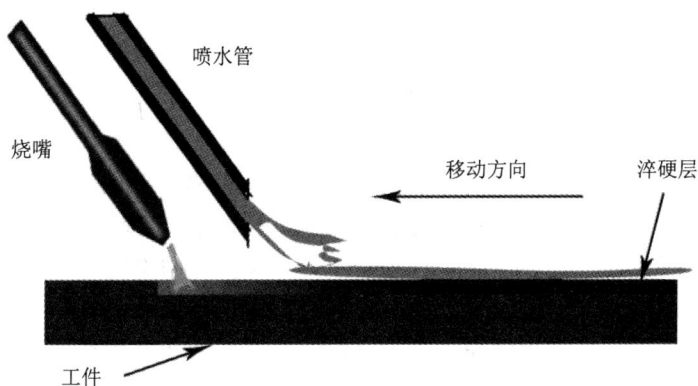

图 1-11 火焰加热表面淬火示意图

火焰加热表面淬火的操作简便，不需要特殊设备，成本低，淬硬层深度一般为 2～6 mm，适用于大型、异型、单件或小批量工件的表面淬火，如大模数齿轮、小孔、顶尖、凿子等。但这种淬火因火焰温度较高，若操作不当则工件表面容易过热或加热不均匀，从而造成硬度不均匀，淬火质量难以控制。

2. 钢的化学热处理

化学热处理是将工件置于一定温度的活性介质中保温，使一种或几种元素渗入钢的表层，以改变工件表层的化学成分、组织和性能的热处理工艺。与表面淬火相比，化学热处理不仅改变了钢件表层的组织，而且表层的化学成分也发生了变化。在制造业中，最常用的化学热处理有渗碳、渗氮和碳氮共渗。

化学热处理的基本过程：活性介质在一定温度下通过化学反应进行分解，形成渗入元素的活性原子；活性原子被工件表面吸收；被吸收的活性原子由工件表面逐渐向内部扩散，形成一定深度的渗层。

(1) 钢的渗碳：渗碳是将工件置于渗碳介质中加热并保温，使碳原子渗入表层的热处理工艺(见图 1-12)。其目的是增加工件表面碳的质量分数。经淬火、低温回火后，工件表层具有高硬度(58～64 HRC)和高耐磨性，而心部仍具有较高的塑性、韧性和足够强度，以满足某些机械零件的需要，如汽车发动机的变速齿轮、变速轴、活塞销等。

渗碳用钢一般选用 $w_C = 0.10\%～0.25\%$ 的低碳钢或低碳合金钢，渗碳温度一般为 900～950℃，渗碳时间根据工件所要求的渗碳层深度来确定。渗碳后需进行淬火和低温回火处理。

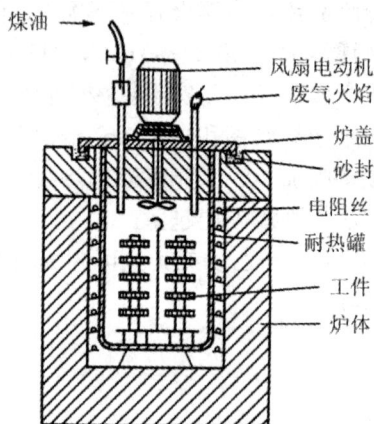

图 1-12　气体渗碳示意图

(2) 钢的渗氮：渗氮是在一定温度下使活性氮原子渗入工件表面的化学热处理工艺。渗氮又叫作氮化，其目的是提高工件表层的硬度、耐磨性、红硬性、疲劳强度和抗蚀性。

渗氮与渗碳相比较：氮化的温度低(500～600℃)，渗氮后不需淬火，因此工件变形小，氮化表层具有更高的硬度(950～1200 HV)和耐磨性，且具有抗蚀性，工件的疲劳强度较高；但氮化层薄而脆，不能承受冲击；因生产周期长、设备和氮化用钢价格高，故生产成本较高。

渗氮主要适用于表面要求耐磨、耐高温、耐腐蚀的精密零件，如精密齿轮、精密机床主轴、气缸套、阀门等。

(3) 钢的碳氮共渗：碳氮共渗是碳、氮原子同时渗入工件表面的一种化学热处理工艺。这种工艺是渗碳与渗氮的综合，兼有二者的优点。目前生产中应用较广的有碳氮共渗(以渗碳为主)和氮碳共渗(以渗氮为主)两种方法。前者主要用于低碳及中碳结构钢零件，如汽车和机床上的各种齿轮、蜗轮、蜗杆和轴类零件等；后者常用于模具、量具、刀具和小型轴类零件。

1.3　常用金属材料

1.3.1　工业用钢

钢是碳的质量分数在 2.11%以下，并含有其他元素的铁碳合金。钢是应用最广泛的机械工程材料，在工业生产中起着十分重要的作用。

1. 钢的分类

1) 按化学成分分类

(1) 碳素钢：按含碳量可分为低碳钢($w_C < 0.25\%$)、中碳钢($w_C = 0.25\%\sim 0.6\%$)和高碳钢($w_c > 0.6\%$)。

(2) 合金钢：按合金元素含量可分为低合金钢($w_{Me} < 5\%$)、中合金钢($w_{Me} = 5\%\sim 10\%$)

和高合金钢($w_{Me} > 10\%$)。

2) 按用途分类

(1) 结构钢：主要有工程结构用钢和机械结构用钢。

(2) 工具钢：可分为刃具钢、模具钢与量具钢。

(3) 特殊性能钢：主要有不锈钢、耐热钢、耐磨钢等。

2. 结构钢

1) 碳素结构钢

碳素结构钢的平均碳质量分数为 0.06%～0.38%，钢中含有较多的有害杂质和非金属夹杂物，但性能上能满足一般工程结构及普通零件的要求，因而应用较广。它通常被轧制成钢板或各种型材(圆钢、方钢、工字钢、钢筋钢)。

碳素结构钢的牌号由代表屈服点的字母 Q、屈服点数值、质量等级符号(A、B、C、D、E)及脱氧方法符号(F、b、Z、TZ)等四个部分按顺序组成。例如 Q235-AF，表示 $\sigma_s \geqslant 235$ MPa，质量等级为 A 级的碳素结构钢(属沸腾钢)。

表 1.1 为碳素结构钢的牌号、性能及其用途。由表 1.1 可看出，Q195、Q215、Q235、Q255 为低碳钢，Q275 为中碳钢，其中 Q235 因碳的质量分数及力学性能居中，故最为常用。

表 1.1　碳素结构钢的牌号及其用途

牌号	等级	σ_b / MPa	旧标准	用　　途
Q195	—	315～390	A1	用于制造承载较小的零件、铁丝、铁圈、垫铁、开口销、拉杆、冲压件以及焊接件等
Q215	A	335～410	A2	用于制造拉杆、套圈、垫圈、渗圈、渗碳零件以及焊接件等
	B		C2	
Q235	A	375～460	A3	A、B 级用于制造金属结构件、心部强度要求不高的渗碳件或碳氮共渗件、拉杆、连杆、吊钩、车钩、螺栓、螺母、套筒、轴以及连接件；C、D 级用于制造重要的焊接结构件
	B		B3	
	C		—	
	D		—	
Q255	A	410～510	A4	用于制造转轴、心轴、吊钩、拉杆、摇杆、楔等强度要求不高的零件
	B		C4	
Q275	—	490～610	C5	用于制造轴类、链轮、齿轮、吊钩等强度要求较高的零件

2) 低合金高强度结构钢

低合金结构钢是在碳素结构钢的基础上加入少量合金元素制成的。其性能特点是具有较高的屈服强度与良好的塑性和韧性，并具有良好的焊接性和较好的耐蚀性。

低合金结构钢一般在热轧空冷状态下使用，被广泛用于桥梁、船舶、车辆、建筑、锅炉、高压容器、输油输气管道等。几种低合金结构钢的牌号、性能及其用途见表 1.2。其中，Q345(16Mn)是我国发展最早、产量最大、各种性能配合较好的钢材，故应用最广。

表 1.2　工程结构合金钢的牌号、性能及其用途

牌　号	σ_b / MPa	σ_s / MPa	δ / %	应 用 举 例
Q345	520	360	26	桥梁、汽车大梁、船舶等
Q390A	540	400	18	锅炉、大型厂房等
Q295A	460	310	21	油罐、油槽等

3) 优质碳素结构钢

优质碳素结构钢主要用于制造机械零件。优质碳素结构钢的牌号用两位数字表示，两位数字表示钢中平均碳质量分数的万倍。属于沸腾钢的在数字后加标"F"，未标 F 的都是镇静钢。例如：45 表示 $w_C = 0.45\%$ 的镇静钢；08F 表示 $w_C = 0.08\%$ 的沸腾钢。表 1.3 为常用优质碳素结构钢的牌号、力学性能及其用途。

表 1.3　常用优质碳素结构钢的力学性能及其用途

牌号	σ_s / MPa	σ_b / MPa	δ / %	ψ / %	A_k / J	硬度(热轧) /HBW	用 途
10	205	335	31	55	—	137	属于软钢。强度低，塑性好，用于制造冷轧钢板、深冲压件
15	225	375	27	55	—	143	属于低碳钢。强度低，塑性、焊接性较好，用于制造冲压件、焊接件
20	245	410	25	55	—	156	
30	295	490	21	50	63	179	属于中碳钢。调质后具有良好的力学性能，用于受力较大的重要件
35	315	530	20	45	55	197	
45	355	600	16	40	39	229	
55	380	645	13	35		255	
65	410	695	10	30	—	255	属于高碳钢。经淬火，中、低温回火，弹性或耐磨性较高，用作弹性件或耐磨件，如弹簧、板簧等

4) 合金结构钢

合金结构钢的牌号用"两位数字+元素符号+数字"表示。两位数字表示钢中平均碳质量分数的万倍，元素符号代表钢中含的合金元素，其后面的数字表示该元素平均质量分数的百倍。若为高级优质钢，则在牌号后加 A。如 50CrVA 表示 $w_C = 0.50\%$、$w_{Cr} < 1.5\%$、$w_V < 1.5\%$ 的高级优质合金结构钢。

常用的合金结构钢有合金渗碳钢与合金调质钢，它们都可以用来制造重要机械零件。

合金渗碳钢属于低碳合金钢，要经过渗碳、淬火、低温回火后才能使用。它们的表面硬度较高(可达 58～64 HRC)，心部韧性较好，切削加工性好，适宜在工作中受强烈冲击和摩擦的零件。

合金调质钢属于中碳合金钢，要经过调质处理后才能使用，调质后还可进行表面淬火或化学热处理。合金调质钢的综合力学性能较好，淬透性好，切削加工性好，更适合在工作中受力大、易出现严重磨损的重要零件。

常用合金渗碳钢、合金调质钢的牌号、性能及其应用见表1.4。

表 1.4　常用合金渗碳钢、合金调质钢的性能和用途

牌　号	σ_b / MPa	σ_s / MPa	δ / %	ψ / %	A_k / J	用　途
20Cr	835	540	10	40	47	低碳钢。渗碳、淬火、低温回火后表面硬度、耐磨性较高，心部强度、韧性较好；适于高速、重载、受冲击的重要件，如传动轴、高速齿轮等
20MnVB	1080	885	10	45	55	
20Mn2B	980	785	10	45	47	
20CrMnTi	1100	850	10	45	70	
40Cr	980	785	9	45	47	中碳钢。调质后具有良好的综合力学性能，适于重载、受冲击零件，如连杆、汽车后桥半轴等；如要求表面高硬度、高耐磨性，可进行表面淬火(38CrMoAlA 可氮化)，如曲轴等
40Mn2B	900	750	10	45	60	
40MnVB	1050	850	10	45	70	
38CrMoAlA	980	835	14	50	71	

3. 工具钢

工具钢主要用来制造工具、模具、量具和刃具。通常将工具钢分为碳素工具钢、合金工具钢和高速工具钢。

1) 碳素工具钢

碳素工具钢是一种高碳优质钢，有害杂质含量少，经淬火和低温回火后硬度高(不小于62 HRC)，耐磨性好。但因其热硬性(又称红硬性，即在高温下保持高硬度的性能)很差，当温度超过 250℃后，硬度会急剧下降，故多用来制作在常温下使用的低速工具、手动工具、模具和耐磨零件等。

碳素工具钢的牌号、性能及其用途见表 1.5。随着含碳量的增加，碳素工具钢的硬度和耐磨性增加，但韧性和淬透性降低。

表 1.5　碳素工具钢牌号、性能特点及其用途

牌　号	性能特点	用途举例
T7、T7A、T8、T8A、T8Mn	韧性较好，具有一定的硬度	木工工具、钳工工具，如锤子、錾子、模具、剪刀等，T8Mn 可制作截面较大的工具
T9、T9A、T10、T10A、T11、T11A	硬度、耐磨性较高，具有一定的韧性	低速刀具，如刨刀、丝锥、板牙、锯条、卡尺、冲模、拉丝模等
T12、T12A、T13、T13A	硬度、耐磨性较高，韧性差	不受振动的低速刀具，如锉刀、刮刀、外科用刀具和钻头等

2) 合金工具钢

为了满足工具、刃具、量具、模具对钢材的某些特殊要求，可以在碳素工具钢内增加某些合金元素，制成合金工具钢。合金工具钢主要包括量具刃具钢、冷作模具钢、热作模具钢、塑料模具钢等。其中 9SiCr 应用最广泛，多用来制造要求变形小的薄刃刀具，如板牙、丝锥、铣刀、铰刀等。各种合金工具钢的详细情况可参阅有关资料。

3) 高速工具钢

高速工具钢简称高速钢。高速工具钢从本质上讲也是一种合金工具钢，但因其发展较早、应用广泛，故在此单独列出。与量具刃具钢相比，高速钢除了具有更高的硬度、更好的耐磨性和韧性之外，最大的优点是热硬性好，即使在 600℃ 高温下工作，也能保证其硬度在 60 HRC 以上，多用来制造各种中速切削刀具。

常用合金工具钢和高速工具钢的牌号、成分、性能及其应用见表 1.6。

表 1.6　常用合金工具钢和高速工具钢

类　别	牌号	性　能	用　途
低合金刃具钢	9SiCr	高硬度、高耐磨性、高淬透性、变形小	要求较高的量具及一般模具刃具，如块规、丝锥等
冷变形模具钢	Cr12	高硬度、高耐磨性、高淬透性，强度韧性好，变形小	尺寸大、变形小的冷模具，如冲模
	Cr12MoV		
热变形模具钢	5CrNiMo	高温下强度和韧性较高，耐磨性及抗热疲劳性较好	尺寸大的热锻模及热挤压模
高速钢	W18Cr4V	高热硬性、高硬度、高耐磨性、高强度	中速切削刃具及复杂刃具，如车刀、铣刀等

1.3.2　铸铁

铸铁是一系列主要由铁、碳、硅(Si)组成的合金。根据碳的存在形式不同，常将铸铁分为白口铸铁、灰口铸铁和麻口铸铁三大类。

白口铸铁中的碳主要是以碳化铁(Fe_3C)的形式出现，其断口呈亮白色；白口铸铁的硬度高、脆性大、难加工，多用来炼钢或制造可锻铸铁件的毛坯。灰口铸铁中的碳主要是以石墨的形式出现，其断口呈灰色，由于其具有一些优异性能，工业上应用较广泛，下面主要介绍其中的灰铸铁和球墨铸铁。麻口铸铁介于白口铸铁和灰口铸铁之间，工业上应用很少。

1. 灰铸铁

灰铸铁中的石墨大部分以层片状存在于基体中，故灰铸铁的铸造性能、可加工性、减振性、减摩性均较好，且价格低廉，但也存在着塑性差、韧性差、抗拉强度低、焊接性能较差等缺点，多用来制造固定设备的床身、形状特别复杂或承受较大摩擦力的可批量生产的零件。灰铸铁的牌号、力学性能及其应用见表 1.7。

表 1.7　灰铸铁的牌号及其用途

牌　号	σ_b/ MPa（不小于）	硬度/HBW	适用范围及应用举例
HT150	150	163～229	承受中等负荷的零件，如汽轮机、泵体、轴承座、齿轮箱等
HT200	200	170～241	承受较大负荷的零件，如气缸、齿轮、液压缸、阀壳、飞轮、床身、活塞、制动鼓、联轴器、轴承座等
HT250	250	170～241	

注：牌号中的字母"HT"表示"灰铁"，后面的数字表示 30 mm 试棒的最小抗拉强度。

2. 球墨铸铁

球墨铸铁中的石墨是以球状存在的，故球墨铸铁与灰铸铁相比具有强度高(与钢差不多)、工艺要求高的特点，适宜做重要零件。球墨铸铁的牌号用"QT"(表示"球铁")和其后的两组数字组成。两组数字分别表示最低抗拉强度和最低伸长率，如 QT600-3 表示 $\sigma_b \geqslant 600MPa$、$\delta \geqslant 3\%$ 的球墨铸铁。

表 1.8　球墨铸铁的牌号及用途

牌　号	σ_b / MPa	$\sigma_{0.2}$ / MPa	δ / %	硬度 /HBW	应 用 举 例
QT400-15	400	250	15	130～180	阀体、汽车内燃机零件、机床零件
QT500-7	500	320	7	170～230	机油泵齿轮、机车车辆轴瓦
QT700-2	700	420	2	225～305	柴油机曲轴、凸轮轴、气缸体、气缸套、活塞环，部分磨床、铣床、车床的主轴等

1.4　材料选用的原则和方法

1.4.1　零件的失效形式和选材原则

1. 机械零件的失效形式

所谓失效是指机械零件在使用过程中，由于某种原因而丧失预定功能的现象。一般机械零件的失效形式有以下三类：

(1) 断裂：包括静载荷或冲击载荷下的断裂、疲劳断裂、应力腐蚀破裂等。

(2) 表面损伤：包括过量磨损、接触疲劳(点蚀或剥落)、表面腐蚀等。

(3) 过量变形：包括过量的弹性变形、塑性变形和蠕变等。

引起零件失效的原因很多，涉及零件的结构设计、材料的选择与使用、加工制造及维护保养等方面。正确地选用材料是防止或延缓零件失效的重要途径。

2. 选材的基本原则

(1) 材料的使用性能应满足零件的工作要求：使用性能是保证零件工作安全可靠、经久耐用的必要条件。不同的机械零件要求材料的使用性能是不一样的，这主要是因为不同机械零件的工作条件和失效形式不同。因此，选材时首先要根据零件的工作条件和失效形式来判断所要求的主要使用性能。

表 1.9 列出了几种零件的工作条件、失效形式及要求的主要力学性能。在对零件的工作条件和失效形式进行全面分析，并根据零件在工作中所受的载荷计算确定出主要力学性能的指标值后，即可利用手册确定出与之相适应的材料。

表 1.9　减速器典型零件的工作条件、失效形式及要求的力学性能

零件	工作条件			常见失效形式	要求的主要力学性能
	应力类型	载荷性质	其　他		
连接螺栓	拉、切应力	静载荷	—	过量变形、断裂	强度，塑性
传动轴	弯、扭应力	循环载荷、冲击载荷	轴颈处摩擦、振动	疲劳破坏、过量变形、轴颈处磨损	综合力学性能，轴颈处的硬度
传动齿轮	压、弯应力	循环载荷、冲击载荷	摩擦、振动	轮齿折断、疲劳点蚀、齿面磨损	表面硬度，接触、弯曲疲劳强度、心部屈服强度、韧性
箱体	压应力	静载荷	振动	断裂	抗压强度，铸造性，减振性

(2) 材料的工艺性应满足的加工要求：材料的工艺性是指材料适应某种加工的能力。材料工艺性能的好坏，对于零件加工的难易程度、生产率和生产成本都有着决定性的影响。

零件需要铸造成形时，应选择具有良好铸造性能的材料，常用的几种铸造合金中，铸造铝合金的铸造性能优于铸铁，铸铁的铸造性能优于铸钢，而铸铁中又以灰铸铁的铸造性能最好。如果零件需要压力加工成形，则应注意低碳钢的压力加工性能比高碳钢好，非合金钢的压力加工性能比合金钢好。为了便于切削加工，一般希望钢的硬度能控制在 170～230 HBW 之间；灰铸铁和球墨铸铁的切削性较好。对于需要热处理强化的零件还应考虑材料的热处理性能。

(3) 材料还应具有较好的经济性：据资料统计，在一般的工业部门中，材料的价格占产品价格的 30%～70%。在保证使用性能的前提下，选用价廉、加工方便、总成本较低的材料，可以取得最大的经济效益。表 1.10 为我国部分常用工程材料的相对价格，由此可以看出，在金属材料中，碳钢和铸铁的价格比较低廉，而且加工也方便，故在满足零件使用性能的前提下，选用碳钢和铸铁可降低产品的成本。低合金钢的强度比碳钢高，工艺性能接近碳钢，因此，选用低合金钢往往经济效益比较显著。

表 1.10　我国常用金属材料的相对价格

材　料	相对价格	材　料	相对价格
碳素结构钢	1	碳素工具钢	1.4～1.5
低合金结构钢	1.2～1.7	低合金工具钢	2.4～3.7
优质碳素结构钢	1.4～1.5	高合金工具钢	5.4～7.2
合金结构钢	1.7～2.9	高速钢	13.5～15
滚动轴承钢	2.1～2.9	普通黄铜	13
弹簧钢	1.6～1.9	球墨铸铁	2.4～2.9

1.4.2　减速器典型零件的选材方法

大多数机械零件均是在多种应力条件下进行工作的，这会对同一个零件提出多方面的性能要求。在选材时应以起决定作用的性能要求作为选材的主要依据，同时兼顾其他性能要求，这是选材的基本方法。

1. 螺栓

由表 1.9 可知，螺栓主要承受拉、切应力，其应力大小一般不变。为了防止过量变形，要求零件整个截面应具有较高的强度和较好的韧性，再者考虑到工艺性和经济性的因素，碳素结构钢即为一个适合的选项。

2. 传动轴

对于截面上不均匀地受到循环应力、冲击载荷作用的机械零件，疲劳破坏是最常见的破坏形式。如传动轴、齿轮等零件，几乎都是由于产生疲劳破坏而失效的，根据冲击载荷的大小，常选择渗碳钢、调质钢等，同时还要进行表面热处理或表面强化等处理，使零件具有较高的疲劳强度。

3. 箱体

各种机器的箱体一般都会承受压应力，同时机器均有一定的振动，这就要求箱体材料须具有较好的耐压能力和减振能力；箱体形状一般较复杂，大多是通过铸造方式获得的，故铸造性就很必要，再者出于对成本的考虑，灰铸铁即为一个很好的选择。

减速器中其他零件的材料选择，在此不再一一列举。

教 学 检 测

一、填空题

1. 填出下列符号表示的力学性能指标：σ_s＿＿＿＿、HRC＿＿＿＿、δ＿＿＿＿、a_k＿＿＿＿、σ_r＿＿＿＿。

2. 金属材料的力学性能包括＿＿＿＿、＿＿＿＿、＿＿＿＿、＿＿＿＿和＿＿＿＿。

3. 低碳钢试样在拉伸试验过程中，外力不增加仍然继续伸长时的应力是＿＿＿＿。

4. 化学热处理的基本过程均由以下三个阶段组成：＿＿＿＿、＿＿＿＿和扩散。

5. 淬火钢进行回火温度越高，钢的强度与硬度越＿＿＿＿，塑性与韧性越＿＿＿＿。

6. 热处理工艺都是由＿＿＿＿、＿＿＿＿和＿＿＿＿三个阶段组成的。

7. 45 钢按用途分类属于＿＿＿＿钢，按碳的质量分数分类属于＿＿＿＿钢，按质量分类属于优质钢。

8. T12A 钢按用途分类属于＿＿＿＿钢，按碳的质量分数分类属于＿＿＿＿钢，按质量分类属于高级优质钢。

9. 合金渗碳钢与合金调质钢在化学成分上的不同是＿＿＿＿的多少。

10. 40Cr 是＿＿＿＿钢，它的最终热处理方法是淬火后＿＿＿＿。

11. 当铸铁在切削加工时，石墨起着＿＿＿＿和＿＿＿＿的作用，因而刀具磨损较轻。

12. 灰铸铁和球墨铸铁在组织上的主要区别是＿＿＿＿不同。

二、单选题

1. 在进行低碳钢拉伸试验时，试样拉断前能承受的最大拉应力称为材料的＿＿＿＿。

A. 屈服强度 B. 抗拉强度 C. 弹性极限

2. 塑性材料选材和设计的依据是_____。

A. 抗拉强度　　　　　　B. 屈服强度　　　　　　C. 弹性极限

3. 进行疲劳试验时，试样承受的载荷为_____。

A. 循环载荷　　　　　　B. 冲击载荷　　　　　　C. 静载荷

4. 淬火的目的是_____。

A. 细化晶粒　　　　B. 获得奥氏体组织　　C. 获得马氏体组织　　D. 调整硬度

5. 钢的回火处理是在_____。

A. 退火后进行　　B. 正火后进行　　　C. 淬火后进行　　　D.调质后进行

6. 渗碳的目的是_____。

A. 提高材料表面硬度　　　　　　　　B. 提高材料表面疲劳强度

C. 提高材料表面含碳量　　　　　　　D. 使材料心部保持良好的塑性和韧性

7. 制造手用锯条应当选用_____。

A.45 钢经淬火和高温回火　　　　　B. T12 钢经淬火和低温回火

C.65 钢经淬火和中温回火

8. 在平衡状态下三种材料中，_____钢的硬度最高。

A. T10　　　　　　　　B. 20　　　　　　　　C. 65

9. 材料牌号 20 中，20 表示其碳的平均质量分数为_____。

A. 0.02%　　　　　　B. 0.2%　　　　　　C. 2%

10. 合金渗碳钢渗碳后必须进行_____后才能使用。

A. 淬火加低温回火　　　B. 淬火加中温回火　　　C. 淬火加高温回火

11. 合金刃具钢应进行的热处理是_____。

A. 淬火 + 高温回火　　　B. 淬火 + 中温回火　　　C. 淬火 + 低温回火

12. 20CrMnTi 钢根据其组织和力学性能，在工业上主要作为一种_____使用。

A. 合金渗碳钢　　　B. 合金刃具钢　　　C. 合金调质钢　　　D. 合金模具钢

13. 灰铸铁中的碳是以_____形式存在的。

A. 片状石墨　　　　　B. 团絮状石墨　　　　C. 球状石墨

14. 球墨铸铁的力学性能在铸铁中是最高的，它_____代替钢来制造承受较大载荷的零件。

A. 可以　　　　　　　B. 不可以　　　　　　C. 部分可以

三、判断题

1. 金属材料的断后伸长率越大，其塑性越好。(　　　)

2. 所有金属材料在拉伸试验时都会出现显著的屈服现象。(　　　)

3. 测试布氏硬度时，当试验条件相同时，压痕直径越小，则材料的硬度越低。(　　　)

4. 渗碳后，由于工件表面含碳量提高，所以不需要淬火即可获得高硬度和高耐磨性。(　　　)

5. 表面淬火能改变钢的表面组织，但不能改善心部的组织和性能。(　　　)

6. 高碳钢的质量优于中碳钢，中碳钢的质量优于低碳钢。(　　　)

7. 碳素工具钢经热处理后有良好的硬度和耐磨性，但热硬性较差，故适宜制作手动

工具。(   )

8. 合金调质钢的综合力学性能较好，常用来制造负荷较大的重要零件。(   )

9. W18Cr4V 是最常用的高速工具钢。(   )

10. Q255 与 Q295 都属于低合金高强度结构钢。(   )

11. 灰铸铁有较高的耐磨性是因为其硬度较高。(   )

12. 拖拉机发动机中的曲轴用灰铸铁制作。(   )

13. 灰铸铁的减震性能比钢好。(   )

四、简答题

1. 为什么把屈服点与抗拉强度作为零件设计的主要依据？

2. 现有两个形状、尺寸、材质(低碳钢)完全相同的齿轮，分别进行渗碳淬火、高频感应淬火，试用最简单的办法把它们区分开来。

3. 优质碳素结构钢由含碳量变化引起的力学性能的规律是什么？

4. 在平衡条件下，45 钢、T8 钢和 T12 钢的强度、硬度、塑性和韧性哪个大、哪个小，变化规律是什么，原因何在？

5. 为什么热硬性是影响合金工具钢用途的重要因素？

6. 为什么灰铸铁的力学性能较差，但在实际生产中却应用较广？

五、实作题

1. 将下面左右两列内容相近的进行连线。

强度　　　　　　　　　　抗冲击能力

塑性　　　　　　　　　　抗持久能力

硬度　　　　　　　　　　整体变形难易

韧性　　　　　　　　　　局部变形难易

疲劳强度　　　　　　　　整体变形大小

2. 根据各种热处理方法在表 1.11 中填入相应内容。

表 1.11　各种热处理的主要情况

热处理	目　的	方　法	适合处理的材料
球化退火			
去应力退火			
完全退火			
正火			
淬火			
低温回火			
中温回火			
高温回火			
表面淬火			
渗碳			

3. 根据材料内容填入表 1.12。

表 1.12   材料的特点及其应用

材料类型	成分特点	组织特点	性能特点	应用场合
碳素结构钢				
优质碳素结构钢				
碳素工具钢				
灰铸铁				
球墨铸铁				

4. 试在表 1.13 中比较四类材料的碳质量分数、典型牌号、常用最终热处理、主要性能及其用途。

表 1.13   材料的各项比较

	碳的质量分数	典型牌号	常用最终热处理	主要性能	用途
合金渗碳钢					
合金调质钢					
合金工具钢					
高速工具钢					

5. 选择材料填表 1.14。要求在以下五种材料类型中选择：① 碳素结构钢；② 优质碳素结构钢；③ 碳素工具钢；④ 灰铸铁；⑤ 球墨铸铁。

表 1.14   选择材料类型

名 称	材料牌号	名 称	材料牌号
小螺丝钉		窨井盖	
木工錾子		家用防盗门门体	
暖气片		家庭厨房洗菜池	
菜刀		饼干盒	
自行车车架		建筑用脚手架	

6. 指出下列牌号表示材料的具体类型，并说明牌号中数字表示的含义。

9SiCr、HT200、20Cr、Q420、45、40Mn2B、Q235、QT500-7、W18Cr4V、T9

7. 试对带式输送机传动装置(图 0-1)中的皮带轮、键、齿轮和轴承盖选择材料牌号。

任务二　构件基本变形的强度计算

实际构件受力后，都会产生一定程度的变形。在不同的受载情况下，构件变形的形式也不同。归纳起来，构件变形的基本形式有四种：① 拉伸与压缩；② 剪切与挤压；③ 扭转；④ 弯曲。其他复杂的变形都可以看成是这几种基本变形的组合。

构件变形过大时，会丧失工件精度，引起噪声，降低工件使用寿命，甚至发生破坏。为了保证机器安全可靠地工作，要求每一个构件在外力作用下，应具有足够抵抗破坏和变形的能力，并具有维持原有形态平衡的能力。本任务只讲述构件基本变形的强度计算。

2.1　静力分析基础

静力分析是研究物体平衡的基本方法，也是学习构件基本变形的前导内容。

2.1.1　基本概念

1. 力

力是物体之间的相互机械作用。工人推动小车运动，如图 2-1(a)所示；担水时扁担由于重力的作用而变形，如图 2-1(b)所示。由此可见，力可使物体的运动状态和形状发生改变。力的三要素为力的大小、方向和作用点，力的单位为牛顿(N)或千牛顿(kN)。

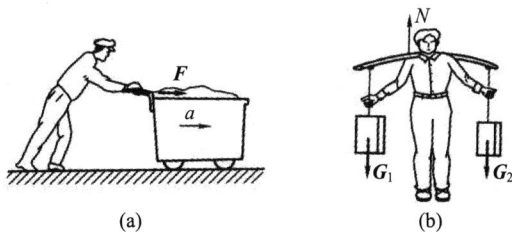

(a)　　　　　　　　　　　　　(b)

图 2-1　力的作用实例

2. 刚体

刚体是指在受力情况下保持其几何形状和尺寸不变的物体。显然，这只是一种简化手段的理论模型，实际上并不存在这样的物体。

3. 力系

作用在物体上的若干个力总称为力系。对同一物体产生相同效应的两个力系互称为等效力系，等效力系间可以相互替代。如果一个力系与一个力等效，则这个力称为该力系的合力，而力系中的各力则称为合力的分力。

4. 平衡

工程上一般指物体相对于地面保持静止或做匀速直线运动的状态。平衡力系中各个力对物体的作用效果相互抵消，即合力为零；另外，物体所受的合力偶也为零；这种物体既不转动也不移动的状态，即为完整意义上的物体平衡状态。

2.1.2　静力学公理

1. 二力平衡公理

作用于刚体上的两个力，使刚体处于平衡状态的充分和必要条件：此两力的大小相等、方向相反、作用线沿同一直线。

这个公理总结了作用于刚体上最简单的力系平衡时所必须满足的条件。如图 2-2 所示，工程中常将满足二力平衡原理的构件称为二力构件或二力杆。

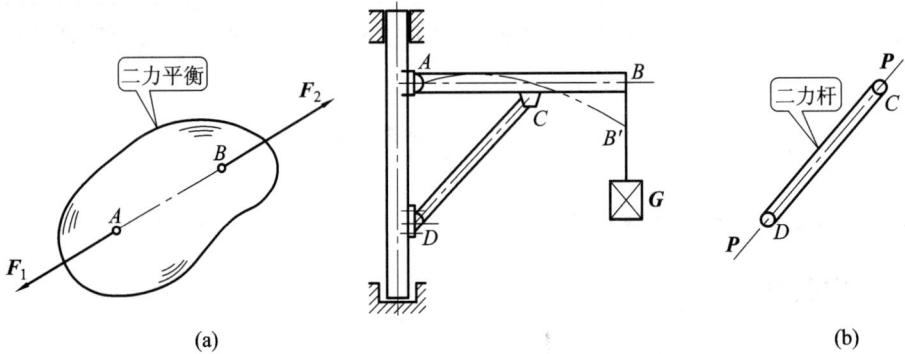

图 2-2　二力平衡及二力杆

2. 加减平衡力系公理

在作用于刚体的已知力系中，增加或减去一个平衡力系后构成的新力系与原力系等效。

这个公理表明了简化力系的基本手段。与二力平衡公理相同，加减平衡力系公理只适用于同一刚体。实践经验表明，作用于刚体上的力可沿其作用线任意移动而不致改变其对于刚体的运动效应，力的这种性质称为力的可传性(见图 2-3)。

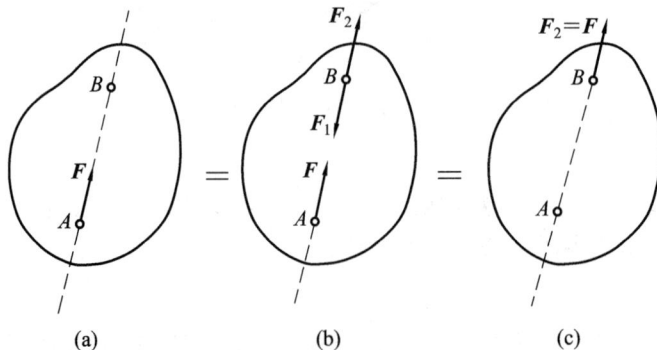

图 2-3　加减平衡力系公理

3. 平行四边形公理

作用于物体上某一点的两个力，可以合成为一个合力，合力的大小和方向由两已知力为邻边所构成的平行四边形的对角线确定。

这个公理介绍了合成力的基本方法见图 2-4(a)。图 2-4(b)所示为求两汇交力合力的三角形法则，可以看作是这个公理的推论。

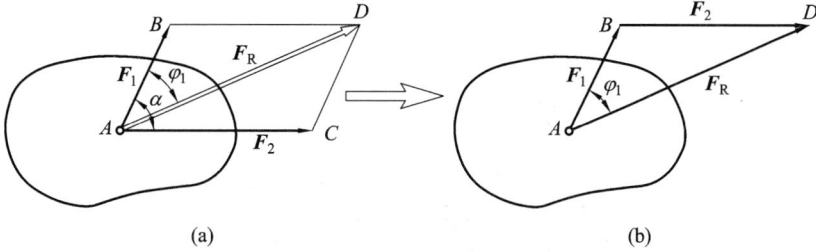

图 2-4　平行四边形公理

4. 作用与反作用公理

两个物体间的作用力与反作用力，总是大小相等、作用线相同、指向相反、分别作用在两个不同的物体上。

这个公理说明了物体间相互作用的关系。如图 2-5 所示为作用力与反作用力的关系和表示方法。

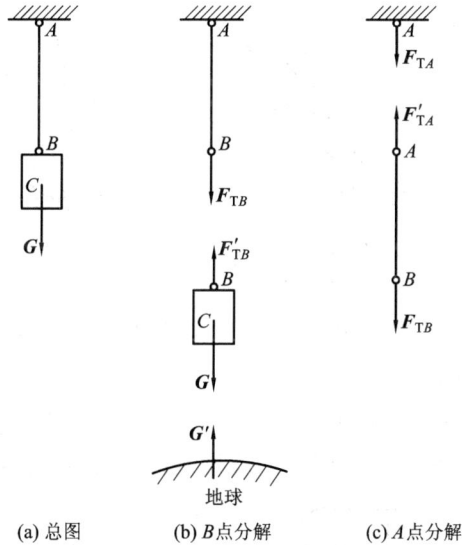

(a) 总图　　　(b) B点分解　　　(c) A点分解

图 2-5　作用与反作用公理

2.1.3　约束与约束反力

在实际工程中，构件总是以一定的形式与周围其他构件相互制约的。凡是限制某一物体运动的周围物体，均称为该物体的约束。

物体的受力可以分为两类：主动力和约束反力。主动力：能主动地使物体运动或有运动趋势的力。例如物体的重力，结构承受的风力、水压力等。约束反力：约束对物体运动起限制作用的力。约束反力总是作用在约束与物体的接触处，其方向与约束所能限制的运动方向相反，它的确定与约束类型及主动力有关。

下面介绍几种工程中常见的约束类型。

1. 柔性约束

工程上常用的钢丝绳、皮带、链条等柔性索状物体即为柔性约束。如图 2-6 所示，柔性约束只能受拉不能受压，约束反力的方向是沿着柔索中心线而背离约束物体，通常用符号 F_T 表示。

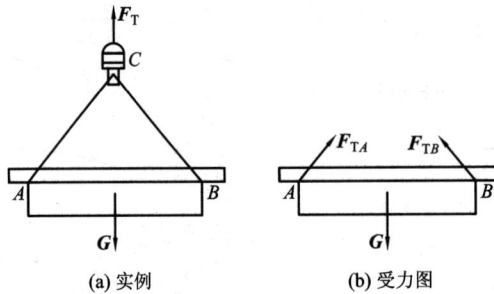

(a) 实例　　　　　　(b) 受力图

图 2-6　柔性约束

2. 光滑接触面约束

物体与光滑面刚性接触(摩擦力可忽略不计)所形成的约束即为光滑接触面约束。如图 2-7 所示，约束反力方向沿着接触点(或面)的公法线，指向受力物体，通常用 F_N 表示。

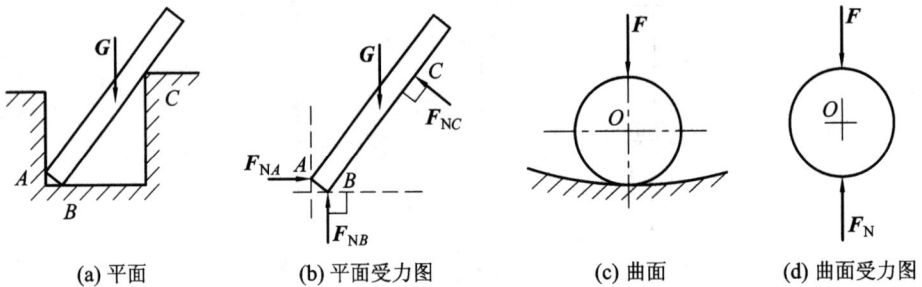

(a) 平面　　　(b) 平面受力图　　　(c) 曲面　　　(d) 曲面受力图

图 2-7　光滑接触面约束

3. 光滑圆柱形铰链约束

两构件通过圆柱形铰链所形成的约束即为光滑圆柱形铰链约束。它分为以下三种类型：
(1) 固定铰链约束：两构件之一固定的圆柱铰链连接(见图 2-8)。

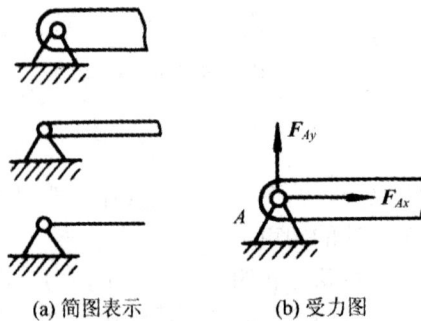

(a) 简图表示　　　　　　(b) 受力图

图 2-8　固定铰链约束

(2) 连接铰链约束：两构件均不固定的圆柱形铰链连接(见图 2-9)，如门、窗的合页，活塞与连杆的连接等。固定铰链和连接铰链的约束力通过铰链的中心，若方向确定，可用一个力 F_C 表示(见图 2-9(c))；若方向不确定，则通常用两个正交分力 F_{Cx}、F_{Cy} 表示(见图 2-9(d))。

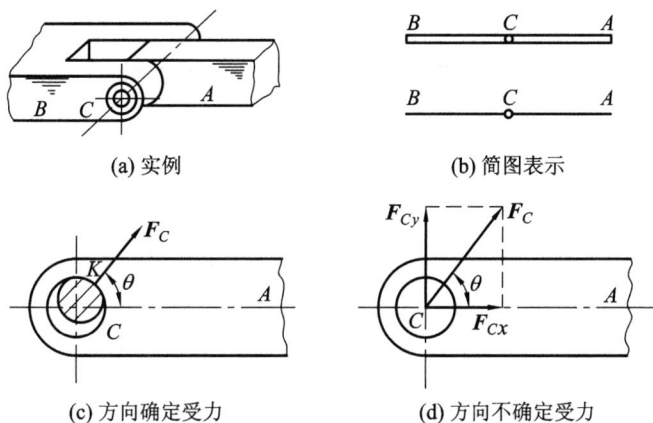

(a) 实例   (b) 简图表示

(c) 方向确定受力   (d) 方向不确定受力

图 2-9 连接铰链约束

(3) 活动铰链约束：在铰链支座与支承面之间装上辊轴，即成为辊轴铰链支座。如图 2-10 所示，约束反力 F_N 必垂直于支承面，并通过铰链中心，通常用 F_N 表示。

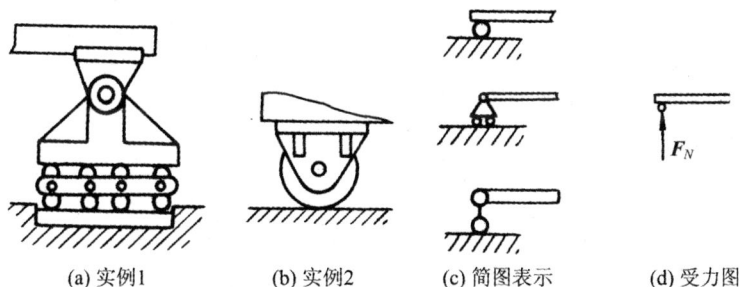

(a) 实例1   (b) 实例2   (c) 简图表示   (d) 受力图

图 2-10 活动铰链约束

4. 固定端约束

对物体一端起固定作用，限制物体的转动和移动的约束。如图 2-11 所示，车刀和楼房阳台托架都属于固定端约束。

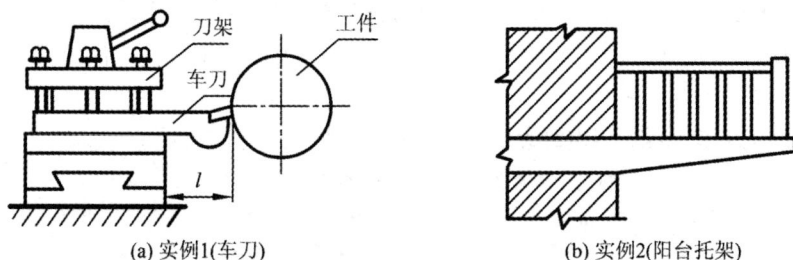

(a) 实例1(车刀)   (b) 实例2(阳台托架)

图 2-11 固定端约束

固定端约束的约束反力可简化为两个垂直的约束反力 F_{Ax}、F_{Ay} 和一个约束反力偶 M_A，如图 2-12 所示。其中，F_{Ax}、F_{Ay} 限制物体的移动，M_A 限制物体的转动。

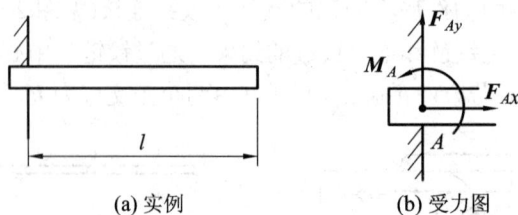

(a) 实例　　　　　　　(b) 受力图

图 2-12　固定端约束反力

2.1.4　构件的受力分析

1. 受力分析的概念

分析物体所受的所有主动力和约束反力。

2. 分析步骤

(1) 确定研究对象并从原系统中将其分离，确定研究对象的方法是先简后繁、先主后从；

(2) 分析研究对象所受的主动力，此步骤应注意重力的取舍；

(3) 从接触处的约束类型和运动趋势分析得出约束反力，分析时应注意作用力与反作用力在两个作用物体上的体现，用平衡物体的三力汇交现象判断第三个力的方向，根据实际情况对摩擦力进行取舍和判断二力杆等。

例 2.1　如图 2-13(a)所示，圆球 O 重力 G，用 BC 绳系住，旋转在与水平面成角 α 的光滑斜面上，试画出圆球 O 的受力图。

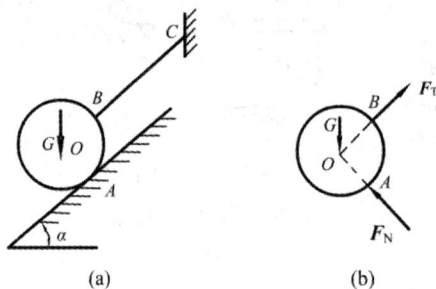

(a)　　　　　　　　　(b)

图 2-13　球体受力分析

解　(1) 取分离体。单独画出圆球 O。

(2) 画圆球 O 的主动力。圆球 O 的主动力只有重力 G。

(3) 画圆球 O 的约束反力。圆球 O 的约束有 B 点的柔索约束和 A 点的光滑接触面约束，对应有两个约束反力。

圆球 O 的受力图如图 2-13(b)所示。

(4) 检查。分离体上所画之力是否正确、齐全。

2.2　力矩和力偶

力矩和力偶都能使物体转动或有转动的趋势。

2.2.1　力矩

1. 力矩的概念

力对物体除了具有移动效应外，有时还会产生转动效应。如图 2-14 所示，拧动螺母的作用不仅与 F 的大小有关，而且与转动中心 O 点到力的作用线的距离 d 有关。因此，力 F 使物体绕 O 点的转动效应可用两者的乘积 Fd 来度量，称为力矩，用 $M_O(F)$ 表示。

$$M_O(F) = \pm F \cdot d \tag{2.1}$$

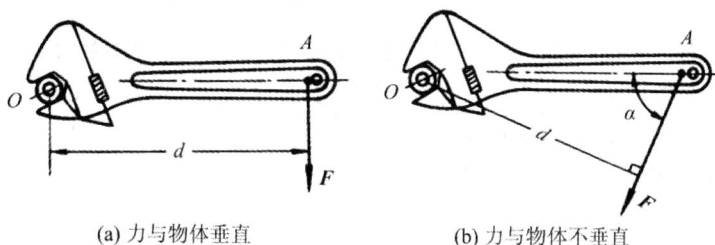

(a) 力与物体垂直　　　　　　　　(b) 力与物体不垂直

图 2-14　力矩

O 点称为矩心，O 点到力 F 作用线垂直距离 d 称为力臂。通常规定：力使物体绕矩心逆时针方向转动时力矩为正，反之为负(见图 2-15)。力矩的单位是牛·米(N·m)。

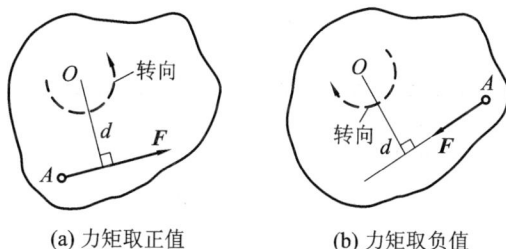

(a) 力矩取正值　　　　　　　　(b) 力矩取负值

图 2-15　力矩的符号规定

例 2.2　如图 2-16 所示，已知皮带紧边的拉力 $F_{T1} = 2000$ N，松边的拉力 $F_{T2} = 1000$ N，轮子的直径 $D = 500$ mm。试分别求皮带两边拉力对轮心 O 的力矩。

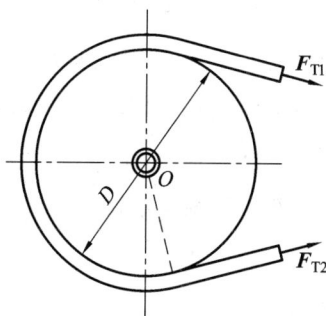

图 2-16　带轮

解　由于皮带拉力沿着轮缘的切线，所以轮的半径就是拉力对轮心 O 的力臂，即

$$d = \frac{D}{2} = 250 \text{ mm} = 0.25 \text{ (m)}$$

于是

$$M_O(F_{T1}) = F_{T1} \cdot d = 2000 \times 0.25 = 500 \, (\text{N} \cdot \text{m})$$

$$M_O(F_{T2}) = -F_{T2} \cdot d = -1000 \times 0.25 = -250 \, (\text{N} \cdot \text{m})$$

拉力 F_{T1} 使轮逆时针转动，故其力矩为正；F_{T2} 使轮顺时针转动，故其力矩为负。

2. 合力矩定理

力系有一合力时，合力对某点之矩等于各分力对同点之矩的代数和，即

$$M_O(F) = \sum M_O(F_i) \tag{2.2}$$

在计算力矩时，有时欲求一个力对于某一矩心的力矩，力臂不易计算，就可应用合力矩定理，将原力分解为两个适当的分力，先分别求两分力对于该矩心之矩，再求其代数和。

例 2.3 如图 2-17 所示，在 ABO 折杆上 A 点作用一力 F，已知 $a = 180 \, \text{mm}$，$b = 400 \, \text{mm}$，$\alpha = 60°$，$F = 100 \, \text{N}$。求力 F 对 O 点之矩。

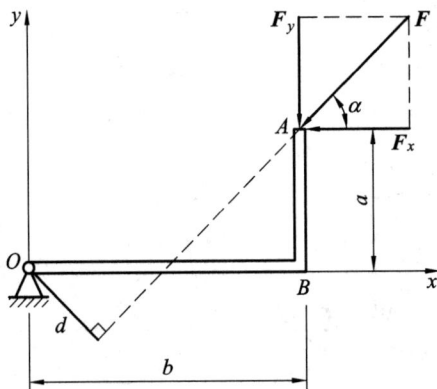

图 2-17　折杆

解 由力矩的定义式(2.1)可得

$$M_O(F) = -F \cdot d$$

因为力臂 d 值计算较繁琐，应用合力矩定理式(2.2)，则可以较方便地计算出结果：

$$M_O(F) = M_O(F_x) + M_O(F_y) = F_x \cdot a - F_y \cdot b = F\cos 60° \times a - F\sin 60° \times b$$

$$= -F(b\sin 60° - a\cos 60°) = -100 \times (0.4 \times 0.866 - 0.18 \times 0.5)$$

$$= -25.6 \, (\text{N} \cdot \text{m})$$

由此可以看出，力矩大小的计算应根据情况选择分解力或延长力的作用线。

2.2.2 力偶

1. 力偶

在实践中，除了力矩可以使物体产生转动效应外，还有其他一些例子。如图 2-18 所示，司机用双手转动方向盘，钳工用双手转动铰杠攻螺纹等。以上例子中都有一对大小相等、方向相反的平行力组成的力系，称之为力偶。

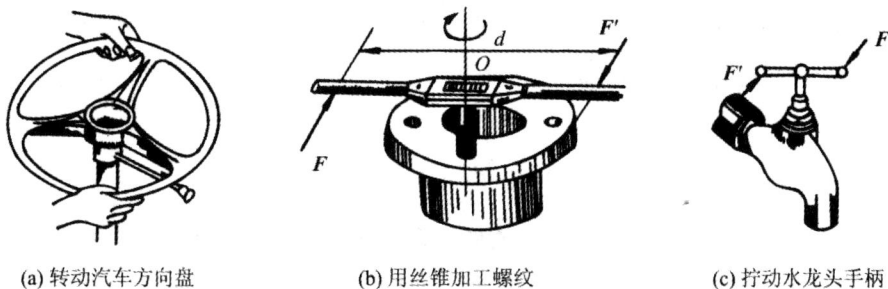

(a) 转动汽车方向盘 (b) 用丝锥加工螺纹 (c) 拧动水龙头手柄

图 2-18 力偶实例

力偶对刚体的转动效应取决于力偶矩的大小、力偶的转向和力偶作用平面的方位,这三者称为力偶的三要素。

2. 力偶矩

力偶对刚体的作用效应,用力偶中一力的大小 F 与力偶臂 d 的乘积 $F \cdot d$ 来度量,称为力偶矩,记作 $M(F, F')$,简记为 M,即

$$M(F, F') = \pm F \cdot d$$

或

$$M = \pm F \cdot d \qquad (2.3)$$

如图 2-19 所示,力偶中两力作用线间的垂直距离称为力偶臂,用 d 表示。力偶矩的正负号规定:逆时针方向转动为正,顺时针方向转动为负。力偶矩的单位与力矩的单位相同,为 N·m 或 kN·m。

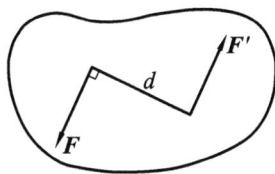

图 2-19 力偶矩的力偶臂与符号

3. 力偶的性质

性质 1 力偶在任何坐标轴上的投影为零。

它表明不能将力偶简化为一个力,或者说力偶没有合力。即力偶不能与一个力等效,也不能用一个力来平衡,力偶只能与力偶等效,也只能与力偶相平衡。

性质 2 力偶对其作用面内任意点的矩恒等于此力偶的力偶矩,而与矩心的位置无关,即对于力偶来讲,是没有矩心之说的。

性质 3 力偶对刚体的作用效应取决于力偶的三要素,而与作用位置无关。

由此可以得到两个推论:

(1) 力偶可以在其作用面内任意移转,而不改变它对物体的转动效应;

(2) 在保持力偶矩大小和力偶转向不变的情况下,可任意改变力偶中力的大小和力偶臂的长短,而不改变此力偶对物体的转动效应,如图 2-20 所示。

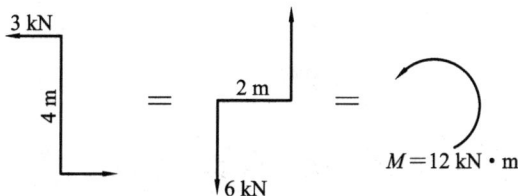

图 2-20 力偶的不同表示

4. 平面力偶系的合成与平衡

1) 合成

合力偶矩为

$$M = M_1 + M_2 + \cdots + M_n = \sum M_i \tag{2.4}$$

即平面力偶系合成的结果为一个合力偶，合力偶矩等于力偶系中各力偶矩的代数和。

2) 平面力偶系的平衡

平面力偶系平衡的充分与必要条件是所有各分力偶矩的代数和等于零。即

$$\sum M_i = 0 \tag{2.5}$$

这就是平面力偶系的平衡方程，应用该方程可以求解一个未知量。

例 2.4　多头钻床在水平工件上钻孔如图 2-21 所示，设每个钻头作用于工件上的切削力在水平面上构成一个力偶。$M_1 = M_2 = 13.5 \text{ N} \cdot \text{m}$，$M_3 = 17 \text{ N} \cdot \text{m}$。求工件受到的合力偶矩。如果工件在 A、B 两处用螺栓固定，A 和 B 之间的距离 $l = 0.2 \text{ m}$，试求两螺栓在工件平面内所受的力。

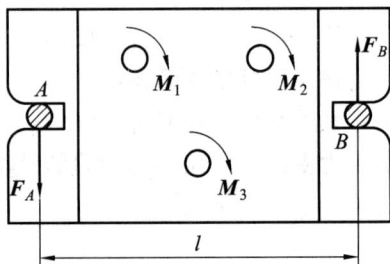

图 2-21　多头钻床

解　(1) 求三个主动力偶的合力偶矩。

$$M = \sum M_i = -M_1 - M_2 - M_3 = -13.5 - 13.5 - 17 = -44 \text{ N} \cdot \text{m}$$

负号表示合力偶矩为顺时针方向。

(2) 求两个螺栓所受的力

选工件为研究对象，工件受三个主动力偶的作用和两个螺栓的反力作用而平衡，故两个螺栓的反力作用相平衡，因此两个螺栓的反力 F_A 与 F_B 必然组成一力偶，设它们的方向如图 2.21 所示。

由平面力偶系的平衡条件可得

$$\sum M_i = 0$$

$$F_A l - M_1 - M_2 - M_3 = 0$$

解得

$$F_A = \frac{M_1 + M_2 + M_3}{l} = \frac{13.5 + 13.5 + 17}{0.2} = 220 \text{ N}$$

所以 $F_A = F_B = 220 \text{ N}$，方向如图 2-21 所示。

2.3　平面任意力系

　　力系中各力的作用线处于同一平面内，既不平行又不汇交于一点，这样的力系称为平面任意力系。平面任意力系是工程中最常见的一种力系，平面汇交力系和平面平行力系是平面任意力系的特殊情况。

2.3.1　力的平移定理

　　如图 2-22 所示，作用在刚体上某点的力 F，可平移到刚体内的任意一指定点，但必须同时附加一个力偶，其附加力偶矩等于原力对指定点之矩。

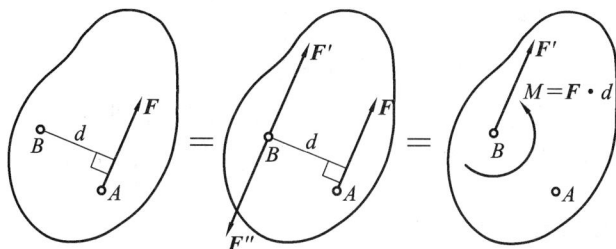

图 2-22　力的平移定理

　　力的平移定理可以看成为一个力分解为一个与其等值的平行力和一个位于平移平面内的力偶。同样，利用力的平移定理也可将一个力偶和一个位于该力偶作用面内的力，合成为一个该作用面内的合力。由此可知，力的平移定理是简化平面力系的一个重要手段。

　　例如，用丝锥攻螺纹时，如果只在丝锥的一端加力 F，如图 2-23(a)所示，由力的平移定理可知，力 F' 却使丝锥弯曲，从而影响攻丝精度，甚至使丝锥折断，因此这样操作是不允许的。

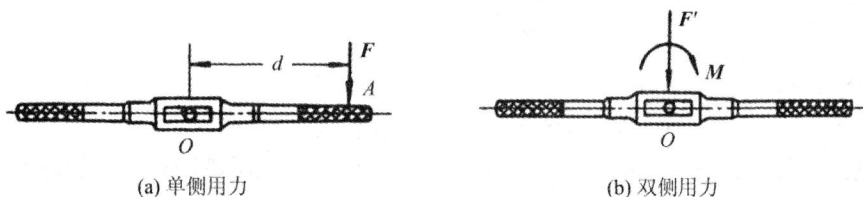

| (a) 单侧用力 | (b) 双侧用力 |

图 2-23　丝锥

2.3.2　平面任意力系的简化

　　在刚体上作用于平面任意力系，如图 2-24 所示。在力系平面内任取一点 O，称为简化中心。根据力的平移定理，可将各力都向 O 点平移，得到一个平面汇交力系和一个附加平面力偶系，所得的平面汇交力系可以合成为一个作用于 O 点的合矢量，称为主矢 F'_R，它体现了原力系对刚体的移动效应。

$$F'_R = F'_1 + F'_2 + \cdots + F'_n = \sum F'_i = \sum F_i \tag{2.6}$$

所得的附加平面力偶系可以合成为一个合力偶，称为主矩 M_O，它体现了原力系对刚体绕简化中心的转动效应。

$$M_O = M_O(F_1) + M_O(F_2) + \cdots + M_O(F_n) = \sum M_O(F_i) \tag{2.7}$$

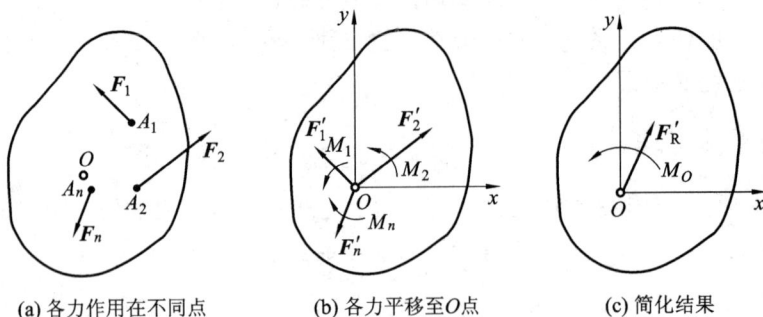

(a) 各力作用在不同点　　　(b) 各力平移至O点　　　(c) 简化结果

图 2-24　平面任意力系的简化

综上所述可知，平面力系向一点(简化中心)简化的一般结果是一个力(主矢)和一个力偶(主矩)。力系的主矢与简化中心的位置无关。主矩一般随简化中心的位置不同而改变。

2.3.3　平面任意力系的平衡条件

1. 平面力系平衡的充分与必要条件

力系的主矢和力系对任意点的主矩都等于零，即

$$F'_R = 0, \quad M_O = 0 \tag{2.8}$$

上面的平衡条件可用下面的解析式表示：

$$\left. \begin{array}{l} \sum F_{ix} = 0 \\ \sum F_{iy} = 0 \\ \sum M_O(F_i) = 0 \end{array} \right\} \tag{2.9}$$

2. 解题步骤

(1) 确定研究对象，画其受力图，判断平面力系的类型。

注意：一般应选取有已知力和未知力同时作用的物体为考虑平衡问题的研究对象。

(2) 选取坐标轴和矩心。由于坐标轴和矩心的选择是任意的，在选择时应遵循以下原则：

① 坐标轴应与尽可能多的力垂直(或平行)；

② 矩心应选在较多未知力的汇交点处。

(3) 将各个力向两坐标轴投影，对矩心取力矩，建立平衡方程求解。

例 2.5　图 2-25 中起重机重 $W = 10 \text{ kN}$，可绕铅垂轴 AB 转动。起重机的挂钩上挂一重为 $F_P = 40 \text{ kN}$ 的重物。起重机的重心 C 到转动轴的距离为 1.5 m，其他尺寸(均以 m 计)如图 2-25 所示。求在止推轴承 A 和径向轴承 B 处的约束反力。

解　(1) 以起重机为研究对象，画出受力图。起重机上作用有主动力 W 和 F_P；止推轴

承 A 有轴向反力 F_{Ay} 和径向反力 F_{Ax}；径向轴承 B 只有一个垂直于转轴的径向反力 F_B，其指向假设向右，如图 2-25(b)所示。

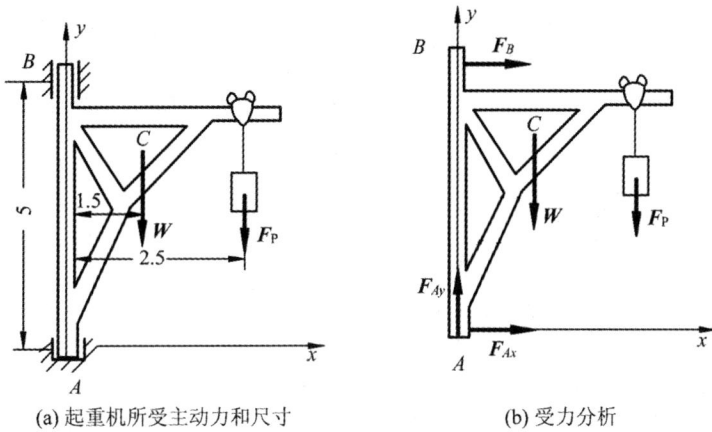

(a) 起重机所受主动力和尺寸　　　　　　　　(b) 受力分析

图 2-25　简易起重机

(2) 选取坐标系 A_{xy}，如图 2-25(b)所示，列平衡方程并求解：

$$\sum F_{ix} = 0 \qquad F_{Ax} + F_B = 0$$

$$\sum F_{iy} = 0 \qquad F_{Ax} - F_P - W = 0$$

$$\sum M_A(\boldsymbol{F}_i) = 0 \qquad -F_B \times 5 - F_P \times 1.5 - W \times 3.5 = 0$$

解得

$$F_{Ax} = -F_B = 31 \text{ kN}, \qquad F_{Ay} = 50 \text{ kN}, \qquad F_B = -31 \text{ kN}$$

F_B 为负值，说明它的方向与受力图中假设的方向相反，即正确的指向应向左。

2.3.4　平面特殊力系的平衡条件

1. 平面汇交力系

如图 2-26(a)所示，平面汇交力系平衡时，应满足平面力系的平衡方程式。其中，$M_O = \sum M_O(F_i) = 0$ 是恒等式，因此，平面汇交力系独立的平衡方程为两个投影方程，即

$$\begin{cases} \sum F_x = 0 \\ \sum F_y = 0 \end{cases} \tag{2.10}$$

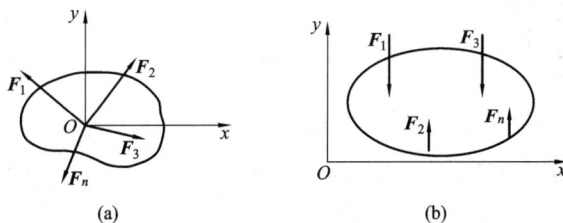

(a)　　　　　　　　　　　　(b)

图 2-26　平面汇交力系和平面平行力系

2. 平面平行力系

如图 2-26(b)所示，若取 x 轴与各力的作用线垂直，则不论平行力系是否平衡，各力在 x 轴上的投影均为零。即 $\sum F_{ix} = 0$ 是恒等式。因此平面平行力系独立的平衡方程为

$$\begin{aligned} \sum F_{iy} &= 0 \\ \sum M_O(F_i) &= 0 \end{aligned} \tag{2.11}$$

平面平行力系的平衡方程也可用二矩式表示为

$$\begin{aligned} \sum M_A(F_i) &= 0 \\ \sum M_B(F_i) &= 0 \end{aligned} \tag{2.12}$$

其中，矩心 A、B 两点的连线不能与各力的作用线平行。

若力在一定范围内连续均匀分布于物体上，则称之为均布载荷，即 $q = $ 常数。载荷集度的单位是 N/m 或 kN/m。如图 2-27 所示，在进行受力分析计算时，常将均布载荷简化为一个集中力 F，其大小为 $F = ql$ (l 为载荷作用的长度)，作用线通过作用长度的中点。

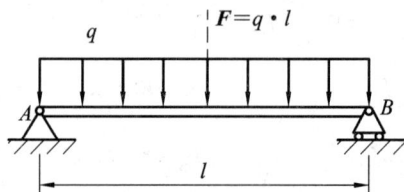

图 2-27　均布载荷

例 2.6　如图 2-28 所示，物重 $G = 20$ kN，用钢丝绳经过滑轮 B 再缠绕在绞车 D 上。杆 AB 与 BC 铰接，并以铰链 A、C 与墙连接。设两杆和滑轮的自重不计，并略去摩擦和滑轮的尺寸，求平衡时杆 AB 和 BC 所受的力。

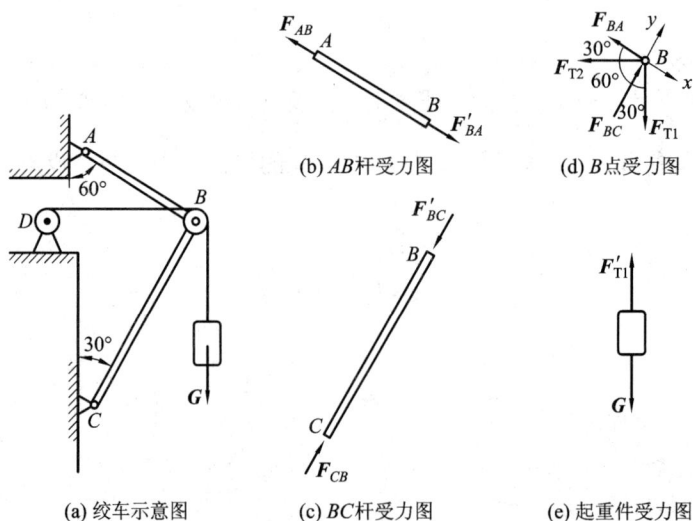

(b) AB 杆受力图　　　(d) B 点受力图

(a) 绞车示意图　　　(c) BC 杆受力图　　　(e) 起重件受力图

图 2-28　绞车

解　(1) 由于滑轮 B 上作用着已知力和未知力，故取滑轮 B 为研究对象，画其受力图。

这些力可看作平衡的平面汇交力系,滑轮 B 的受力图如图 2-28(d)所示。

(2) 由于两未知力 F_{BA} 和 F_{BC} 相互垂直,故选取坐标轴 x、y,如图 2-28(d)所示。

(3) 列平衡方程并求解。

$$\sum F_{ix} = 0 \qquad -F_{BA} + F_{T1}\cos 60° - F_{T2}\cos 30° = 0$$

$$\sum F_{iy} = 0 \qquad F_{BC} - F_{T1}\cos 30° - F_{T2}\cos 60° = 0$$

$$F_{BA} = F_{T1}\frac{1}{2} - F_{T2}\frac{\sqrt{3}}{2} = \frac{1}{2}G - \frac{\sqrt{3}}{2}G = \frac{1}{2} \times 20 - \frac{\sqrt{3}}{2} \times 20 = -7.32 \ \text{kN}$$

$$F_{BC} = F_{T1}\frac{\sqrt{3}}{2} + F_{T2}\frac{1}{2} = \frac{\sqrt{3}}{2}G + \frac{1}{2}G = \frac{\sqrt{3}}{2} \times 20 + \frac{1}{2} \times 20 = 27.32 \ \text{kN}$$

F_{BA} 为负值,表示此力的实际指向与图示相反,即 AB 杆受压力。

例 2.7 在水平双伸梁上作用有集中载荷 F_P,力偶矩为 M 的力偶和集度为 q 的均布载荷,如图 2-29(a)所示。$F_P = 20 \ \text{kN}$,$M = 16 \ \text{kN·m}$,$q = 20 \ \text{kN/m}$,$a = 0.8 \ \text{m}$。求支座 A、B 的约束反力。

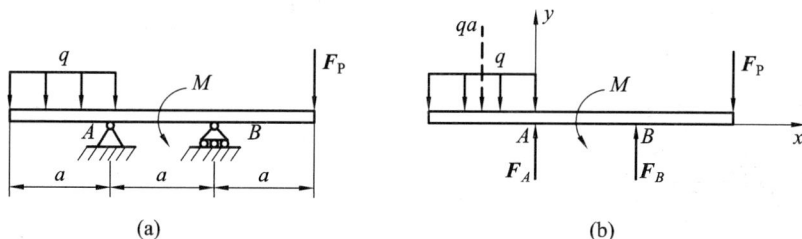

图 2-29 双伸梁

解 (1) 取 AB 梁为研究对象,画受力图。作用于梁上的主动力有集中力 F_P、力偶矩为 M 的力偶和均布载荷 q,均布载荷可以合成为一个力,其大小为 $qa = 20 \times 0.8 = 16 \ \text{kN}$,方向与均布载荷相同,作用于分布长度的中点,$B$ 支座反力 F_B 铅垂向上;因以上各力(力偶)均无水平分力,故 A 支座反力 F_A 必定沿铅垂方向。这些力组成一平衡的平面平行力系,如图 2-29(b)所示。

(2) 选取坐标系 Axy,矩心为 A,如图 2-29(b)所示。

(3) 列平衡方程如下:

$$\sum M_A(F_i) = 0 \qquad F_B a + qa \times \frac{a}{2} + M - F_P 2a = 0 \qquad \text{①}$$

$$\sum F_y = 0 \qquad F_A + F_B - qa - F_P = 0 \qquad \text{②}$$

由方程①得

$$F_B = 2F_P - \frac{qa}{2} - \frac{M}{a} = 2 \times 20 - \frac{20 \times 0.8}{2} - \frac{16}{0.8} = 12 \ \text{kN}$$

将 F_B 结果代入方程②解得

$$F_A = F_P + qa - F_B = 20 + 20 \times 0.8 - 12 = 24 \ \text{kN}$$

由计算结果可知,F_A 和 F_B 的方向如图 2-29(b)所示。

2.4 轴向拉伸和压缩

2.4.1 拉伸和压缩的概念

如图 2-30 所示，工程上存在一些杆件受拉伸和压缩的情况，拉压杆的受力特点是作用在杆端各外力的合力作用线与杆件轴线重合，拉压杆的变形特点是杆件沿轴线方向伸长或缩短，这种变形称为轴向拉伸或压缩(图 2-31)。

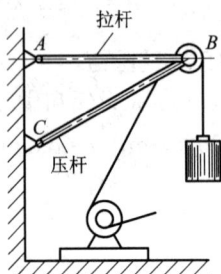

图 2-30　拉压杆实例

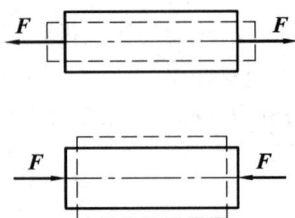

图 2-31　轴的拉伸与压缩

2.4.2 拉压杆的内力

零件受到外力作用时，由于内部各质点之间的相对位置的变化，材料内部会产生一种附加内力，力图使各质点恢复其原来位置。这个附加内力即为材料力学中所述的内力，它的大小随外力的增加而增加，当内力增加到一定限度时，零件就会被破坏。

1. 截面法

内力大小的计算需要用截面法来求。它是通过假取截面，使零件内力显示出来以便确定其数值的方法。

如图 2-32(a)所示，杆件在外力 F 作用下处于平衡状态，力的作用线与杆件轴线重合，用假想平面在 m—m 处将杆件截开，截面处的内力用 F_N 表示，根据平衡关系可求出内力 F_N 的大小。

若以左段杆为研究对象，如图 2-32(b)所示，可得

$$\sum F_{ix} = 0 \qquad F_N - F = 0$$

得

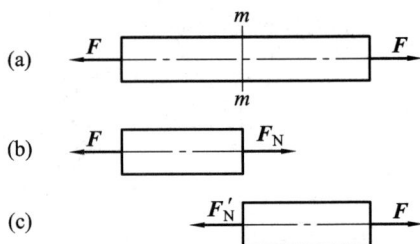

图 2-32　截面法

$$F_N = F$$

综上所述，用截面法求内力的步骤为：

(1) 截——在欲求内力处，假想地用一个截面将构件截为两段。

(2) 取——任取一段(一般取受力情况较简单的部分)作为研究对象。

(3) 代——在截面上用内力代替弃去部分对所取部分的作用。

(4) 平——列研究对象的静力平衡方程，并求解内力。

2. 轴力图

杆件拉伸和压缩时内力与外力平衡，其作用线与杆件轴线重合，因此，称其为轴力。轴力的正负号表示杆件不同的变形：杆件拉伸时，轴力背离截面取正号；杆件压缩时，轴力指向截面取负号。

直接利用外力计算轴力的规则：杆件承受拉伸(或压缩)时，杆件内任意截面上的轴力等于截面任一侧所有外力的代数和，外力背离截面时取正，外力指向截面时取负。

为了能够形象直观地表示出各横截面轴力大小的分布情况，人们用平行于杆件轴线的坐标表示各横截面的位置，用垂直于杆件轴线的坐标表示横截面上轴力的大小，绘出轴力 F_N 随截面坐标 x 的变化曲线称为轴力图。

例 2.8　如图 2-33(a)所示，已知一个等直杆受到 $F_1 = 3\ kN$，$F_2 = 1.4\ kN$，$F_3 = 1.6\ kN$ 的作用，试求各截面的轴力，并作轴力图。

解　计算各截面的轴力。

根据轴力计算规则，各截面的轴力可直接写为

$$F_{N1} = F_1 = -3\ kN, \qquad F_{N2} = F_3 = -1.6\ kN$$

作轴力图如图 2-33(b)所示，杆件的最大轴力为 $F_{N\,max} = 3\ kN$。

除了用截面法的计算结果画轴力图外，还有一个较简便的方法——外力法：从左向右画，在外力作用处画出突变线，外力向左(右)向上(下)画，其值等于外力的大小，其余部分为水平线；从右向左画，画的方向相反。

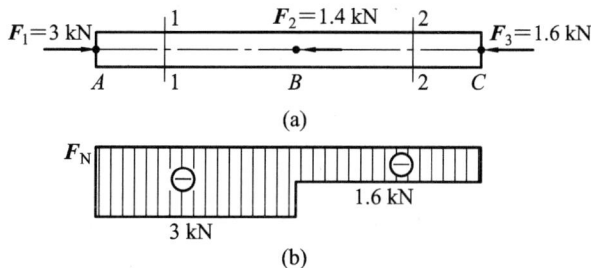

图 2-33　直杆的轴力图

2.4.3　拉伸和压缩的强度计算

确定了轴力以后，还不能解决杆件的强度问题。例如用同一种材料制成的横截面不同的两杆，在相同的拉力作用下，虽然两杆横截面上的轴力相同，但随着拉力的增大，横截面积小的杆件必然先被拉断。这说明杆的强度不仅与轴力的大小有关，还与横截面积的大小有关，即取决于内力在横截面上分布的密集程度，这就是应力。其单位为帕斯卡(Pa)，工程上常用兆帕(MPa)来表示。

要确定应力，必须了解内力在横截面上的分布情况。取一等直杆，在其侧面上画两条垂直于轴线的直线 ab、cd，如图 2-34(a)所示，并在杆的两端加一对轴向拉力 F，使其产生

拉伸变形。这时可以看到，ab、cd 分别平移至 $a'b'$、$c'd'$ 位置，且仍为垂直于轴线的直线。根据上述现象可以假设，变形前为平面的横截面，变形后仍为平面。如图 2-34(b)所示，如将杆件设想为由无数纵向纤维所组成，则任意两个横截面间所有纤维的纵向伸长均相同。由此可推想它们的受力是相同的，在横截面上各点的内力是均匀分布的，横截面上各点的应力也是相等的。

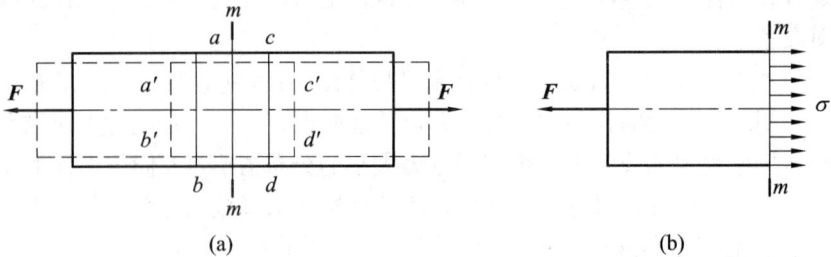

(a)　　　　　　　　　　　　　　　(b)

图 2-34　拉杆的变形与应力分布

若以 F_N 表示轴力(N)，A 表示横截面积(mm^2)，则横截面上的正应力 σ(MPa)的大小为

$$\sigma = \frac{F_N}{A} \tag{2.13}$$

应用式(2.13)时，应注意公式中三个参数之间所用单位的统一关系。

为了保证零件有足够的强度，就必须使其最大工作应力 σ_{max} 不超过材料的许用应力。即

$$\sigma_{max} = \frac{F_N}{A} \leqslant [\sigma] \tag{2.14}$$

式(2.14)称为拉(压)强度式，是拉(压)零件强度计算的依据。式中，F_N 是危险截面上的轴力，A 是危险截面积，$[\sigma]$ 是材料的许用应力。

对于塑性材料，当应力达到屈服点时，零件将发生显著的塑性变形而失效。考虑到其拉压时的屈服点相同，故拉、压许用应力同为

$$[\sigma] = \frac{\sigma_s}{n_s} \tag{2.15}$$

式中，σ_s 是材料的屈服点，n_s 是塑性材料的屈服安全系数，一般 $n_s = 1.3 \sim 2.0$。

对于脆性材料，在无明显塑性变形下即出现断裂而失效(如铸铁)，考虑到其拉伸与压缩时的强度极限值一般不同，故有

$$[\sigma] = \frac{\sigma_b}{n_b} \tag{2.16}$$

式中，n_b 是脆性材料的断裂安全系数，一般 $n_b = 2.0 \sim 3.5$；σ_b 是材料的抗拉(压)强度。

根据强度条件式，可以解决以下三类问题：

(1) 强度校核。若已知零件的尺寸、所承受的载荷以及材料的许用应力，可校核零件是否满足强度条件式。若满足，表示强度足够；反之，说明强度不够。

(2) 设计截面。若已知零件所承受的载荷和材料的许用应力，则可确定横截面尺寸。此时，强度条件式可表示为 $A \geqslant F_N / [\sigma]$，由此确定拉(压)杆所需要的横截面面积，然后根据所需截面形状设计截面尺寸。

(3) 确定许可载荷。若已知零件的尺寸及材料的许用应力，则可计算杆件所能承受的

最大载荷。此时，强度条件式可表示为 $F_N \leqslant [\sigma]A$，由此求得拉(压)杆能承受的最大轴力，再通过内外力的平衡条件来确定许可载荷。

例 2.9　图 2-35(a)所示为一钢木结构的起吊架，AB 为木杆，其截面积为 $A_{AB} = 10^4$ mm²，许用压应力$[\sigma]_{AB} = 7$ MPa；BC 为钢杆，其截面面积为 $A_{BC} = 600$ mm²，许用拉应力$[\sigma]_{BC} = 160$ MPa。试求 B 处可承受的许可载荷$[F_P]$。

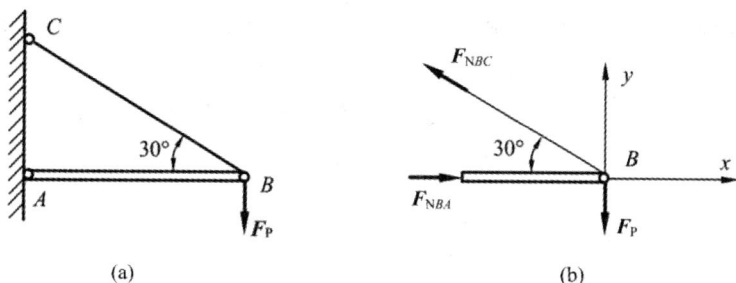

图 2-35　起吊架

解　(1) 受力分析：用截面法截取 B 铰为研究对象，画出受力图，如图 2-35(b)所示。由平衡条件可求得各杆轴力 F_{NAB} 和 F_{NBC} 与载荷 F_P 的关系：

$$\sum F_{iy} = 0 \qquad F_{NBC}\sin 30° - F_P = 0$$

$$F_{NBC} = \frac{F_P}{\sin 30°} = 2F_P$$

$$\sum F_{ix} = 0 \qquad F_{NAB} - F_{NBC}\cos 30° = 0$$

所以

$$F_{NAB} = F_{NBC}\cos 30° = 2F_P \frac{\sqrt{3}}{2} = \sqrt{3}F_P$$

(2) 求最大许可载荷：由强度条件式(2.14)可得木杆的许可载荷为

$$F_{NAB} \leqslant A_{AB}[\sigma]_{AB}$$

即

$$\sqrt{3}F_P \leqslant 10 \times 10^3 \times 7$$

得

$$F_P \leqslant 40\ 415\ \text{N} = 40.4\ \text{kN}$$

钢杆的许可载荷为

$$F_{NBC} \leqslant A_{BC}[\sigma]_{BC}$$

即

$$2F_P \leqslant 600 \times 160$$

得

$$F_P \leqslant 48\ 000\ \text{N} = 48\ \text{kN}$$

为保证结构安全，B 铰处可吊起的许可载荷$[F_P]$应取 40.4 kN、48 kN 中的最小值，即 $[F_P] = 40.4$ kN。

2.5 零件的剪切与挤压

2.5.1 剪切和挤压的概念

工程上常用的连接件如螺栓、销和键等，都是剪切和挤压的工程实例。如图 2-36 所示，连接两钢板的螺栓，在外力 F 的作用下，螺栓将沿截面 $m-n$ 处有相对错动的趋势，甚至会发生相对错动而被剪断。这种截面发生相对错动的变形称为剪切变形。产生相对错动的截面 $m-n$ 称为剪切面。剪切变形的受力特点是作用在零件两侧面的外力大小相等、方向相反、作用线相距很近。

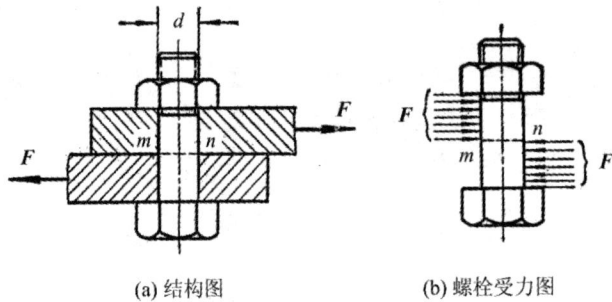

(a) 结构图　　　　　　　　(b) 螺栓受力图

图 2-36　螺栓连接

螺栓除受剪切作用外，还在螺栓圆柱形表面和钢板圆孔表面相互挤压的现象。作用在挤压面上的压力叫作挤压力，承受挤压作用的表面叫作挤压面，在接触处产生的变形称为挤压变形。

2.5.2 剪切的实用计算

现以螺栓为例，应用截面法假想地沿剪切面 $m-n$ 将螺栓分为两段，任取一段为研究对象，如图 2-37 所示。由平衡条件可知，剪切面上必有一个与该外力 F 等值、反向的内力，该内力称为剪力，常用符号 F_Q 表示。

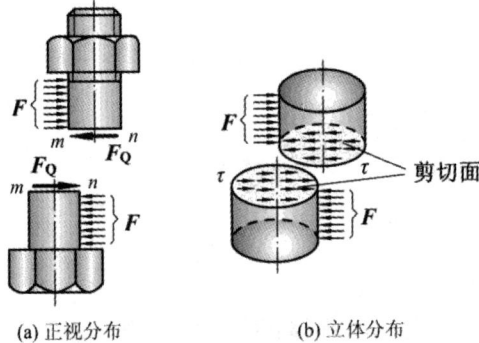

(a) 正视分布　　　　　　　　(b) 立体分布

图 2-37　剪切力和挤压力的分布

剪力 F_Q 分布于剪切面上，方向与剪切面相切的工作应力称为切应力，用符号 τ 表示。

切应力分布规律比较复杂，工程上常采用以实际经验为基础的实用计算法来确定，即假设切应力是均匀地分布在剪切面上的，切应力的计算公式为

$$\tau = \frac{F_Q}{A} \tag{2.17}$$

式中，F_Q 是剪切面上的剪力，A 是剪切面的面积。

为了保证零件安全可靠地工作，其强度条件为

$$\tau = \frac{F_Q}{A} \leqslant [\tau] \tag{2.18}$$

式中，$[\tau]$ 为材料的许用切应力，可从设计手册中查得。实验表明，许用切应力与许用拉应力之间有如下关系：

塑性材料：$[\tau] = (0.6 \sim 0.8)[\sigma]$

脆性材料：$[\tau] = (0.8 \sim 1.0)[\sigma]$

2.5.3　挤压的实用计算

如图 2-38 所示，从理论上讲，挤压面上挤压应力的分布是不均匀的，最大值在中间。为了计算简化，假定挤压应力是均匀分布在挤压面的。因此，挤压强度的条件为

$$\sigma_{jy} = \frac{F_{jy}}{A_{jy}} \leqslant [\sigma_{jy}] \tag{2.19}$$

式中，σ_{jy} 为挤压应力，F_{jy} 为挤压力，A_{jy} 为挤压计算面积，$[\sigma_{jy}]$ 是材料的许用挤压应力，可查设计手册而得。对于钢材，有 $[\sigma_{jy}] = (1.7 \sim 2.0)[\sigma]$。

如果两个相互接触零件的材料不同，应对许用挤压应力较低者进行挤压强度计算。

挤压面面积的计算，要根据实际接触的情况而定。若挤压面为平面，则挤压面面积就是接触面面积，如图 2-38 所示的键连接，其挤压面面积为 $A_{jy} = hl / 2$；若接触面为半圆柱面，如螺栓、铆钉等，其挤压面面积为半圆柱面的正投影面积，$A_{jy} = dt$，t 为螺栓或铆钉与孔的接触长度。

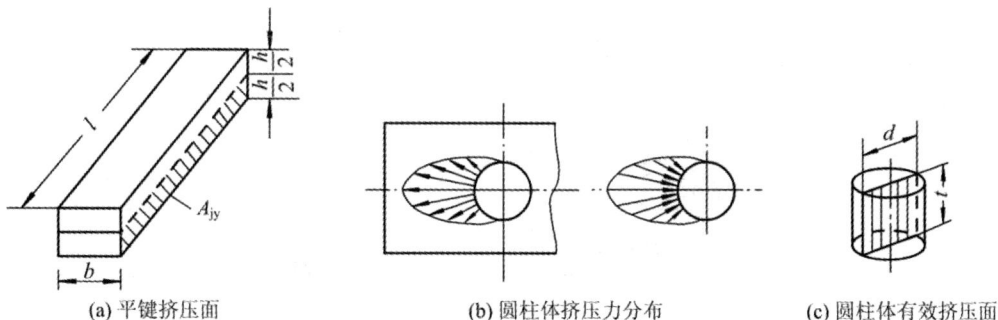

(a) 平键挤压面　　　　　　　(b) 圆柱体挤压力分布　　　　　　(c) 圆柱体有效挤压面

图 2-38　挤压面

例 2.10　拖车挂钩的销钉连接，如图 2-39(a)所示。已知挂钩部分的钢板厚度 $\delta_1 = 30$ mm，$\delta_2 = 20$ mm，销钉与钢板的材料相同，许用切应力 $[\tau] = 60$ MPa，许用挤压应力 $[\sigma_{jy}] = 180$ MPa，拖车的拉力 $F = 100$ kN。试计算销钉的直径。

解　(1) 销钉的剪切强度计算。由图 2.39(b)可以看出，销钉受剪切和挤压，它的破坏

形式可能是被剪断或与孔壁间的挤压破坏；钢板间有两个剪切面。

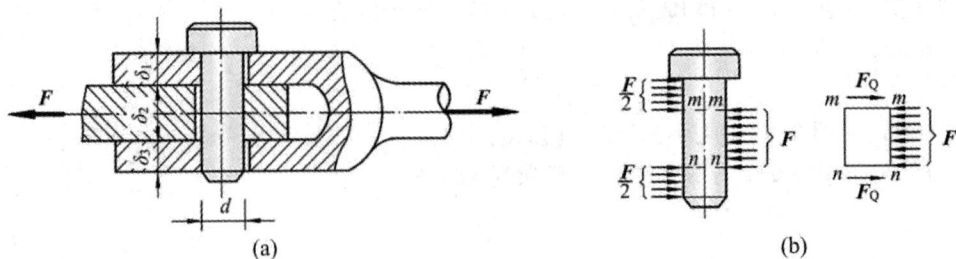

图 2.39　拖车挂钩

由 $\tau = \dfrac{F_Q}{A} \leqslant [\tau]$，$\dfrac{F/2}{\pi d^2/4} \leqslant [\tau]$，得销钉的直径为

$$d \geqslant \sqrt{\frac{2F}{\pi[\tau]}} = \sqrt{\frac{2 \times 100 \times 10^3}{\pi \times 60}} = 32.6 \text{ mm}$$

选取 $d = 35$ mm。

(2) 销钉的挤压强度计算。由图 2.39(a)可知，钢板间有三个挤压面，根据钢板的厚度和受载大小进行分析，可知销钉与中间钢板的挤压是最大的。

$$\sigma_{jy} = \frac{F_{jy}}{A_{jy}} = \frac{F}{\delta_1 d} = \frac{100 \times 10^3}{30 \times 35} = 95.2 \text{ MPa} < [\sigma_{jy}] = 180 \text{ MPa}$$

所以，选取铆钉直径 $d = 35$ mm 是安全的。

2.6　圆轴的扭转

2.6.1　扭转的概念

如图 2-40 所示的汽车转向轴，轴的两端受到一对大小相等、方向相反、作用面垂直于轴线的两力偶作用，它们的横截面将绕轴线产生相对转动，这种变形称为扭转变形。

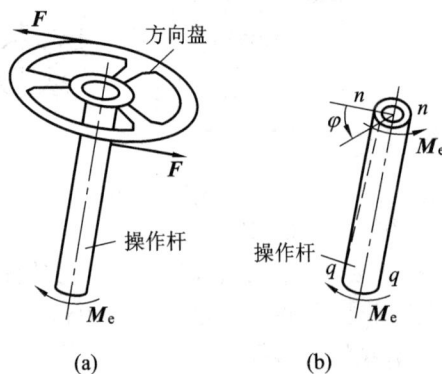

(a)　　　　　　　(b)

图 2-40　扭转实例

2.6.2　扭矩图

圆轴在外力偶矩作用下，横截面上将产生抵抗扭转变形和破坏的内力，求内力仍用截面法。

如图 2-41(a)所示，一圆轴 AB 在一对大小相等、转向相反的外力偶矩 M_O 作用下产生扭转变形，并处于平衡状态。取左段为研究对象，如图 2-41(b)所示。

由平衡关系可知，扭转时横截面上内力合成的结果必定是一个力偶，其内力偶矩称为扭矩，用符号 T 表示。

由平衡条件 $T - M_e = 0$，即

$$T = M_e \tag{2.20}$$

$$M_e = 9549 \frac{P}{n} \text{N·m} \tag{2.21}$$

如果取右段为研究对象，也得到同样的结果。为使从左右两段所求得的扭矩正负号相同，通常采用右手螺旋法则来规定扭矩的正负号。如图 2-42 所示，如果以右手四指表示扭矩的转向，则拇指的指向离开截面时的扭矩为正；反之为负。

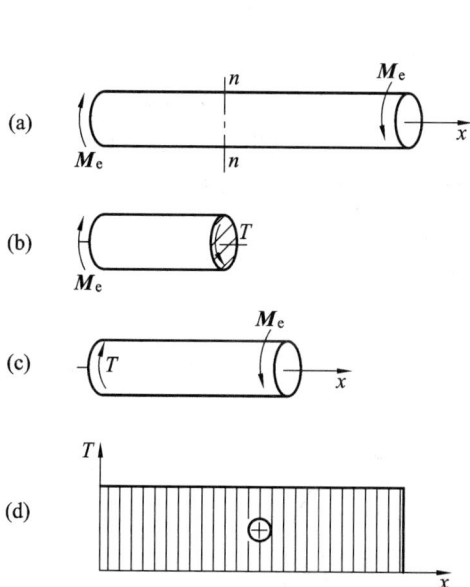

图 2-41　扭矩图

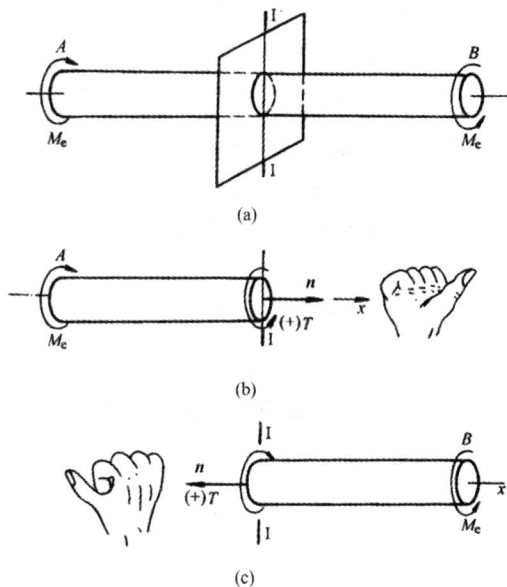

图 2-42　扭矩的正负号规定

为了形象地表示各截面扭矩的大小和正负，常需画出扭矩随截面位置变化的图像，这种图像称为扭矩图。其画法与轴力图相同，取平行于轴线的横坐标 x 表示各截面的位置，垂直于轴线的纵坐标 T 表示相应截面上的扭矩，正扭矩画在 x 轴的上方，负扭矩画在 x 轴的下方。

例 2.11　图 2-43(a)为一齿轮轴，已知轴的转速 $n = 300 \text{ r/min}$，齿轮 A 输入功率 $P_A = 50 \text{ kW}$，齿轮 B、C 输出功率 $P_B = 30 \text{ kW}$，$P_C = 20 \text{ kW}$。不计轴和轴承的摩擦阻力，试作该轴的扭矩图。

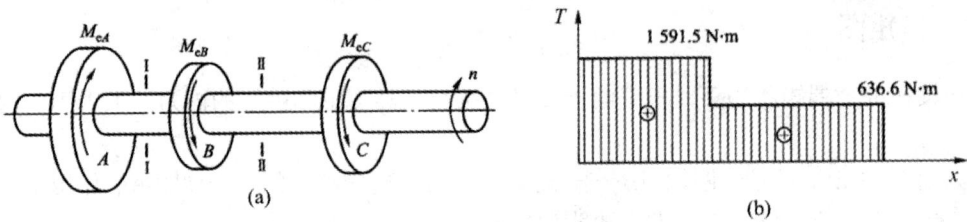

图 2-43　齿轮轴

解　(1) 计算外力偶矩：

$$M_{eA} = 9549 \frac{P}{n} = 9549 \times \frac{50}{300} = 1591.5 \text{ N·m}$$

$$M_{eB} = 9549 \frac{P}{n} = 9549 \times \frac{30}{300} = 954.9 \text{ N·m}$$

$$M_{eC} = 9549 \frac{P}{n} = 9549 \times \frac{20}{300} = 636.6 \text{ N·m}$$

(2) 计算扭矩：根据图 2-43(a)求出各段轴的扭矩。

Ⅰ—Ⅰ截面：　　　　　$T_1 = M_{eA} = 1591.5 \text{ N·m}$

Ⅱ—Ⅱ截面：　　　　　$T_2 = M_{eA} - M_{eB} = 1591.5 - 954.9 = 636.6 \text{ N·m}$

(3) 画扭矩图：根据以上计算的结果，按比例画扭矩图，如图 2-43(b)所示。

除了用截面法画扭矩图外，也可用外力偶矩直接画，而且方法更加简便。具体方法：从左向右画扭矩图，在外力偶矩作用处，按其可视转向分别向上或向下(上上或下下)画出突变线，其值等于外力偶矩的大小，其余部分皆为水平线。

2.6.3　圆轴扭转时的强度计算

如图 2-44 所示，圆轴横截面上各点切应力的大小与该点到圆心的距离成正比，圆心处的切应力为零，轴周边的切应力最大。

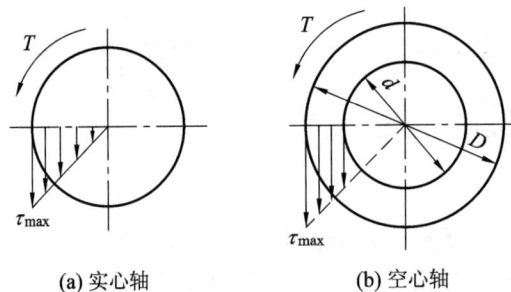

(a) 实心轴　　　　　　　(b) 空心轴

图 2-44　横截面上切应力的分布

为了保证圆轴能安全地工作，应限制轴上危险截面的最大工作应力不超过材料的许用切应力，即圆轴扭转的强度条件为

$$\tau_{\max} = \frac{T}{W_p} \leqslant [\tau] \tag{2.22}$$

式中，τ_{max} 为危险截面处的最大切应力；T 为危险截面上的扭矩；$[\tau]$ 为材料的许用切应力；W_p 为危险截面上的抗扭截面系数。

实心圆轴：
$$W_p = \frac{\pi D^3}{16} \approx 0.2D^3 \tag{2.23}$$

空心圆轴：
$$W_p = \frac{\pi D^3(1-\alpha^4)}{16} \approx 0.2D^3(1-\alpha^4) \tag{2.24}$$

其中，$\alpha = \dfrac{d}{D}$，式中 D 和 d 见图 2-45。

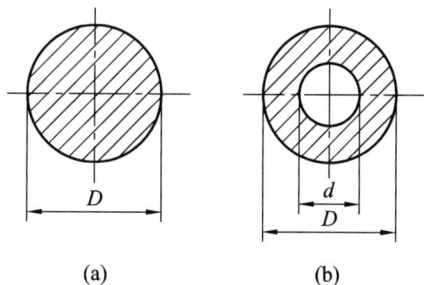

(a)　　　　　　(b)

图 2-45 圆轴的截面

例 2.12 某机器传动轴如图 2-46(a)所示。已知轮 B 输入功率 $P_B = 30\ \text{kW}$，轮 A、C、D 分别输出功率为 $P_A = 15\ \text{kW}$，$P_C = 10\ \text{kW}$，$P_D = 5\ \text{kW}$，轴的转速 $n = 500\ \text{r/min}$，轴材料的 $[\tau] = 400\ \text{MPa}$。试按轴的强度设计轴的直径。

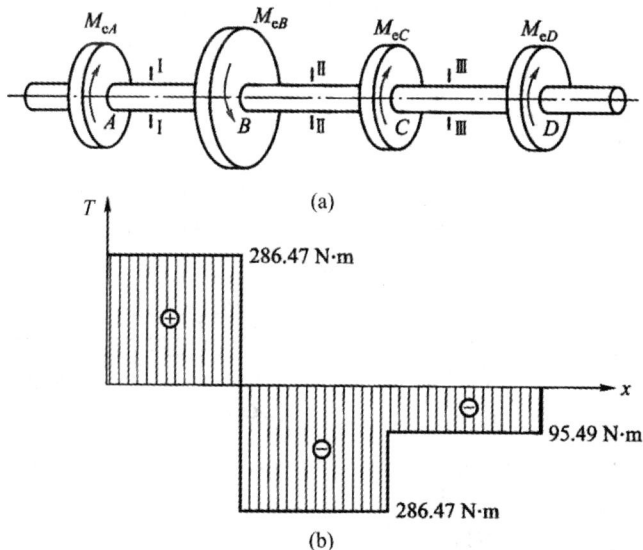

(a)

(b)

图 2-46 传动轴

解　(1) 计算外力偶矩：

$$M_{eB} = 9549\frac{P_B}{n} = 9549 \times \frac{30}{500} = 572.94\ \text{N·m}$$

$$M_{eA} = 9549\frac{P_A}{n} = 9549 \times \frac{15}{500} = 286.47\ \text{N·m}$$

$$M_{eC} = 9549 \frac{P_C}{n} = 9549 \times \frac{10}{500} = 190.98 \ \text{N} \cdot \text{m}$$

$$M_{eD} = 9549 \frac{P_D}{n} = 9549 \times \frac{5}{500} = 95.49 \ \text{N} \cdot \text{m}$$

(2) 画扭矩图。根据图 2-46(a)求出各段轴的扭矩，并由计算结果画出扭矩图，如图 2-46(b)所示。

AB 段： $T_1 = M_{eA} = 286.47 \ \text{N} \cdot \text{m}$

BC 段： $T_2 = M_{eA} - M_{eB} = 286.47 - 572.94 = -286.47 \ \text{N} \cdot \text{m}$

CD 段： $T_3 = -M_{eD} = -95.49 \ \text{N} \cdot \text{m}$

(3) 按强度条件计算轴的直径 d。

$$\tau_{\max} = \frac{T_{\max}}{W_P} = \frac{286.47 \times 10^3}{\frac{\pi}{16} d^3} \leqslant 40 \ \text{MPa}$$

$$d \geqslant \sqrt[3]{\frac{16 \times 286.47 \times 10^3}{\pi \times 40}} = 33.2 \ \text{mm}$$

为了使该轴满足强度要求，选取 $d \geqslant 34 \ \text{mm}$。

2.7 直梁的弯曲

2.7.1 直梁平面弯曲的概念

通过分析火车轮轴(图 2-47)和起重机梁(图 2-48)的变形可发现，其共同特点是：在过轴线的平面内，受到垂直于轴线方向的外力作用，杆的轴线由变形前的直线变为一条曲线。工程中通常把以弯曲为主要变形的杆件称为梁。

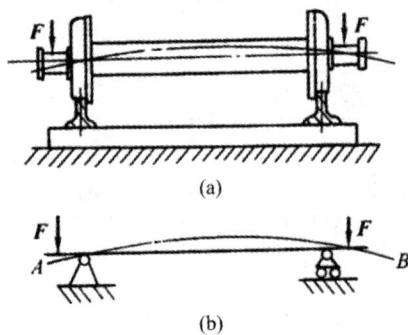

图 2-47　火车轮轴

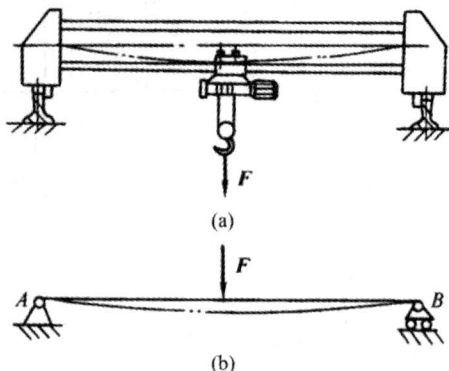

图 2-48　桥式起重机大梁

工程中的梁多数具有这样的特征：整个梁具有一个包含轴线的纵向对称平面，如图 2-49、图 2-50 所示；梁上作用的所有外载荷都位于梁的纵向对称平面内，并且垂直于轴线方向作用，梁的轴线将弯成一条在这个纵向对称平面内的平面曲线，这种弯曲称为平面弯曲。

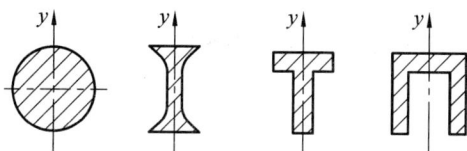

图 2-49   梁横截面的纵向对称轴

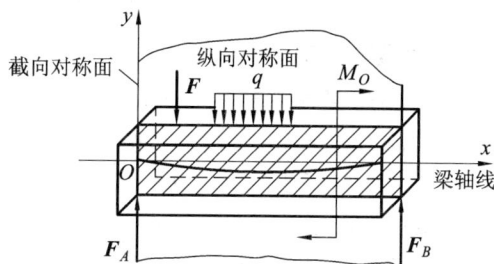

图 2-50   直梁的纵向对称轴

2.7.2   梁的力学模型和基本形式

梁的支承情况和载荷作用比较复杂，为了便于分析计算，常进行以下简化。

1. 梁的简化

用梁的轴线代替实际的梁，如图 2-47(b)和图 2-48(b)分别用梁的轴线 AB 代替梁。

2. 载荷的简化

作用于梁上的外力，都可以简化为以下三种类型：

(1) 集中力：当力的作用范围远小于梁的长度时，可简化为作用于一点的集中力，如图 2-47 中火车车厢对轮轴的作用力。

(2) 集中力偶：当力偶的作用范围远小于梁的长度时，可简化为作用在某一横截面上的集中力偶，如图 2-50 中的 M_O。

(3) 分布载荷：沿梁的全长或部分长度连续分布的横向力。若均匀分布，则可称为均布载荷，通常用载荷集度 q 表示，其单位为 N/m(见图 2-50)。

3. 基本形式

(1) 简支梁：梁的两端分别为固定铰支座和活动铰支座，见图 2-48(b)。

(2) 外伸梁：具有一端或两端外伸部分的简支梁，见图 2-47(b)。

(3) 悬臂梁：梁的一端为固定端约束，另一端为自由端，见图 2-51(b)。

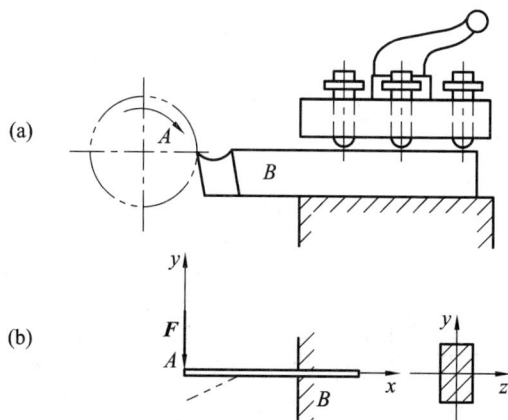

图 2-51   车刀的简化

2.7.3　梁的内力——剪力和弯矩

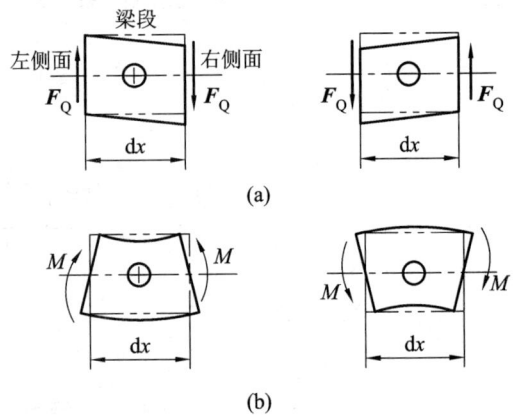

1. 用截面法求梁的内力

如图 2-52 所示的悬臂梁 AB，在其自由端作用集中力 F，由静力平衡方程可求出其固定端的约束力 $F_B = F$，约束力偶矩 $M_B = Fl$。

为了求出梁任意横截面 m—m 上的内力，可在 m—m 处将梁截开，取左段梁为研究对象，见图 2-52(c)。由于整个梁在外力作用下是平衡的，所以梁的各段也必平衡。要使左段梁处于平衡，那么横截面上必定有一个作用线与外力 F 平行的内力 F_Q 和一个在梁的纵向对称平面内的内力偶 M。由平衡方程求解

$$\sum F_Y = 0 \quad F - F_Q = 0$$

得

$$F_Q = F \tag{2.25}$$

这个作用线平行于横截面的内力称为剪力，用符号 F_Q 表示。

$$\sum M_C(F) = 0 \quad M - F_x = 0$$

得

$$M = F_x \tag{2.26}$$

式中，矩心 C 是横截面的形心。这个作用平面垂直于横截面的内力偶矩称为弯矩，用符号 M 表示。同理，如取右段梁为研究对象，见图 2-52(d)，也可以求得截面 m—m 上的剪力 F_Q 和弯矩 M，但它与取左段梁的结果是等值、反向的。

剪力符号规定：某梁段上左侧截面向上或右侧截面向下的剪力为正，反之为负，见图 2-53(a)。

弯矩符号规定：某梁段上左侧截面顺时针转向或右侧截面逆时针转向的弯矩为正，反之为负，见图 2-53(b)。

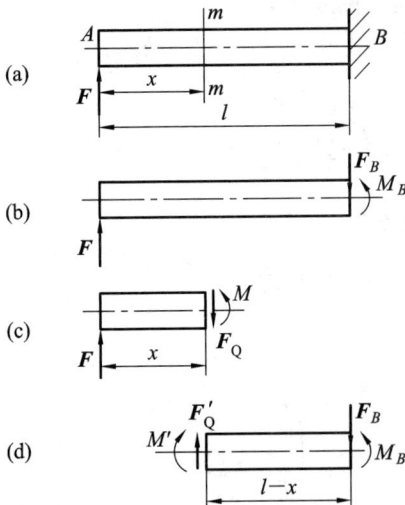

图 2-52　梁的内力——剪力和弯矩　　　　　　图 2-53　剪力和弯矩的正负号规定

2. 任意横截面上剪力和弯矩的计算

任意截面的剪力等于该截面左段梁或右段梁上所有外力的代数和，左段梁向上的外力或右段梁向下的外力产生正值剪力，反之产生负值剪力。

任意截面的弯矩，等于截面左段梁或右段梁上所有外力对截面形心力矩的代数和，左段梁上顺时针转向或右段梁上逆时针转向的外力矩产生正值弯矩，反之产生负值弯矩。

例 2.13　如图 2-54 所示一简支梁受集中力 $F = 1\ kN$、力偶矩 $M = 4\ kN \cdot m$ 和均布载荷集度 $q = 10\ kN/m$ 作用。求截面 1—1、2—2 上的剪力和弯矩。(题中长度单位为 mm)

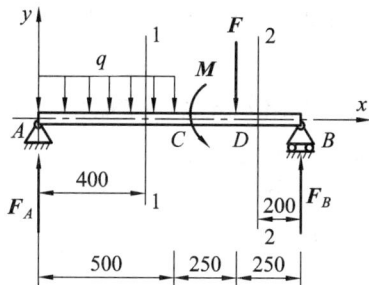

图 2-54　简支梁

解　(1) 画简支梁受力图和求支座反力。根据梁的受力图建立平衡方程

$$\sum M_A(F) = 0 \qquad F_B \times 1 - F \times 0.75 + M - 0.5 \times q \times 0.25 = 0$$

$$\sum F_y = 0 \qquad F_A + F_B - F - q \times 0.5 = 0$$

解出支座反力

$$F_A = 8\ kN, \qquad F_B = -2\ kN$$

(2) 计算截面 1—1 和 2—2 上的剪力和弯矩。运用前面介绍的剪力和弯矩计算方法，求 1—1 截面的剪力和弯矩时，取 1—1 截面左侧段梁为研究对象，假想用纸把截面右侧段梁遮住。可直接写出

$$F_{Q1} = F_A - 0.4 \times q = 8 - 0.4 \times 10 = 4\ kN$$

$$M_1 = F_A \times 0.4 - 0.4 \times q \times 0.2 = 8 \times 0.4 - 0.4 \times 10 \times 0.2 = 2.4\ kN \cdot m$$

求 2-2 截面的剪力和弯矩时，取 2-2 截面右侧段梁为研究对象更加方便，假想用纸把截面左侧段梁遮住。可直接写出

$$F_{Q2} = -F_B = 2\ kN$$

$$M_2 = F_B \times 0.2 = -2 \times 0.2 = -0.4\ kN \cdot m$$

3. 剪力图与弯矩图

画剪力图和弯矩图有两种方法：① 用剪力、弯矩方程；② 用内力随外力的变化规律。以下仅介绍比较容易掌握的第二种方法。

1) 剪力图、弯矩图随外力的变化规律

(1) 无载荷作用的梁段上，剪力图为水平线，弯矩图为斜直线。

(2) 在集中力作用处，剪力图有突变，突变的幅值等于集中力的大小，突变的方向与

集中力同向；弯矩图则在该处发生转折。

(3) 在集中力偶作用处，剪力图无变化；弯矩图有突变，突变的幅值等于集中力偶矩的值，突变的方向为：集中力偶顺时针转向弯矩正向突变，反之则负向突变。

(4) 在均布载荷作用的梁段上，剪力图为斜直线，渐变的幅值等于均布载荷的大小；弯矩图为二次曲线，曲线的凹向与均布载荷同向，通常在剪力等于零的截面，曲线有极值。

2) 作图步骤

(1) 画出梁的受力图，并求出支座反力；

(2) 从左向右画剪力图：根据载荷情况依次画出突变线或斜直线(上上或下下)，其余部分为水平线；

(3) 根据梁上载荷和支承情况找出分段点(其中隐性分段点为极值点)，并求出分段点截面上的弯矩(有突变处用 +、-)；

(4) 根据载荷情况确定弯矩图的各段形状，连线即得。

例 2.14 外伸梁 AD 受力情况如图 2-55(a)所示，试根据弯矩、剪力与载荷集度之间的微分关系作此梁的剪力图和弯矩图。

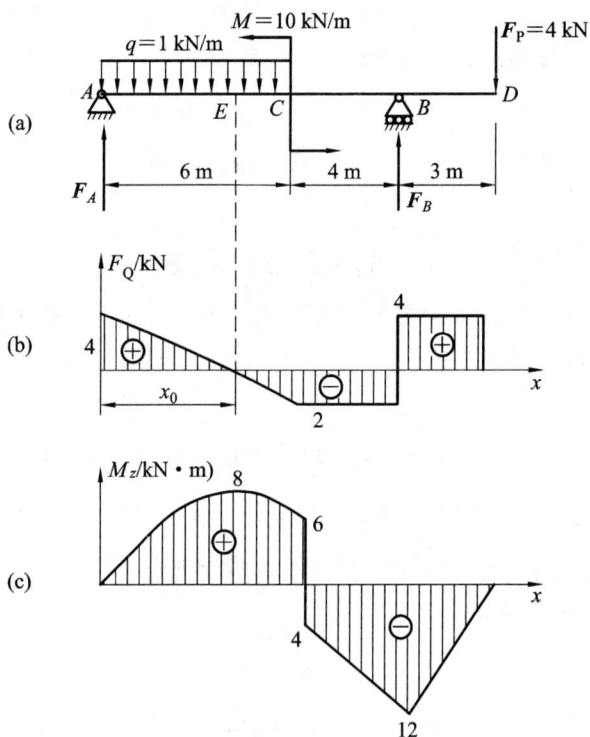

图 2-55 外伸梁

解 (1) 计算梁的支座反力。由梁的平衡方程得

$$\sum M_A(F) = 0 \qquad F_B \times 10 + 10 - F_p \times 13 - 6 \times q \times 3 = 0$$

$$\sum F_y = 0 \qquad F_A + F_B - F_p - q \times 6 = 0$$

代入数据求得

$$F_A = 4 \text{ kW}, \quad F_B = 6 \text{ kN}$$

(2) 作剪力图。将梁分为 AC、CB、BD 三段。AC 段的 F_Q 图为斜直线（＼），CB、BD 段的 F_Q 图为水平线。各控制点的剪力为

$$F_{QA}^+ = F_A = 4 \text{ kN}$$

$$F_{QC} = F_{QB}^- = F_A - q \times 6 = 4 - 1 \times 6 = -2 \text{ kN}$$

$$F_{QB}^+ = F_{QD}^- = F_P = 4 \text{ kN}$$

根据以上各控制点剪力值绘出剪力图，如图 2-55(b) 所示，图中 $|F_Q|_{max} = 4 \text{ kN}$。

(3) 作弯矩图。AC 的 M_z 图为二次抛物线（⌒），CB 段为斜直线（＼），BD 段为斜直线（／）。在 C 截面处 M_z 图发生突变；在 AC 段 $F_Q = 0$ 的截面 E 处弯矩将取得极值。各控制点弯矩为

$$M_{zA} = 0$$
$$M_{zC}^- = F_A \times 6 - q \times 6 \times 3 = 4 \times 6 - 1 \times 6 \times 3 = 6 \text{ kN} \cdot \text{m}$$
$$M_{zC}^+ = F_A \times 6 - q \times 6 \times 3 - M = 4 \times 6 - 1 \times 6 \times 3 - 10 = -4 \text{ kN} \cdot \text{m}$$
$$M_{zB} = -F_p \times 3 = -4 \times 3 = -12 \text{ kN} \cdot \text{m}$$
$$M_{zD} = 0$$

确定 $F_Q = 0$ 的截面 E：令 AC 段距 A 点为 x_0 处截面的剪力等于零，即

$$F_Q = F_A - qx_0 = 0$$

所以

$$x_0 = \frac{F_A}{q} = \frac{4}{1} = 4 \text{ m}$$

AC 段的极值弯矩为

$$M_{zE} = F_A x_0 - qx_0 \frac{x_0}{2} = 4 \times 4 - 1 \times 4 \times 2 = 8 \text{ kN} \cdot \text{m}$$

根据以上各控制点的弯矩值绘出弯矩图，如图 2-55(c) 所示，图中 $|M_z|_{max} = 12 \text{ kN} \cdot \text{m}$。

2.7.4　梁的正应力强度计算

1. 梁纯弯曲的概念

如图 2-56 所示简支梁，梁在靠近两端支座的 AC 和 DB 段内，同时有剪力 F_Q 和弯矩 M，这种弯曲称为剪切弯曲；在中段 CD 内的各横截面上，则只有弯矩 M，而剪力 $F_Q = 0$，这种弯曲称为纯弯曲。

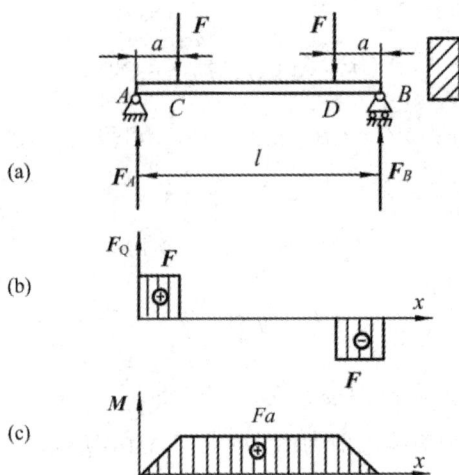

图 2-56　梁的纯弯曲

2. 纯弯曲时横截面上的正应力

如图 2-57 所示，矩形截面梁在纯弯曲时的应力分布有如下特点：

(1) 中性轴上的线应变为零，所以其正应力亦为零。

(2) 在图 2-57 所示的受力情况下，中性轴上部各点正应力为压应力(即负值)，中性轴下部各点正成力为拉应力(即正值)。

(3) 横截面上的正应力沿 y 轴呈线性分布，最大正应力(绝对值)在离中性轴最远的上、下边缘处。

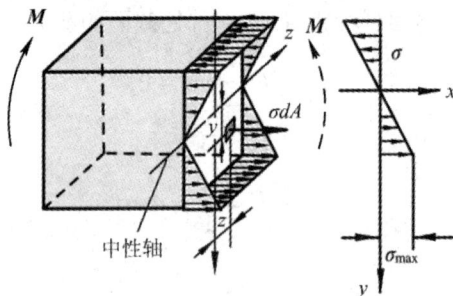

图 2-57　梁纯弯曲时横截面上的内力和应力

经研究可知，梁横截面上边缘处的最大正应力为

$$\sigma_{max} = \frac{M_z}{W_z} \tag{2.27}$$

式中，W_z 称为抗弯截面系数，它是衡量截面抵抗弯曲变形能力的一个几何量，单位是 mm^3，对于某一横截面，其 W_z 值愈大，则在给定的最大正应力下梁能够抵抗的弯矩 M_z 也愈大；M_z 称为截面上的弯矩，单位是 N·mm。

实心圆轴：

$$W_z = \frac{\pi D^3}{32} \approx 0.1D^3 \tag{2.28}$$

空心圆轴：

$$W_z = \frac{\pi D^3 (1-\alpha^4)}{32} \approx 0.1D^3(1-\alpha^4) \tag{2.29}$$

矩形梁：

$$W_z = \frac{bh^2}{6} \tag{2.30}$$

对于等截面直梁，最大弯矩所在的截面称为危险截面，危险截面上距离中性轴最远处的点称为危险点，要使梁具有足够的强度，必须使危险截面上的最大工作应力不超过材料的许用应力，对于材料的抗拉和抗压强度相同的梁，截面宜采用与中性轴对称形状，即当截面对中性轴具有对称性时，强度条件可写为

$$\sigma_{max} = \frac{M_{max}}{W_z} \leqslant [\sigma] \tag{2.31}$$

式中，$[\sigma]$为材料许用弯曲应力。

例 2.15 如图 2-58 所示一木制外伸梁，矩形截面，已知 $F = 8$ kN，$a = 0.8$ m，截面尺寸 $h = 200$ mm，$b = 100$ mm，木料的许用应力$[\sigma] = 10$ MPa。试校核梁的强度。

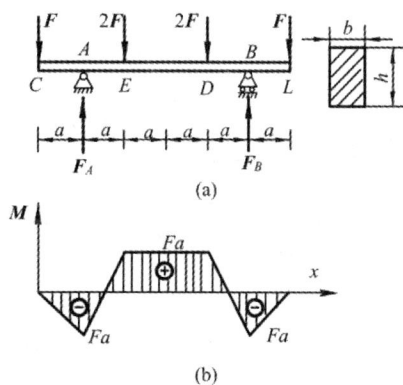

图 2-58 外伸梁

解 (1) 画梁的受力图和求支座反力。由图 2-58(a)所示梁的受力情况看到，梁的形状和载荷具有对称性，根据对称性可得

$$F_A = F_B = \frac{6F}{2} = \frac{6 \times 8}{2} = 24 \text{ kN}$$

(2) 画梁的弯矩图。由图 2-58(b)所示梁的弯矩图中求出最大弯矩值为

$$M_{max} = Fa = 8 \times 0.8 = 6.4 \text{ kN} \cdot \text{m}$$

(3) 校核梁的强度。矩形截面具有对中性轴的上下对称性，故强度公式应选用式(2.31)为

$$\sigma_{max} = \frac{M_{max}}{W_z} = \frac{6.4 \times 10^6}{\dfrac{100 \times 200^2}{6}} = 9.6 \text{ MPa} < [\sigma]$$

由计算结果可知，梁的强度足够。

例 2.16　如图 2-59 所示空气泵操纵杆，C 点作用力 $F_1 = 8.5$ kN，I—I 处矩形截面的高度与宽度之比为 $h/b = 3$；许用应力 $[\sigma] = 50$ MPa。试设计 I—I 处矩形截面的高度 h 与宽度 b 各为多大。

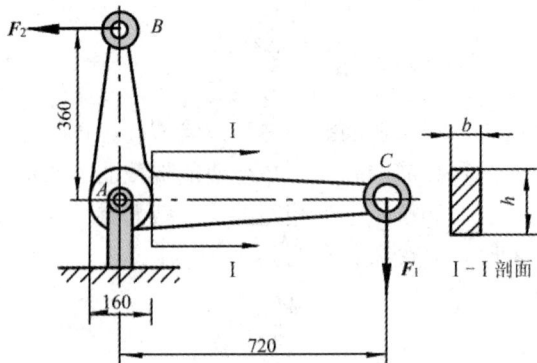

图 2-59　空气泵操纵杆

解　(1) 计算 I—I 处矩形截面处的弯矩。如图 2-59 所示，空气泵操纵杆的 AB 和 AC 部分承受弯曲变形，由平衡条件可求出 I—I 处截面的弯矩 M 为

$$M = F_1 \times \left(0.72 - \frac{0.16}{2} \right) = 8.5 \times \left(0.72 - \frac{0.16}{2} \right) = 5.44 \ \text{kN} \cdot \text{m}$$

(2) 计算 I—I 处矩形截面的高度 h 与宽度 b。根据矩形截面的几何特点，截面的抗弯截面系数为

$$W_z \geqslant \frac{M_{\max}}{[\sigma]} \qquad W_z = \frac{bh^2}{6} = \frac{h^3}{18}$$

代入数值后可写成

$$h^3 \geqslant \frac{18 \times M}{[\sigma]} = \frac{18 \times 5.44 \times 10^6}{50} = 1.96 \times 10^6 \ \text{mm}^3$$

则有

$$h \geqslant \sqrt[3]{1.96 \times 10^6} = 125.2 \ \text{mm}$$

$$b = \frac{h}{3} = \frac{125.2}{3} = 41.7 \ \text{mm}$$

故 I—I 处矩形截面的高度 h 与宽度 b 分别为 126 mm 和 42 mm。

教　学　检　测

一、填空题

1. 力对物体的作用效应，取决于力的_____、_____和_____。
2. 拉压杆上的内力又称为_____。内力的大小随_____的增加而增加，当内力增加到一定限度时，零件就会破坏。

3. 若刚体受到同一平面内互不平行的三个力作用而处于平衡时，该三力的_____必相交于一点。

4. 力偶对物体的转动效应取决于力偶矩的_____、力偶的_____和力偶作用面的_____三要素。

5. 光滑面约束反力沿接触点(或面)的_____并指向受力物体。

6. 活动铰链的约束反力必通过_____并与_____相垂直。

7. 固定端约束限制物体_____的移动和转动。

8. 零件变形的基本形式有四种：拉伸与压缩、_____、_____和_____。

9. 为了保证零件能安全工作，必须使其最大工作应力_____材料的许用应力。

10. 单位面积上的内力称为_____，它反映的是内力在横截面上分布的密集程度。

11. 扭矩图上的_____表示各截面的位置，_____表示相应截面上的扭矩大小。

12. 弯曲时，梁所受载荷类型有_____、_____和_____。其中，_____和_____的方向与梁轴线垂直。

二、单选题

1. 反映物体间相互作用的是_____公理。

A. 二力平衡 　　B. 加减平衡力系 　　C. 平行四边形 　　D. 作用与反作用

2. 限制居室门的约束类型是_____。

A. 柔性约束 　　B. 光滑接触面 　　C. 固定铰链 　　D. 连接铰链

3. 如图 2-60 所示的受拉直杆，其中 AB 段与 BC 段内的轴力及应力关系为_____。

A. $F_{AB} = F_{BC}$, $\sigma_{AB} = \sigma_{BC}$ 　　B. $F_{AB} = F_{BC}$, $\sigma_{AB} > \sigma_{BC}$ 　　C. $F_{AB} = F_{BC}$, $\sigma_{AB} < \sigma_{BC}$

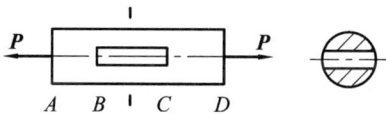

图 2-60 　题 2.3 图

4. 平面汇交的四个力作出如图 2-61 所示力多边形，表示力系平衡的是_____。

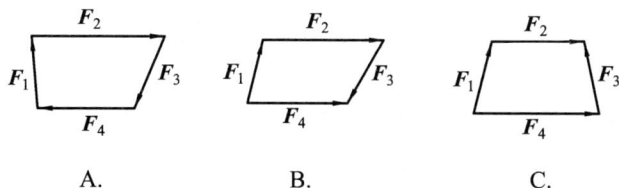

A. 　　　　　　　　B. 　　　　　　　　C.

图 2-61 　题 2.4 图

5. 力 F 使物体绕点 O 转动的效果，取决于_____。

A. 力 F 的大小和力 F 使物体绕点 O 转动的方向

B. 力臂 d 的长短和力 F 使物体绕点 O 转动的方向

C. 力与力臂乘积 Fd 的大小和力 F 使物体绕点 O 转动的方向

D. 力与力臂乘积 Fd 的大小

6. 关于平衡力系，以下各种说法中正确的是_____。

A. 平衡力系在任何轴上投影的代数和都等于零

B. 平衡力系在任何轴上投影的代数和不一定等于零

C. 平衡力系在任何轴上投影的代数和一定不等于零

D. 平衡力系只在两相互垂直的坐标轴上投影代数和才分别等于零

7. 下列说法正确的是_____。

A. 截面法是分析变形的基本方法

B. 截面法是显示和计算内力的基本方法

C. 截面法是分析应力的基本方法

D. 截面法是分析内力与应力关系的基本方法

8. 材料相同、横截面积相等的两根轴向拉伸的等直杆，一根杆伸长量为 10 mm，另一根杆伸长量为 0.1 mm。则下列结论中正确的是____。

A. 前者为大变形，后者为小变形　　　　B. 两者都为大变形

C. 两者都为小变形　　　　　　　　　　D. 不能判断其变形程度的大小

9. 材料的许用应力 $[\sigma]$ 是保证构件安全工作的_____。

A. 最高工作应力　　B. 最低工作应力　　　C. 平均工作应力　　D. 最低破坏应力

10. 低碳钢的极限应力是_____。

A. σ_e　　　　　　　B. σ_p　　　　　　　C. σ_b　　　　　　　D. σ_s

11. 对平键连接，当其他条件不变时，键的剪切面长、宽尺寸均增加一倍时，其剪切面上的切应力将减小_____。

A. 1 倍　　　　　B. 0.5 倍　　　　　C. 0.25 倍　　　　D. 0.75 倍

12. 用螺栓连接两块钢板，当其他条件不变时，螺栓直径增加一倍，挤压应力将减小_____。

A. 1 倍　　　　　B. 0.5 倍　　　　　C. 0.25 倍　　　　D. 0.75 倍

13. 实心轴的直径与空心轴的外径及长度相同时，扭转截面系数大的是____。

A. 空心轴　　　B. 实心轴　　　C. 一样大　　　D. 无法判定

14. 在机床的齿轮箱中，高速轴与低速轴的直径相比，直径较大的是_____。

A. 高速轴　　　B. 低速轴　　　C. 一样大　　　D. 无法判断

15. 在梁的某一段上有均布向上的载荷作用时，则该段梁上的剪力图是一条____，弯矩图是一条_____。

A. 水平直线　　　　B. 向右下斜直线　　　C. 向右上斜直线

D. 上凸抛物线　　　E.下凸抛物线

16. 在梁的集中力作用处，_____。

A. 剪力图有突变，弯矩图光滑连续　　　B. 剪力图有突变，弯矩图有折角

C. 剪力图无突变，弯矩图有突变　　　　D. 剪力图无突变，弯矩图有折角

17. 在梁的某一段无载荷作用时，则该段梁上的_____。

A. 剪力图是斜直线，弯矩图是上凸抛物线

B. 剪力图是斜直线，弯矩图是下凸抛物线

C. 剪力图是水平线，弯矩图是斜直线

D. 剪力图是水平线，弯矩图是上凸抛物线

18. 梁在某截面处的剪力 $F_Q = 0$ 时，则该截面处的弯矩为_____。

A. 极值   B. 零值   C. 最大值   D. 最小值

三、判断题

1. 凡两端用铰链连接的杆都是二力杆。（   ）

2. 两个力的合力一定大于分力。（   ）

3. 固定铰链、连接铰链和活动铰链的约束反力方向是一样的。（   ）

4. 力偶的合力等于零。（   ）

5. 力偶的力偶矩大小与矩心的具体位置无关。（   ）

6. 力偶可以在作用面内任意移动，而不改变它对刚体的作用效果。（   ）

7. 作用力与反作用力是一组平衡力系。（   ）

8. 两个力在同一轴上的投影相等，此两力必相等。（   ）

9. 拉压时不同杆件轴力越大，越容易被破坏。（   ）

10. 进行强度计算时，许用应力一定大于极限应力。（   ）

11. 进行挤压应力计算时，挤压面积就是传递压力的接触面积。（   ）

12. 当轴的两端受到一对大小相等、方向相反的力偶作用时，轴将产生扭转变形。（   ）

13. 在扭转变形中，凡有外力偶矩作用的截面处，在扭矩图中就会发生突变，突变数值等于外力偶矩的大小。（   ）

14. 简支梁上作用有一力偶，该力偶无论置于何处，梁的剪力图都是一样的。（   ）

15. 梁弯曲时，其横截面上的内力不仅与作用在梁上的外力有关，还与梁的支承有关。（   ）

16. 弯矩图表示梁的各横截面上弯矩沿着梁的轴线的变化规律，是分析梁的危险截面的依据之一。（   ）

17. 在梁上的集中力偶作用处，剪力图无变化，弯矩图有突变。（   ）

18. 梁的横截面高度和宽度尺寸不同时，立放和横放对梁的抗弯能力无影响。（   ）

四、简答题

1. 二力平衡公理和作用与反作用公理有何不同？

2. 如图 2-62 所示物体上有等值且互成 60° 夹角的三力作用，试问此物体是否平衡？

3. 为什么力偶不能与一个力平衡？如何解释如图 2-63 所示转轮的平衡现象？

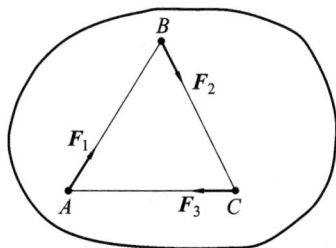   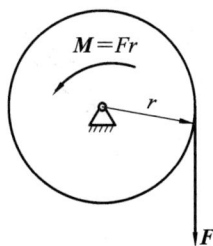

图 2-62 题 4.2 图   图 2-63 题 4.3 图

4. 强度计算中，构件所受的最大应力、极限应力和许用应力之间的关系是什么？

5. 直径和长度相同，而材料不同的两根轴，在相同扭矩作用下，它们的最大切应力是否相同？为什么？

6. 何谓弯曲变形中的中性层、中性轴？

五、实作题

1. 画出图 2-64 中物体的受力图。

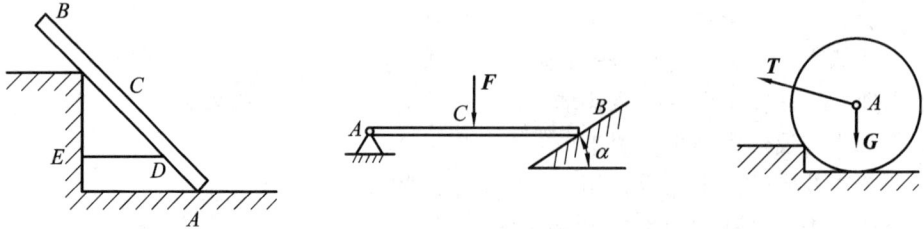

图 2-64　题 5.1 图

2. 分析图 2-65 中各物体的受力图画得是否正确？若有错误，请予以纠正。

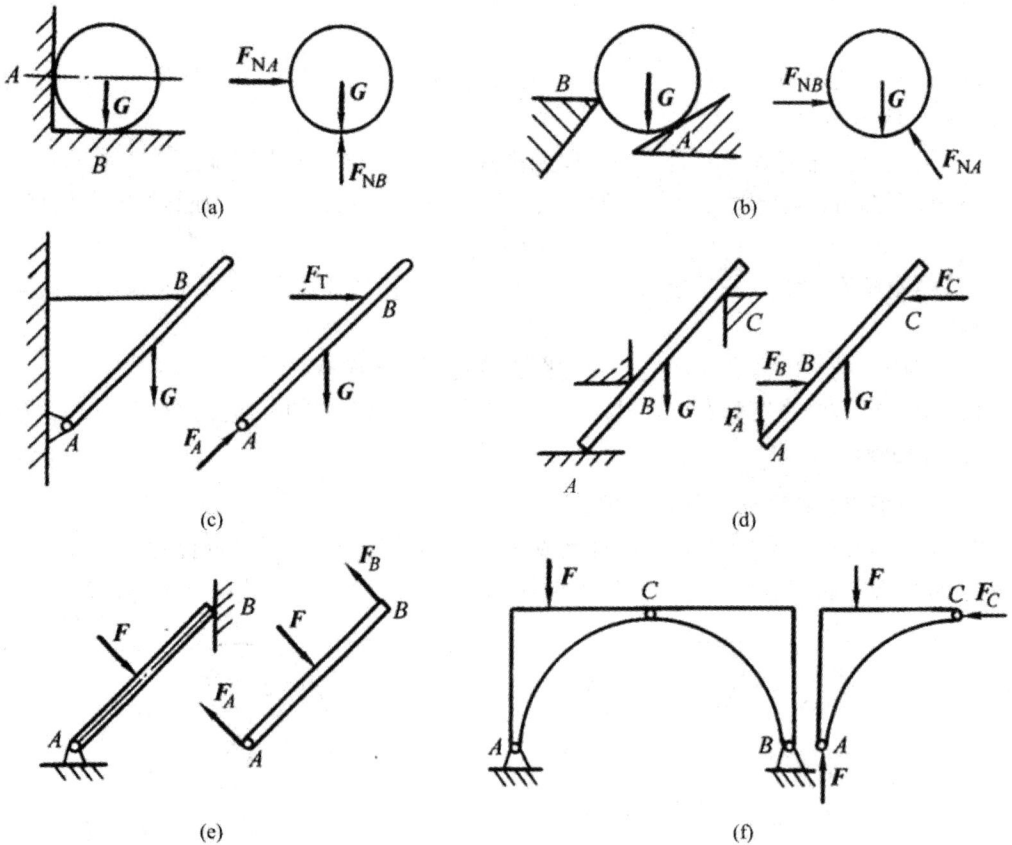

图 2-65　题 5.2 图

3. 试求图2-66中所示各种情况下 F 对 O 点的力矩。

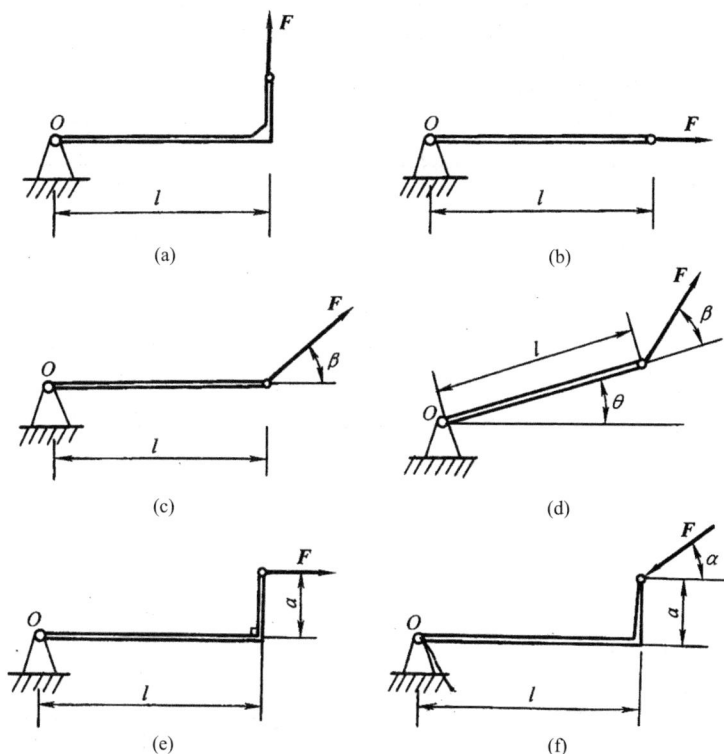

图2-66　题5.3图

4. 画出图2-67中各杆件的受力图。

5. 如图2-68所示，某矩形钢板的边长 $a = 4\,m$，$b = 2\,m$，当 $F = F' = 200\,N$ 时，才能使钢板转动。试问：如何用力时，才能费力最小？并求出使钢板转动最小力的值。

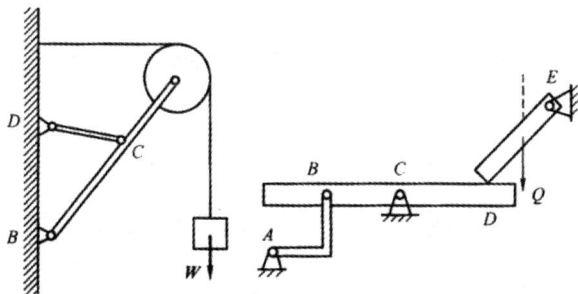

图2-67　题5.4图

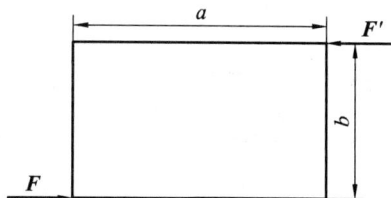

图2-68　题5.5图

6. 如图2-69所示为汽车起重机简图。已知车重 $G_Q = 26\,kN$，臂重 $G = 4.5\,kN$，起重机旋转及固定部分重 $G_W = 31\,kN$，有关尺寸如图所示。试求图示位置汽车不致翻倒的最大起重载荷 G_P。

7. 如图2-70所示水平杆 AD，A 端为固定铰链支座，C 点用绳子系于墙上，已知 $G = 1.2\,kN$，不计杆重，求绳子的拉力及铰链 A 的约束反力。

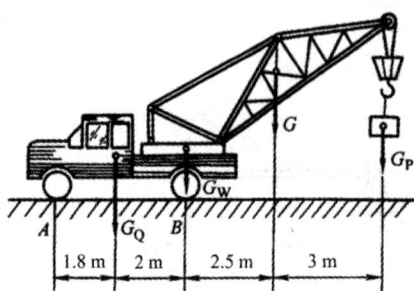

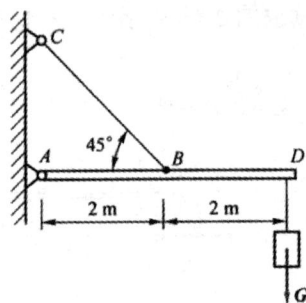

图 2-69　题 5.6 图　　　　　　　　　图 2-70　题 5.7 图

8. 高炉加料小车如图 2-71 所示，小车及料共重 $G = 240$ kN，重心在 c 点，已知 $a = 1$ m，$b = 1.4$ m，$c = 1.4$ m，$d = 1.4$ m，$\alpha = 60°$。求钢绳拉力 F_T 及轮 A、B 处所受的约束反力。

9. 如图 2-72 所示，起重机架 ABC 在铰链 A 处装有滑轮，由绞车 H 引出的钢索经过滑轮 A 起吊重量 $F_W = 20$ kN 的物体，滑轮的尺寸忽略不计。试求杆 AB 和 AC 所受的力。

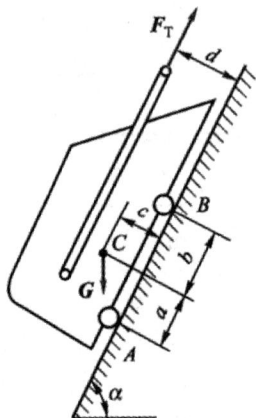

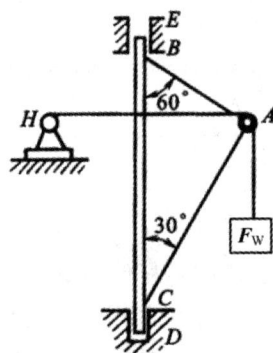

图 2-71　题 5.8 图　　　　　　　　　图 2-72　题 5.9 图

10. 如图 2-73 所示，已知 q、a，且 $F = qa$，$M = qa^2$，求图示梁 AB 支座的约束反力。

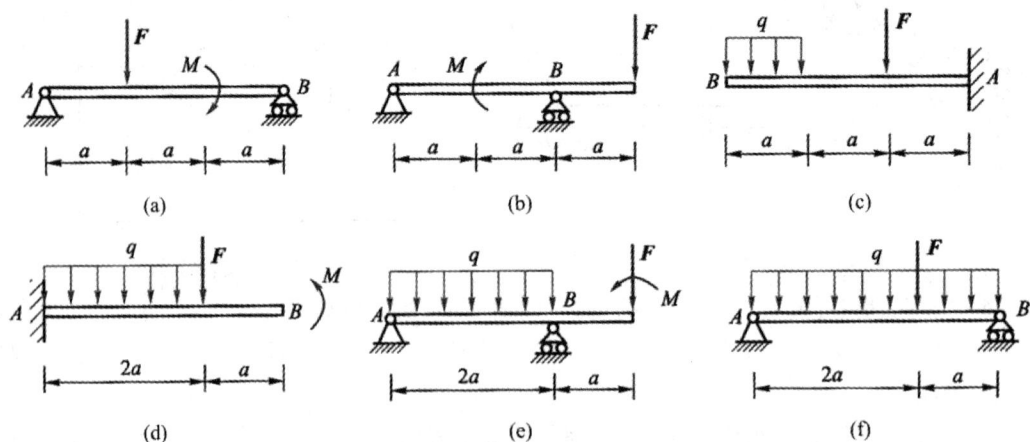

(a)　　　　　　　　　(b)　　　　　　　　　(c)

(d)　　　　　　　　　(e)　　　　　　　　　(f)

图 2-73　题 5.10 图

11. 已知杆件受力如图 2-74 所示，各横截面面积 $A_1 = 5$ cm^2，$A_2 = 10$ cm^2，$A_3 = 15$ cm^2。

(1) 试求各杆 1—1、2—2、3—3 截面的轴力，并作轴力图；

(2) 求出两图中各截面的正应力。

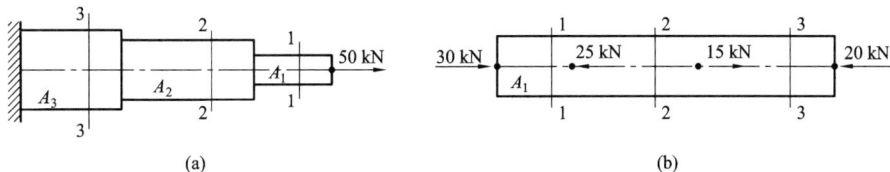

图 2-74 题 5.11 图

12. 某简易吊车如图 2-75 所示。已知最大起重载荷 $G = 20$ kN，AB 杆为圆钢，其许用应力$[\sigma] = 120$ MPa，试设计 AB 杆的直径 d。

13. 三角架结构如图 2-76 所示。已知 AB 杆为钢杆，其横截面面积 $A_1 = 600$ mm^2，许用应力$[\sigma] = 140$ MPa；BC 杆为木杆，横截面面积 $A_2 = 3 \times 10^4$ mm^2，许用压应力$[\sigma] = 3.5$ MPa，试求许可载荷$[F]$。

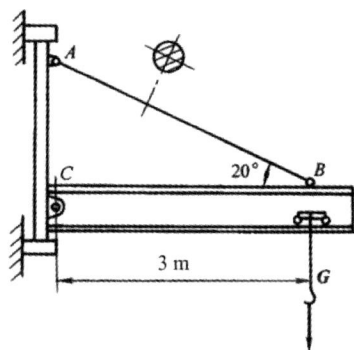

图 2-75 题 5.12 图　　　　　　　　图 2-76 题 5.13 图

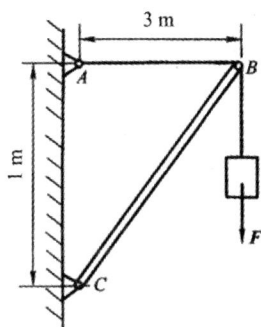

14. 如图 2-77 所示拖车挂钩用销钉连接，已知最大牵引力 $F = 85$ kN；$t = 30$ mm，销钉和板的材料相同，许用切应力$[\tau] = 80$ MPa，许用挤压应力$[\sigma_c] = 180$ MPa，试确定销钉的直径。

15. 如图 2-78 所示齿轮和轴用平键连接，已知传递的力矩 $M_e = 3$ kN · m，键的尺寸 $b = 24$ mm，$h = 14$ mm，轴的直径 $d = 85$ mm，键和齿轮材料的许用应力$[\tau] = 40$ MPa，$[\sigma_c] = 90$ MPa。试计算键所需长度 l。

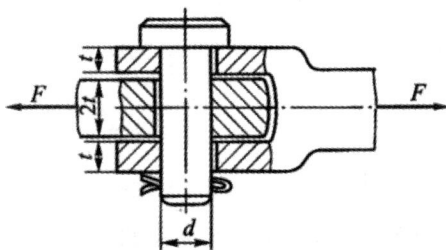

图 2-77 题 5.14 图　　　　　　　　图 2-78 题 5.15 图

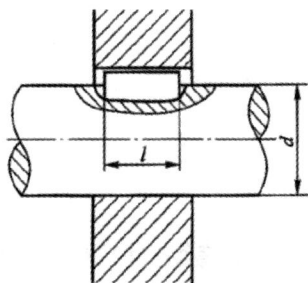

16. 如图 2-79 所示传动轴转速 $n = 250$ r/min，主动轮输入功率 $P_B = 7$ kW，从动轮 A、C、D 分别输出功率为 $P_A = 3$ kW，$P_C = 2.5$ kW，$P_D = 1.5$ kW。试画出轴的扭矩图。

17. 轴的尺寸如图 2-80 所示，外力偶矩 $M_e = 300$ N·m，轴的材料 $[\tau] = 60$ MPa。试校核轴的强度。

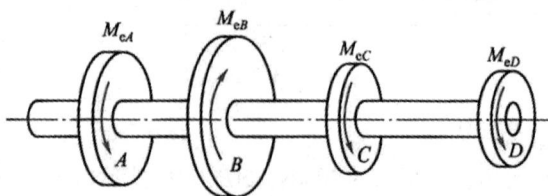

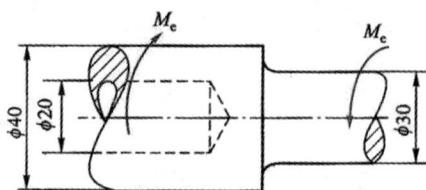

图 2-79　题 5.16 图　　　　　　　　　　　图 2-80　题 5.17 图

18. 如图 2-81 所示，用截面法计算图示各梁指定截面上的剪力和弯矩。

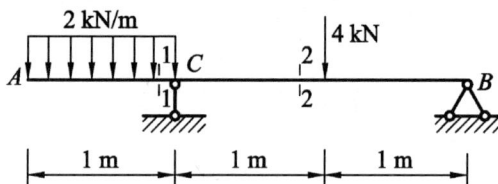

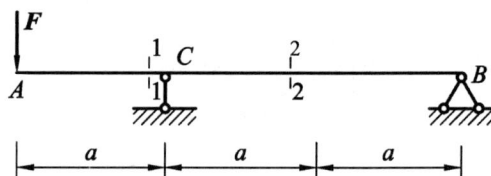

(a)　　　　　　　　　　　　　　　　　　　(b)

图 2-81　题 5.18 图

19. 梁的受力如图 2-82 所示，根据剪力图和弯矩图的变化规律画出两图，并确定该梁的最大剪力和弯矩。

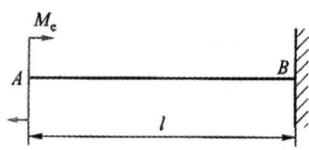
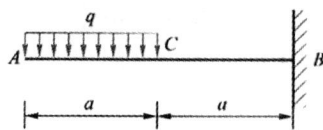
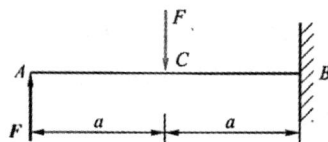

(a)　　　　　　　　　　　(b)　　　　　　　　　　　(c)

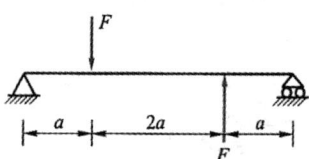
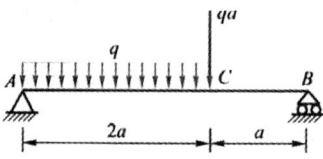
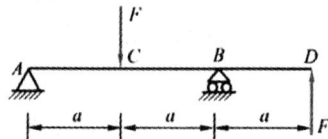

(d)　　　　　　　　　　　(e)　　　　　　　　　　　(f)

图 2-82　题 5.19 图

20. 木制矩形截面梁如图 2-83 所示。已知 $F = 2$ kN，横截面有高度比 $h/b = 3$；材料的许用正应力 $[\sigma] = 8$ MPa，试选择横截面的尺寸。

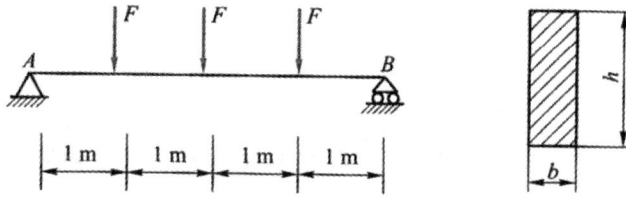

图 2-83　题 5.20 图

21. 如图 2-84 所示一空心管梁，已知管的外径 $D = 60$ mm，内径 $d = 38$ mm，材料的许用正应力$[\sigma] = 150$ MPa，试校核此梁的强度。

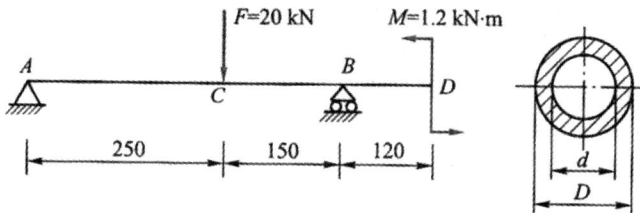

图 2-84　题 5.21 图

任务三　识读机械图纸上的标识

在工业生产和日常生活中，经常要求零部件具有互换性，否则就会给我们带来极大的不便。例如：经常使用的汽车、自行车、手表甚至水龙头，还有我们生产中使用的各种设备，当它们损坏以后，修理人员很快就可以用同样规格的零件换上，恢复这些用品和设备的功能；在装配机器时，同一种零件不需辅助加工和修配，就能够直接装配在机器上；工程师在设计图纸时，采用标准零部件，可以简化绘图、计算；等等。

互换性是指在制成的同一规格的零件中，不需要做任何挑选或辅助加工就可以组成部件或整机，并能达到设计的性能要求。

机械制造业中的互换性，通常包括几何参数(如尺寸)和力学性能(如硬度、强度)的互换。所谓几何参数，一般包括尺寸大小、几何形状(宏观、微观)，以及相互位置关系等。为了满足互换性的要求，我们将相同规格的零件、部件的实际值限制在一定的范围内，以保证零件、部件充分近似，这个范围就是公差的由来。公差即允许实际参数值的最大变动量。

公差与配合标准是一项重要的技术基础标准，它是实现零件、部件互换的必备条件。

3.1　光滑圆柱体的极限与配合

公差的最初萌芽产生于装配，机械中最基本的装配关系，就是一个零件的圆柱形内表面包容另一个零件的圆柱形外表面，即孔和轴的配合。所以，光滑圆柱体的极限与配合标准是机械中重要的基础标准。

3.1.1　有关术语

1. 尺寸

1) 线性尺寸

用特定单位表示长度尺寸值的数值称为线性尺寸，简称尺寸。在机械零件中，长度值包括直径、半径、宽度、深度、高度和中心距等。由尺寸的定义可知，尺寸由数值和特定单位两部分组成，如 50 mm(毫米)、33 μm(微米)等。在机械制图中，图样上的尺寸通常以 mm 为单位，标注时通常将单位省略，仅标注数值。

2) 基本尺寸(D，d)

由设计给定的尺寸，称为基本尺寸。孔用 D 表示，轴用 d 表示。

设计人员在设计时，根据使用要求，通过强度和刚度计算或由机械结构方面的考虑来给定基本尺寸。

图样中所标注的尺寸通常都是基本尺寸。如图 3-1 所示，$\phi25\ mm$ 为中间轴的外径的基本尺寸，30 mm 是齿轮衬套长度的基本尺寸。

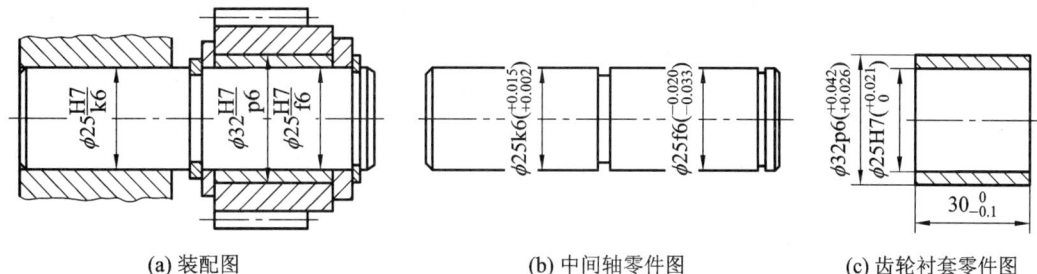

(a) 装配图　　　　　　　　(b) 中间轴零件图　　　　　　(c) 齿轮衬套零件图

图 3-1　车床主轴箱中间轴的装配图和零件图

3) 实际尺寸(D_a，d_a)

零件加工后通过测量获得的某一孔、轴的尺寸称为实际尺寸。由于测量过程中，不可避免地会存在测量误差，因此所得的实际尺寸并非是尺寸的真实值。

由于零件表面存在着形状误差，使得同一表面上不同位置的实际尺寸也往往不一定相等。如图 3-2 所示，由于形状误差，沿轴向不同部位的实际尺寸不相等，不同方向的直径尺寸也不相等。

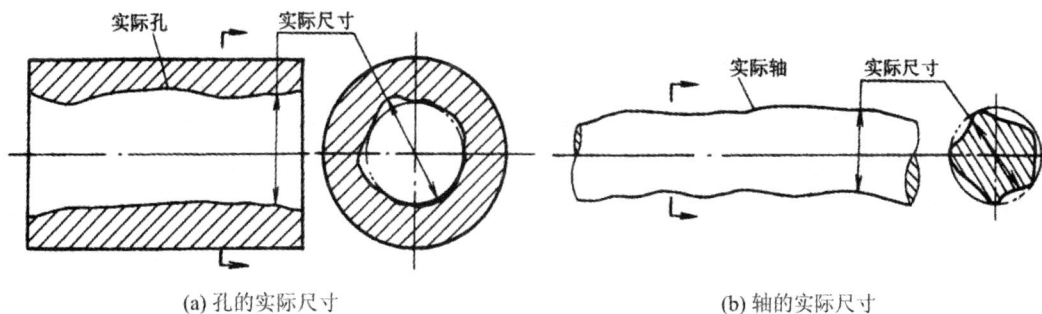

(a) 孔的实际尺寸　　　　　　　　　　　(b) 轴的实际尺寸

图 3-2　实际尺寸

4) 极限尺寸

一个孔或轴允许的尺寸的两个极端即最大尺寸和最小尺寸称为极限尺寸。极限尺寸是以基本尺寸为基数来确定的。

从机械加工和使用的角度来讲，不可能也没有必要将同一规格的零件都加工成同一尺寸，只需将零件的实际尺寸控制在一个范围内，即可满足使用要求。这个范围由上述两个极限尺寸确定。

如图 3-3(a)所示，孔的基本尺寸(D) = $\phi30\ mm$，孔的最大极限尺寸(D_{max}) = $\phi30.021\ mm$，孔的最小极限尺寸(D_{min}) = $\phi30\ mm$。

当不考虑形位误差的影响时，加工后的零件获得的实际尺寸若在两极限尺寸所确定的范围之内，则零件合格，否则零件不合格。图 3-3 中，当 $\phi 30\text{ mm} \leqslant D_a \leqslant \phi 30.021\text{ mm}$ 时，孔的实际尺寸为合格，否则零件为不合格。

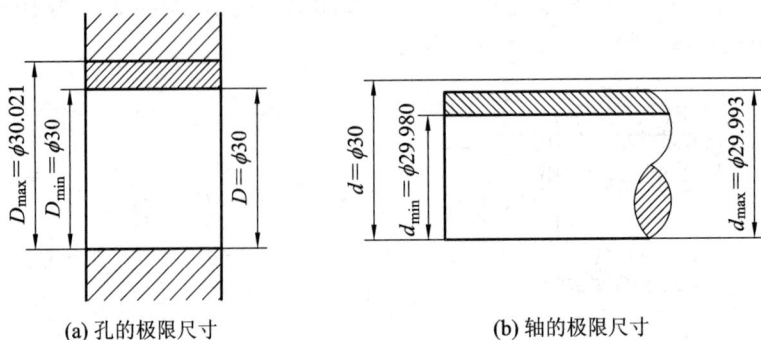

(a) 孔的极限尺寸　　　　　　　　　　(b) 轴的极限尺寸

图 3-3　极限尺寸

2. 偏差和公差

(1) 极限偏差：极限尺寸减去其基本尺寸所得的代数差。

由于极限尺寸有最大极限尺寸和最小极限尺寸之分，因而极限偏差有上偏差(孔用 ES，轴用 es)和下偏差(孔用 EI，轴用 ei)之分，如图 3-4 所示。

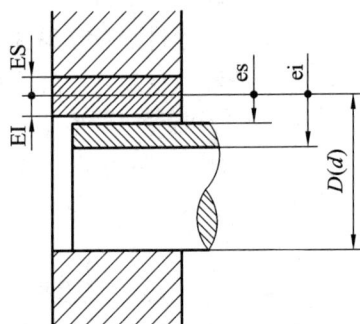

$$ES = D_{max} - D \qquad (3.1)$$

$$es = d_{max} - d \qquad (3.2)$$

$$EI = D_{min} - D \qquad (3.3)$$

$$ei = d_{min} - d \qquad (3.4)$$

图 3-4　极限偏差

由于极限偏差是用代数差来定义的，而极限尺寸可能大于、小于或等于基本尺寸，所以极限偏差可以为正值、负值或零值，因而在计算和使用中一定要注意极限偏差的正、负号，不能遗漏。

国标规定，在图样上和技术文件上标注极限偏差数值时，上偏差标在基本尺寸的右上角，下偏差标在基本尺寸的右下角。特别要注意的是，当偏差值为零时，必须在相应的位置上标注 "0"，而不能省略；当上、下偏差数值相等而符号相反时，可简化标注，如 $\phi 40 \pm 0.008$。

(2) 实际偏差：实际尺寸减去其基本尺寸所得的代数差。实际偏差也可以为正值、负值或零值。合格零件的实际偏差应在上、下偏差之间。

(3) 尺寸公差：是最大极限尺寸减去最小极限尺寸之差，或上偏差减去下偏差之差。由定义可以看出，尺寸公差是允许尺寸的变动量。尺寸公差简称公差。

$$T_h = |\, ES - EI \,| \qquad (3.5)$$

$$T_s = |\, es - ei \,| \qquad (3.6)$$

(4) 尺寸公差带：为了清晰地表示上述各量及相互关系，一般采用极限与配合的示意图，在图中将公差和极限偏差部分放大，如图 3-5 所示。从图中可以直观地看出基本尺寸、极限尺寸、极限偏差和公差之间的关系。

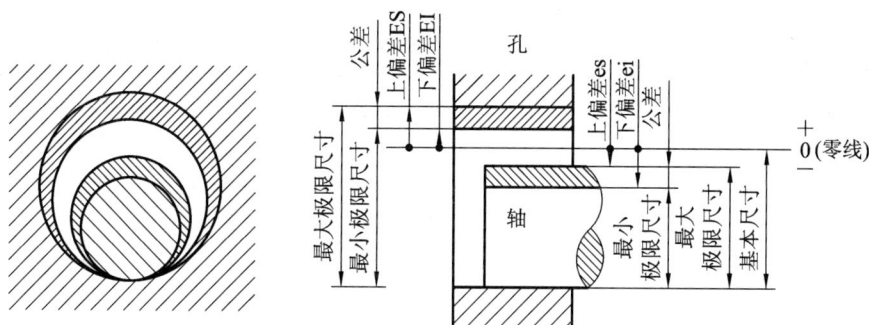

图 3-5 极限与配合示意图

为了使用方便,在实际应用中一般不画出孔和轴的全形,只将轴向截面(图 3-5 中右边部分)中有关公差部分按规定放大画出,这种图称为极限与配合图解,也称公差带图,如图 3-6 所示。

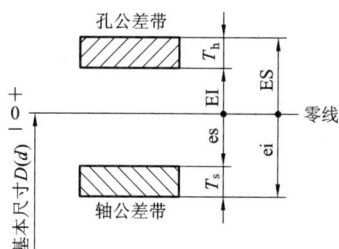

图 3-6 公差带图

在公差带图中,表示基本尺寸的一条直线称为零线。零线沿水平方向绘制,在零线的左端标上"0"和"+""−"号,在其左下方画上带单向箭头的尺寸线,并标上基本尺寸值。正偏差位于零线上方,负偏差于零线下方,零偏差与零线重合。

在公差带图中,由代表上偏差和下偏差或最大极限尺寸和最小极限尺寸的两条直线所限定的一个区域称为公差带。公差带确定了零件的尺寸相对于其基本尺寸所允许变动的范围。

例 3.1 设计一个孔,其直径的基本尺寸为 $\phi50$ mm,最大极限尺寸为 $\phi50.048$ mm,最小极限尺寸为 $\phi50.009$ mm,如图 3-7 所示。求孔的上、下偏差和公差,并画出公差带图。

解 (1) 由式(3.1)和式(3.2)可知,孔的上、下偏差为

$$ES = D_{max} - D = 50.048 - 50 = +0.048 \text{ mm}$$

$$EI = D_{min} - D = 50.009 - 50 = +0.009 \text{ mm}$$

$$T_h = |ES - EI| = |+0.048 - (+0.009)| = 0.039 \text{ mm}$$

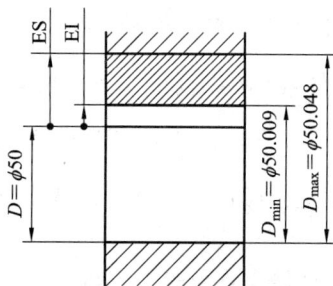

图 3-7 计算示例

(2) 画公差带图：

① 作零线，在零线左端标注"0""+""−"，然后画单向尺寸线，并标上基本尺寸 $\phi50$。

② 选择合适比例(一般选在 500∶1～1000∶1 之间)画出公差带，标注极限偏差值，如图 3-8 所示。

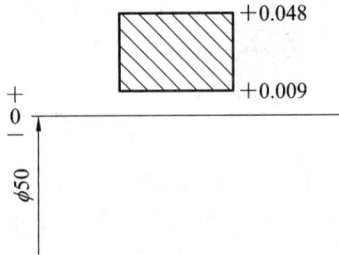

图 3-8　公差带图解

3. 配合

1) 基本概念

(1) 配合：基本尺寸相同的，相互结合的孔和轴的公差带之间的关系。

(2) 间隙与过盈：孔的尺寸减去相配合的轴的尺寸为正时是间隙，一般用 X 表示；孔的尺寸减去相配合的轴的尺寸为负时是过盈，一般用 Y 表示。间隙数值前应标"+"号；过盈数值前应标"−"号。

2) 配合类型

(1) 间隙配合：具有间隙(包括最小间隙等于零)的配合称为间隙配合。此时，孔的公差带在轴的公差带之上，如图 3-9 所示。

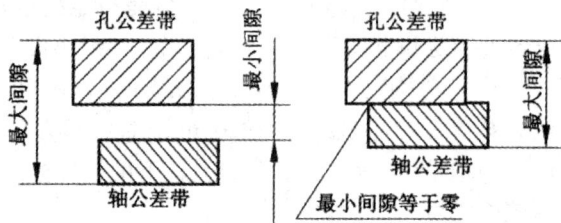

图 3-9　间隙配合

当孔为最大极限尺寸，而与其相配的轴为最小极限尺寸时，配合处于最松状态，此时的间隙称为最大间隙，用 X_{max} 表示；当孔为最小极限尺寸，而与其相配的轴为最大极限尺寸时，配合处于最紧状态，此时的间隙称为最小间隙，用 X_{min} 表示。

$$X_{max} = D_{max} - d_{min} = (D + ES) - (d + ei) = ES - ei \tag{3.7}$$

$$X_{min} = D_{min} - d_{max} = (D + EI) - (d + es) = EI - es \tag{3.8}$$

最大间隙与最小间隙统称为极限间隙，它们表示间隙配合中允许间隙变动的两个界限值。

(2) 过盈配合：具有过盈(包括最小过盈等于零)的配合称为过盈配合。此时，孔的公差带在轴的公差带之下，如图 3-10 所示。

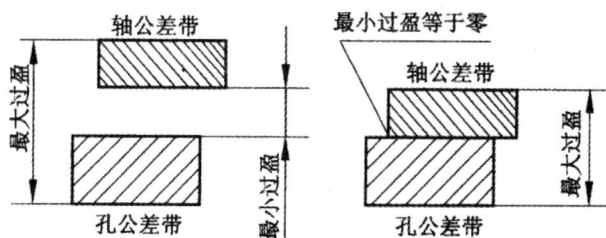

图 3-10　过盈配合

当孔为最小极限尺寸，而与其相配的轴为最大极限尺寸时，配合处于最紧状态，此时的过盈称为最大过盈，用 Y_{max} 表示；当孔为最大极限尺寸，而与其相配的轴为最小极限尺寸时，配合处于最松状态，此时的过盈称为最小过盈，用 Y_{min} 表示。

$$Y_{max} = D_{min} - d_{max} = (D + EI) - (d + es) = EI - es \tag{3.9}$$

$$Y_{min} = D_{max} - d_{min} = (D + ES) - (d + ei) = ES - ei \tag{3.10}$$

最大过盈与最小过盈统称为极限过盈，它们表示过盈配合中允许过盈变动的两个界限。

(3) 过渡配合：可能具有间隙或过盈的配合称为过渡配合。此时，孔的公差带与轴的公差带相互交叠，如图 3-11 所示。

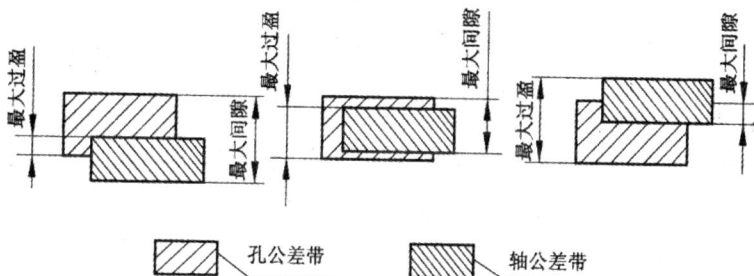

图 3-11　过渡配合

当孔的尺寸大于轴的尺寸时，具有间隙。当孔为最大极限尺寸，而轴为最小极限尺寸时，配合处于最松状态，此时的间隙为最大间隙。过渡配合中的最大间隙也可用式(3.7)计算。当孔的尺寸小于轴的尺寸时，具有过盈。当孔为最小极限尺寸，而轴为最大极限尺寸时，配合处于最紧状态，此时的过盈为最大过盈。过渡配合中的最大过盈也可以用式(3.9)计算。

(4) 配合公差：允许间隙或过盈的变动量。配合公差一般用 T_f 表示，用公式表示如下：

间隙配合：
$$T_f = \left| X_{max} - X_{min} \right| = T_h + T_s \tag{3.11}$$

过盈配合：
$$T_f = \left| Y_{min} - Y_{max} \right| = T_h + T_s \tag{3.12}$$

过渡配合：
$$T_f = \left| X_{max} - Y_{max} \right| = T_h + T_s \tag{3.13}$$

某一配合，其配合公差越大，则配合时形成的间隙或过盈可能出现的差别越大，配合的精度越低；反之，配合公差越小，配合的精度越高。

与尺寸公差相似，配合公差也是用绝对值定义的，因而没有正、负的含义，而且其值也不可能为零。

3.1.2　尺寸公差国家标准的组成及规定

从公差带图可以看出确定公差带需要两个要素——公差带大小和公差带位置。国家标准已将这两个要素标准化，分别定为标准公差和基本偏差。

1. 标准公差

标准公差是根据公差等级、公称尺寸分段等计算，再经圆整后确定的。实际使用时，可通过查表得到。为了保证零部件具有互换性，必须按国家规定的标准公差对零部件的加工尺寸提出明确的公差要求。在机械产品中，常用尺寸是指小于或等于 500 的尺寸，它们的标准公差值详见表 3.1。

表 3.1　标准公差数值　　　　　(摘自 GB/T 1800.1—2009)

基本尺寸 /mm		标　准　公　差　等　级																	
		IT1	IT2	IT3	IT4	IT5	IT6	IT7	IT8	IT9	IT10	IT11	IT12	IT13	IT14	IT15	IT16	IT17	IT18
大于	至	标准公差数值/μm											标准公差数值/mm						
—	3	0.8	1.2	2	3	4	6	10	14	25	40	60	0.1	0.14	0.25	0.4	0.6	1	1.4
3	6	1	1.5	2.5	4	5	8	12	18	30	48	75	0.12	0.18	0.3	0.48	0.75	1.2	1.8
6	10	1	1.5	2.5	4	6	9	15	22	36	58	90	0.15	0.22	0.36	0.58	0.9	1.5	2.2
10	18	1.2	2	3	5	8	11	18	27	43	70	110	0.18	0.27	0.43	0.7	1.10	1.8	2.7
18	30	1.5	2.5	4	6	9	13	21	33	52	84	130	0.21	0.33	0.52	0.84	1.3	2.1	3.3
30	50	1.5	2.5	4	7	11	16	25	39	62	100	160	0.25	0.39	0.62	1	1.6	2.5	3.9
50	80	2	3	5	8	13	19	30	46	74	120	190	0.3	0.46	0.74	1.2	1.9	3	4.6
80	120	2.5	4	6	10	15	22	35	54	87	140	220	0.35	0.54	0.87	1.4	2.2	3.5	5.4
120	180	3.5	5	8	12	18	25	40	63	100	160	250	0.4	0.63	1	1.6	2.5	4	6.3
180	250	4.5	7	10	14	20	29	46	72	115	185	290	0.46	0.72	1.15	1.85	2.9	4.6	7.2
250	315	6	8	12	16	23	32	52	81	130	210	320	0.52	0.81	1.3	2.1	3.2	5.2	8.1
315	400	7	9	13	18	25	36	57	89	140	230	360	0.57	0.89	1.4	2.3	3.6	5.7	8.9
400	500	8	10	15	20	27	40	63	97	155	250	400	0.63	0.97	1.55	2.5	4	6.3	9.7

注：基本尺寸小于 1 mm 时，无 IT14～IT18。

GB/T 1800.1—2009 中，标准公差用 IT 表示，将标准公差等级分为 20 级，用 IT 和阿拉伯数字表示为 IT01，IT0，IT1，IT2，IT3，…，IT18。其中 IT01 最高，等级依次降低，IT18 最低。从表 3.1 中可以看出，公差等级越高，公差值越小。其中，IT01～IT11 主要用于配合尺寸，而 IT12～ITI8 主要用于非配合尺寸。同时还可看出，同一公差等级中，公称尺寸越大，公差值亦越大。零件加工的难易程度与公差等级有关，公差等级越高，加工难度越大。

2. 基本偏差

1) 基本偏差代号

基本偏差是国家标准规定的，用来确定公差带相对于零线位置的上极限偏差或下极限偏差，一般为靠近零线的那个偏差，根据实际需要，国家标准对孔和轴各规定了 28 个基本偏差，分别用一个或两个拉丁字母表示，如图 3-12 所示。

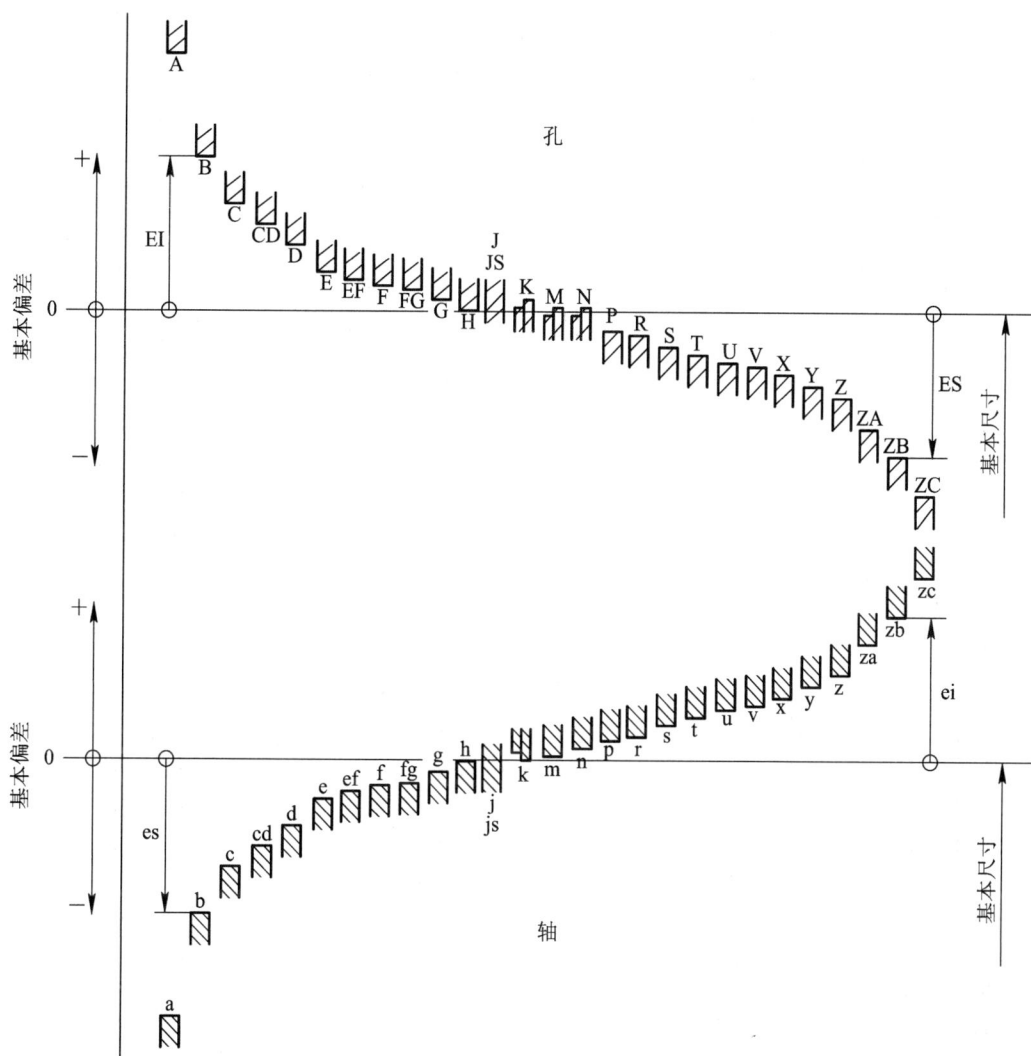

图 3-12　基本偏差系列图

图 3-12 中只画出公差带基本偏差的一端，另一端开口则表示将由公差值来决定。对于轴 a 至 h 公差带位于零线下方，其基本偏差是上极限偏差 es，且偏差值由负值依次变化至零；js、j 的公差带在零线附近；k 至 zc 的公差带在零线上方，其基本偏差是下极限偏差 ei，偏差值依次增大。从图 3-12 中可以看出，代号相同的孔的公差带位置和轴的公差带位置相对零线基本对称。

2) 基本偏差数值

基本偏差数值是根据实践经验和理论分析计算得到的，实际使用时可查表3.2和表3.3。从表中可以看到，代号为 H 的孔的基本偏差 EI 总是等于零，因此将代号为 H 的孔称为基准孔；代号为 h 的轴的基本偏差 es 总是等于零，因此将代号为 h 的轴称为基准轴。

表 3.2　尺寸 ≤500 mm 的轴的基本偏差数值（摘自 GB/T 1800.1—2009）

基本偏差数值/μm

上偏差 es（所有公差等级）；下偏差 ei（所有公差等级）

基本尺寸/mm	a	b	c	cd	d	e	ef	f	fg	g	h	js	j(5~6)	j(7)	j(8)	k(4~7)	k(≤3,>7)	m	n	p	r	s	t	u	v	x	y	z	za	zb	zc
≤3	−270	−140	−60	−34	−20	−14	−10	−6	−4	−2	0	±IT/2	−2	−4	−6	0	0	+2	+4	+6	+10	+14	—	+18	—	+20	—	+26	+32	+40	+60
>3~6	−270	−140	−70	−46	−30	−20	−14	−10	−6	−4	0	±IT/2	−2	−4	—	+1	0	+4	+8	+12	+15	+19	—	+23	—	+28	—	+35	+42	+50	+80
>6~10	−280	−150	−80	−56	−40	−25	−18	−13	−8	−5	0	±IT/2	−2	−5	—	+1	0	+6	+10	+15	+19	+23	—	+28	—	+34	—	+42	+52	+67	+97
>10~14	−290	−150	−95	—	−50	−32	—	−16	—	−6	0	±IT/2	−3	−6	—	+1	0	+7	+12	+18	+23	+28	—	+33	—	+40	—	+50	+64	+90	+130
>14~18	−290	−150	−95	—	−50	−32	—	−16	—	−6	0	±IT/2	−3	−6	—	+1	0	+7	+12	+18	+23	+28	—	+33	+39	+45	—	+60	+77	+108	+150
>18~24	−300	−160	−110	—	−65	−40	—	−20	—	−7	0	±IT/2	−4	−8	—	+2	0	+8	+15	+22	+28	+35	—	+41	+47	+54	+63	+73	+98	+136	+188
>24~30	−300	−160	−110	—	−65	−40	—	−20	—	−7	0	±IT/2	−4	−8	—	+2	0	+8	+15	+22	+28	+35	+41	+48	+55	+64	+75	+88	+118	+160	+218
>30~40	−310	−170	−120	—	−80	−50	—	−25	—	−9	0	±IT/2	−5	−10	—	+2	0	+9	+17	+26	+34	+43	+48	+60	+68	+80	+94	+112	+148	+200	+274
>40~50	−320	−180	−130	—	−80	−50	—	−25	—	−9	0	±IT/2	−5	−10	—	+2	0	+9	+17	+26	+34	+43	+54	+70	+81	+97	+114	+136	+180	+242	+325
>50~65	−340	−190	−140	—	−100	−60	—	−30	—	−10	0	±IT/2	−7	−12	—	+2	0	+11	+20	+32	+41	+53	+66	+87	+102	+122	+144	+172	+226	+300	+405
>65~80	−360	−200	−150	—	−100	−60	—	−30	—	−10	0	±IT/2	−7	−12	—	+2	0	+11	+20	+32	+43	+59	+75	+102	+120	+146	+174	+210	+274	+360	+480
>80~100	−380	−220	−170	—	−120	−72	—	−36	—	−12	0	±IT/2	−9	−15	—	+3	0	+13	+23	+37	+51	+71	+91	+124	+146	+178	+214	+258	+335	+445	+585
>100~120	−410	−240	−180	—	−120	−72	—	−36	—	−12	0	±IT/2	−9	−15	—	+3	0	+13	+23	+37	+54	+79	+104	+144	+172	+210	+256	+310	+400	+525	+690
>120~140	−460	−260	−200	—	−145	−85	—	−43	—	−14	0	±IT/2	−11	−18	—	+3	0	+15	+27	+43	+63	+92	+122	+170	+202	+248	+300	+365	+470	+620	+800
>140~160	−520	−280	−210	—	−145	−85	—	−43	—	−14	0	±IT/2	−11	−18	—	+3	0	+15	+27	+43	+65	+100	+134	+190	+228	+280	+340	+415	+535	+700	+900
>160~180	−580	−310	−230	—	−145	−85	—	−43	—	−14	0	±IT/2	−11	−18	—	+3	0	+15	+27	+43	+68	+108	+146	+210	+252	+310	+380	+465	+600	+780	+1000
>180~200	−660	−340	−240	—	−170	−100	—	−50	—	−15	0	±IT/2	−13	−21	—	+4	0	+17	+31	+50	+77	+122	+166	+236	+284	+350	+425	+520	+670	+880	+1150
>200~225	−740	−380	−260	—	−170	−100	—	−50	—	−15	0	±IT/2	−13	−21	—	+4	0	+17	+31	+50	+80	+130	+180	+258	+310	+385	+470	+575	+740	+960	+1250
>225~250	−820	−420	−280	—	−170	−100	—	−50	—	−15	0	±IT/2	−13	−21	—	+4	0	+17	+31	+50	+84	+140	+196	+284	+340	+425	+520	+640	+820	+1050	+1350
>250~280	−920	−480	−300	—	−190	−110	—	−56	—	−17	0	±IT/2	−16	−26	—	+4	0	+20	+34	+56	+94	+158	+218	+315	+385	+475	+580	+710	+920	+1200	+1550
>280~315	−1050	−540	−330	—	−190	−110	—	−56	—	−17	0	±IT/2	−16	−26	—	+4	0	+20	+34	+56	+98	+170	+240	+350	+425	+525	+650	+790	+1000	+1300	+1700
>315~355	−1200	−600	−360	—	−210	−125	—	−62	—	−18	0	±IT/2	−18	−28	—	+4	0	+21	+37	+62	+108	+190	+268	+390	+475	+590	+730	+900	+1150	+1500	+1900
>355~400	−1350	−680	−400	—	−210	−125	—	−62	—	−18	0	±IT/2	−18	−28	—	+4	0	+21	+37	+62	+114	+208	+294	+435	+530	+660	+820	+1000	+1300	+1650	+2100
>400~450	−1500	−760	−440	—	−230	−135	—	−68	—	−20	0	±IT/2	−20	−32	—	+5	0	+23	+40	+68	+126	+232	+330	+490	+595	+740	+920	+1100	+1450	+1850	+2400
>450~500	−1650	−840	−480	—	−230	−135	—	−68	—	−20	0	±IT/2	−20	−32	—	+5	0	+23	+40	+68	+132	+252	+360	+540	+660	+820	+1000	+1250	+1600	+2100	+2600

注：① 基本尺寸小于 1 mm 时，各级的 a 和 b 均不采用。

② js 的数值：对 IT7～IT11，若 IT 的数值（μm）为奇数，则取 $js = \pm \dfrac{IT-1}{2}$。

表3.3　尺寸≤500 mm 的孔的基本偏差数值（摘自 GB/T 1800.1—2009）

基本尺寸/mm	A	B	C	CD	D	E	EF	F	FG	G	H	JS	J6	J7	J8	K≤8	K>8	M≤8	M>8	N≤8	N>8	P~ZC(≤7)	P	R	S	T	U	V	X	Y	Z	ZA	ZB	ZC	Δ3	Δ4	Δ5	Δ6	Δ7	Δ8
≤3	+270	+140	+60	+34	+20	+14	+10	+6	+4	+2	0	±IT/2	+2	+4	+6	0	0	−2	−2	−4	−4	在>7级的相应数值上增加一个Δ值	−6	−10	−14	—	−18	—	−20	—	−26	−32	−40	−60	0	0	0	0	0	0
>3~6	+270	+140	+70	+46	+30	+20	+14	+10	+6	+4	0		+5	+6	+10	−1+Δ		−4+Δ	−4	−8+Δ	0		−12	−15	−19	—	−23	—	−28	—	−35	−42	−50	−80	1	1.5	1	3	4	6
>6~10	+280	+150	+80	+56	+40	+25	+18	+13	+8	+5	0		+5	+8	+12	−1+Δ		−6+Δ	−6	−10+Δ	0		−15	−19	−23	—	−28	—	−34	—	−42	−52	−67	−97	1	1.5	2	3	6	7
>10~14	+290	+150	+95	—	+50	+32	—	+16	—	+6	0		+6	+10	+15	−1+Δ		−7+Δ	−7	−12+Δ	0		−18	−23	−28	—	−33	—	−40	—	−50	−64	−90	−130	1	2	3	3	7	9
>14~18	+290	+150	+95	—	+50	+32	—	+16	—	+6	0		+6	+10	+15	−1+Δ		−7+Δ	−7	−12+Δ	0		−18	−23	−28	—	−33	−39	−45	—	−60	−77	−108	−150	1	2	3	3	7	9
>18~24	+300	+160	+110	—	+65	+40	—	+20	—	+7	0		+8	+12	+20	−2+Δ		−8+Δ	−8	−15+Δ	0		−22	−28	−35	—	−41	−47	−54	−63	−73	−98	−136	−188	1.5	2	3	4	8	12
>24~30	+300	+160	+110	—	+65	+40	—	+20	—	+7	0		+8	+12	+20	−2+Δ		−8+Δ	−8	−15+Δ	0		−22	−28	−35	−41	−48	−55	−64	−75	−88	−118	−160	−218	1.5	2	3	4	8	12
>30~40	+310	+170	+120	—	+80	+50	—	+25	—	+9	0		+10	+14	+24	−2+Δ		−9+Δ	−9	−17+Δ	0		−26	−34	−43	−48	−60	−68	−80	−94	−112	−148	−200	−274	1.5	3	4	5	9	14
>40~50	+320	+180	+130	—	+80	+50	—	+25	—	+9	0		+10	+14	+24	−2+Δ		−9+Δ	−9	−17+Δ	0		−26	−34	−43	−54	−70	−81	−95	−114	−136	−180	−242	−325	1.5	3	4	5	9	14
>50~65	+340	+190	+140	—	+100	+60	—	+30	—	+10	0		+13	+18	+28	−2+Δ		−11+Δ	−11	−20+Δ	0		−32	−41	−53	−66	−87	−102	−122	−144	−172	−226	−300	−400	2	3	5	6	11	16
>65~80	+360	+200	+150	—	+100	+60	—	+30	—	+10	0		+13	+18	+28	−2+Δ		−11+Δ	−11	−20+Δ	0		−32	−43	−59	−75	−102	−120	−146	−174	−210	−274	−360	−480	2	3	5	6	11	16
>80~100	+380	+220	+170	—	+120	+72	—	+36	—	+12	0		+16	+22	+34	−3+Δ		−13+Δ	−13	−23+Δ	0		−37	−51	−71	−91	−124	−146	−178	−214	−258	−335	−445	−585	2	4	5	7	13	19
>100~120	+410	+240	+180	—	+120	+72	—	+36	—	+12	0		+16	+22	+34	−3+Δ		−13+Δ	−13	−23+Δ	0		−37	−54	−79	−104	−144	−172	−210	−254	−310	−400	−525	−690	2	4	5	7	13	19
>120~140	+460	+260	+200	—	+145	+85	—	+43	—	+14	0		+18	+26	+41	−3+Δ		−15+Δ	−15	−27+Δ	0		−43	−63	−92	−122	−170	−202	−248	−300	−365	−470	−620	−800	3	4	6	7	15	23
>140~160	+520	+280	+210	—	+145	+85	—	+43	—	+14	0		+18	+26	+41	−3+Δ		−15+Δ	−15	−27+Δ	0		−43	−65	−100	−134	−190	−228	−280	−340	−415	−535	−700	−900	3	4	6	7	15	23
>160~180	+580	+310	+230	—	+145	+85	—	+43	—	+14	0		+18	+26	+41	−3+Δ		−15+Δ	−15	−27+Δ	0		−43	−68	−108	−146	−210	−252	−310	−380	−465	−600	−780	−1000	3	4	6	7	15	23
>180~200	+660	+340	+240	—	+170	+100	—	+50	—	+15	0		+22	+30	+47	−4+Δ		−17+Δ	−17	−31+Δ	0		−50	−77	−122	−166	−236	−284	−350	−425	−520	−670	−880	−1150	3	4	6	9	17	26
>200~225	+740	+380	+260	—	+170	+100	—	+50	—	+15	0		+22	+30	+47	−4+Δ		−17+Δ	−17	−31+Δ	0		−50	−80	−130	−180	−258	−310	−385	−470	−575	−740	−960	−1250	3	4	6	9	17	26
>225~250	+820	+420	+280	—	+170	+100	—	+50	—	+15	0		+22	+30	+47	−4+Δ		−17+Δ	−17	−31+Δ	0		−50	−84	−140	−196	−284	−340	−425	−520	−640	−820	−1050	−1350	3	4	6	9	17	26
>250~280	+920	+480	+300	—	+190	+110	—	+56	—	+17	0		+25	+36	+55	−4+Δ		−20+Δ	−20	−34+Δ	0		−56	−94	−158	−218	−315	−385	−475	−580	−710	−920	−1200	−1550	4	4	7	9	20	29
>280~315	+1050	+540	+330	—	+190	+110	—	+56	—	+17	0		+25	+36	+55	−4+Δ		−20+Δ	−20	−34+Δ	0		−56	−98	−170	−240	−350	−425	−525	−650	−790	−1000	−1300	−1700	4	4	7	9	20	29
>315~355	+1200	+600	+360	—	+210	+125	—	+62	—	+18	0		+29	+39	+60	−4+Δ		−21+Δ	−21	−37+Δ	0		−62	−108	−190	−268	−390	−475	−590	−730	−900	−1150	−1500	−1900	4	5	7	11	21	32
>355~400	+1350	+680	+400	—	+210	+125	—	+62	—	+18	0		+29	+39	+60	−4+Δ		−21+Δ	−21	−37+Δ	0		−62	−114	−208	−294	−435	−530	−660	−820	−1000	−1300	−1650	−2100	4	5	7	11	21	32
>400~450	+1500	+760	+440	—	+230	+135	—	+68	—	+20	0		+33	+43	+66	−5+Δ		−23+Δ	−23	−40+Δ	0		−68	−126	−232	−330	−490	−595	−740	−920	−1100	−1450	−1850	−2400	5	5	7	13	23	34
>450~500	+1650	+840	+480	—	+230	+135	—	+68	—	+20	0		+33	+43	+66	−5+Δ		−23+Δ	−23	−40+Δ	0		−68	−132	−252	−360	−540	−660	−820	−1000	−1250	−1600	−2100	−2600	5	5	7	13	23	34

注：① 基本尺寸小于1 mm时，各级的 A 和 B 及大于 8 级的 N 均不采用。

② JS的数值：对IT7~IT11，若IT的数值（μm）为奇数，则取 JS=±$\frac{IT-1}{2}$。

③ 特殊情况：当基本尺寸大于250 mm至315 mm时，M6 的 ES 等于−9（不等于−11）。

④ 对小于或等于IT8的 K、M、N 和小于或等于IT7的 P 至 ZC，所需 Δ 值从表内右侧栏选取。例如：大于6 mm至10 mm的 P6，Δ=3，所以 ES=−15+3=−12 μm。

基本偏差决定了公差带中的一个极限偏差，即靠近零线的那个偏差，从而确定了公差带的位置，而另一个极限偏差的数值，可由极限偏差和标准公差的关系式进行计算。

孔：

$$EI = ES - IT \quad 或 \quad ES = EI + IT$$

轴：

$$ei = es - IT \quad 或 \quad es = ei + IT$$

其中，IT 表示相应的公差值。

例 3.2 查表确定 $\phi 35j7$ 的基本偏差和另一极限偏差。

解 查表 3.1，IT7 时，IT = 25 μm = 0.025 mm。查表 3.2，j 的基本偏差为下偏差，ei = −10 μm = −0.01 mm。

$$Es = ei + IT = -0.01 + 0.025 = +0.015 \text{ mm}$$

即 $\phi 35j7 \rightarrow \phi 35^{+0.015}_{-0.01}$ mm。

例 3.3 确定孔 $\phi 80N7$ 极限偏差和极限尺寸。

解 查表 3.1 得，标准公差 IT7 = 30 μm。

查表 3.3 得，基本偏差为

$$ES = -20 + \varDelta = -20 + 11 = -9 \text{ μm}$$

下偏差：

$$EI = ES - IT7 = -9 - 30 = -39 \text{ μm}$$

即 $\phi 80N7 \rightarrow \phi 80^{-0.039}_{-0.009}$ mm。

在生产实际中，一般不用公式计算，而直接采用查表的方法。

3. 配合制

由于孔、轴各 28 种基本偏差的排列组合，形成配合数目十分庞杂，为了使用方便，需大幅减少配合数目，所以对于孔、轴公差带，一般固定一个，变更另一个，便可获得不同使用性能要求的配合。标准规定了基孔制和基轴制两种配合制。

(1) 基孔制。基孔制配合是指基本偏差为一定的孔的公差带，与不同基本偏差的轴的公差带形成各种配合的一种制度。在基孔制配合中，孔为基准孔，孔的下偏差为零。

基孔制的孔为基准孔，基本偏差代号为 H，基准孔的下偏差 EI = 0，如图 3-13 所示。基孔制中，a~h 用于间隙配合，j~zc 用于过渡配合和过盈配合。

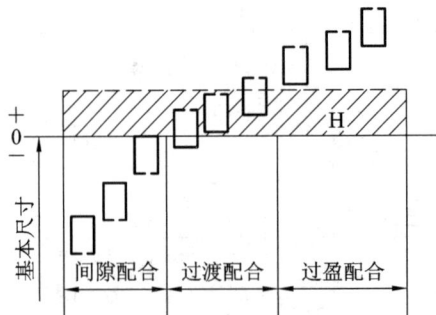

图 3-13 基孔制配合

(2) 基轴制。基轴制配合是指基本偏差为一定的轴的公差带，与不同基本偏差的孔的公差带形成各种配合的一种制度。在基轴制配合中，轴称为基准轴，轴的上偏差为零。

基轴制的轴为基准轴，基本偏差代号为 h，基准轴的下偏差 ei = 0，如图 3-14 所示。基轴制中，A～H 用于间隙配合，J～ZC 用于过渡配合和过盈配合。

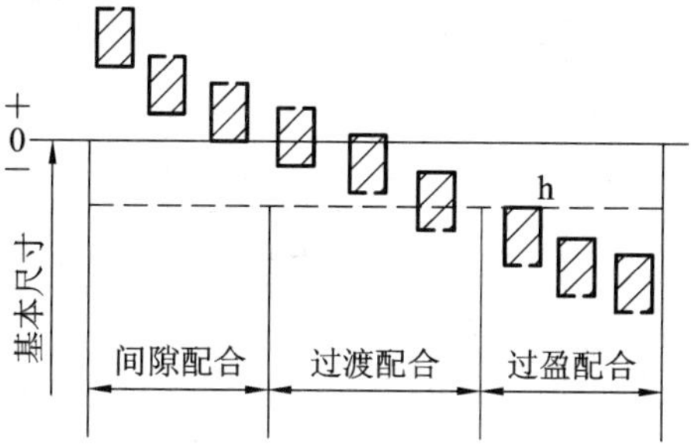

图 3-14　基轴制配合

孔和轴之间可能形成不同的配合，不仅与它们的基本偏差有关，而且与它们的公差等级有关。

4. 常用与优先的公差带与配合

在公差标准中，孔公差带有 543 种，轴公差带有 544 种。为了尽可能减少加工零件定值刀具和量具的规格，国标对孔和轴规定了一般、常用和优先公差带。

在图 3-15 中列出了 105 种孔的一般公差带，方框内为 44 种常用公差带，圆圈内为 13 种优先公差带。

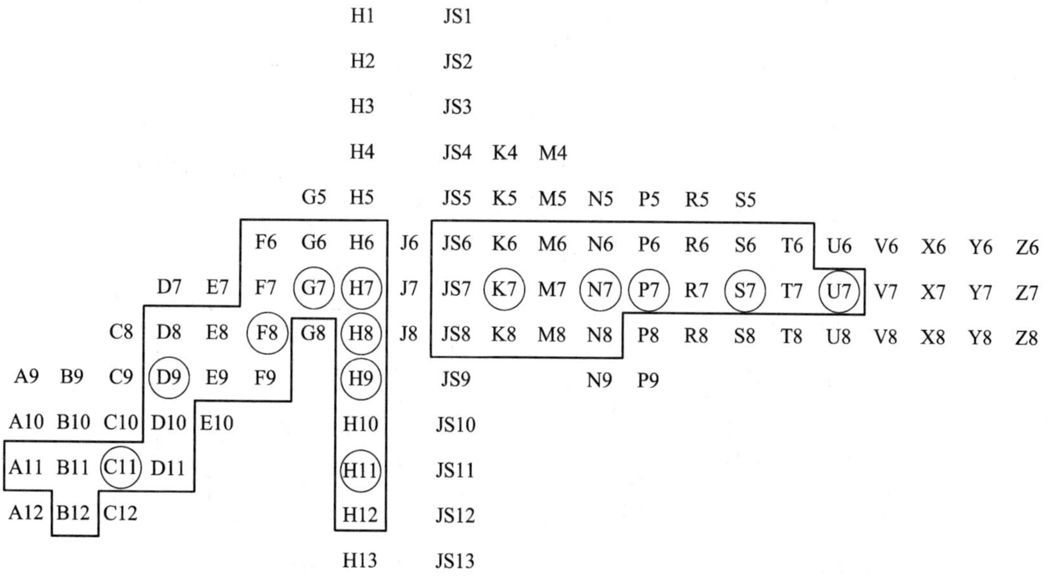

图 3-15　基本尺寸至 500 mm 一般、常用和优先孔公差带

在图 3-16 中列出了 116 种轴的一般公差带，方框内为 59 种常用公差带，圆圈内为 13 种优先公差带。

选用公差带时，应按优先、常用、一般公差带的顺序选取。

```
                                h1        js1
                                h2        js2
                                h3        js3
                                h4        js4 k4 m4 n4 p4 r4 s4
                    f6  g5  h5  j5    js5 k5 m5 n5 p5 r5 s5 t5  u5 v5 x5 y5 z5
                e6  f6 (g6)(h6) j6    js6(k6)m6(n6)(p6)r6(s6)t6(u6)v6 x6 y6 z6
            d7  e7 (f7) g7 (h7) j7    js7 k7 m7 n7 p7 r7 s7 t7 u7 v7 x7 y7 z7
        c8  d8  e8  f8  g8  h8        js8 k8 m8 n8 p8 r8 s8 t8 u8 v8 x8 y8 z8
  a9  b9 c9 (d9) e9  f9     (h9)      js9
  a10 b10 c10 d10 e10        h10      js10
  a11 b11(c11)d11            (h11)    js11
  a12 b12 c12                 h12     js12
  a13 b13                     h13     js13
```

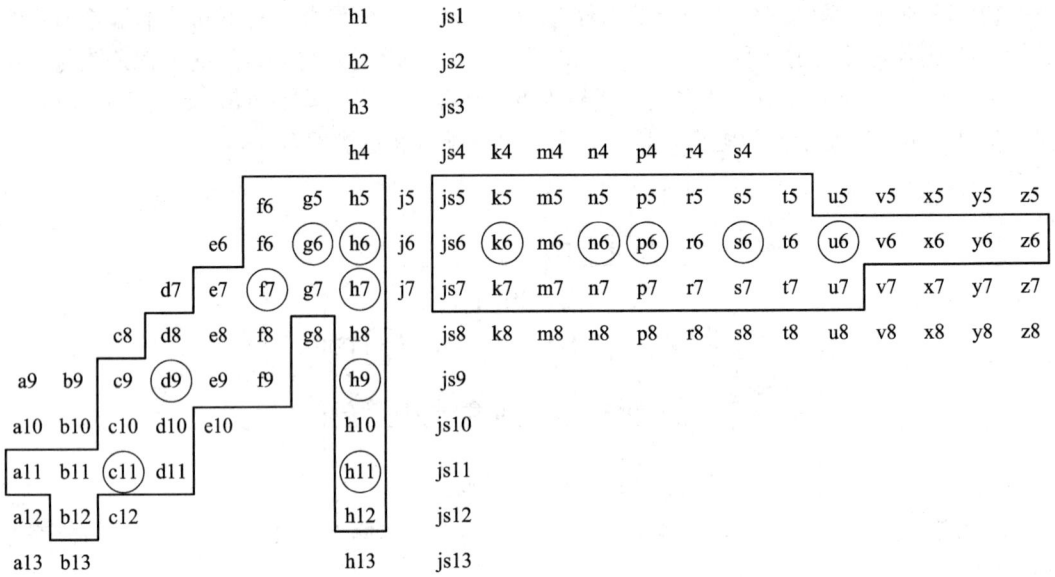

图 3-16　基本尺寸至 500 mm 一般、常用和优先轴公差带

　　国标在规定限制公差带的同时，又规定了 59 种基孔制常用配合、13 种优先配合(见表 3.4)、47 种基轴制常用配合和 13 种优先配合(见表 3.5)。在使用时，同样首先考虑优先配合。

表 3.4　基孔制优先、常用配合

基准孔	轴																				
	a	b	c	d	e	f	g	h	js	k	m	n	p	r	s	t	u	v	x	y	z
	间隙配合								过渡配合			过盈配合									
H6				$\frac{H6}{f5}$		$\frac{H6}{g5}$		$\frac{H6}{h5}$	$\frac{H6}{js5}$	$\frac{H6}{k5}$	$\frac{H6}{m5}$	$\frac{H6}{n5}$	$\frac{H6}{p5}$	$\frac{H6}{r5}$	$\frac{H6}{s5}$	$\frac{H6}{t5}$					
H7						▼$\frac{H7}{f6}$	$\frac{H7}{g6}$	▼$\frac{H7}{h6}$	$\frac{H7}{js6}$	$\frac{H7}{k6}$	$\frac{H7}{m6}$	▼$\frac{H7}{n6}$	▼$\frac{H7}{p6}$	$\frac{H7}{r6}$	▼$\frac{H7}{s6}$	$\frac{H7}{t6}$	▼$\frac{H7}{u6}$	$\frac{H7}{v6}$	$\frac{H7}{x6}$	$\frac{H7}{y6}$	$\frac{H7}{z6}$
H8					$\frac{H8}{e7}$	▼$\frac{H8}{f7}$	$\frac{H8}{g7}$	▼$\frac{H8}{h7}$	$\frac{H8}{js7}$	$\frac{H8}{k7}$	$\frac{H8}{m7}$	$\frac{H8}{n7}$	$\frac{H8}{p7}$	$\frac{H8}{r7}$	$\frac{H8}{s7}$	$\frac{H8}{t7}$	$\frac{H8}{u7}$				
				$\frac{H8}{d8}$	$\frac{H8}{e8}$	$\frac{H8}{f8}$		$\frac{H8}{h8}$													
H9			$\frac{H9}{c9}$	▼$\frac{H9}{d9}$	$\frac{H9}{e9}$	$\frac{H9}{f9}$		▼$\frac{H9}{h9}$													
H10			$\frac{H10}{c10}$	$\frac{H10}{d10}$				$\frac{H10}{h10}$													
H11	$\frac{H11}{a11}$	$\frac{H11}{b11}$	▼$\frac{H11}{c11}$	$\frac{H11}{d11}$				▼$\frac{H11}{h11}$													
H12		$\frac{H12}{b12}$						$\frac{H12}{h12}$													

　　注：(1) $\dfrac{H6}{n5}$，$\dfrac{H7}{p6}$ 在基本尺寸小于或等于 3mm 和 $\dfrac{H8}{r7}$ 在基本尺寸小于或等于 100 mm 时，为过渡配合。

　　　　(2) 标注 ▼ 的配合为优先配合。

表 3.5　基轴制优先、常用配合

基准孔	孔																				
	A	B	C	D	E	F	G	H	JS	K	M	N	P	R	S	T	U	V	X	Y	Z
	间隙配合								过渡配合				过盈配合								
h5						$\dfrac{F6}{f5}$	$\dfrac{G6}{f5}$	$\dfrac{H6}{f5}$	$\dfrac{JS6}{f5}$	$\dfrac{K6}{f5}$	$\dfrac{M6}{f5}$	$\dfrac{N6}{f5}$	$\dfrac{P6}{f5}$	$\dfrac{R6}{f5}$	$\dfrac{S6}{f5}$	$\dfrac{T6}{f5}$					
h6						$\dfrac{F7}{h6}$	$\dfrac{G7}{h6}$	$\dfrac{H7}{h6}$	$\dfrac{JS7}{h6}$	$\dfrac{K7}{h6}$	$\dfrac{M7}{h6}$	$\dfrac{N7}{h6}$	$\dfrac{P7}{h6}$	$\dfrac{R7}{h6}$	$\dfrac{S7}{h6}$	$\dfrac{T7}{h6}$	$\dfrac{U7}{h6}$				
h7					$\dfrac{E8}{h7}$	$\dfrac{F8}{h7}$		$\dfrac{H8}{h7}$	$\dfrac{JS8}{h7}$	$\dfrac{K8}{h7}$	$\dfrac{M8}{h7}$	$\dfrac{N8}{h7}$									
h8				$\dfrac{D8}{h8}$	$\dfrac{E8}{h8}$	$\dfrac{F8}{h8}$		$\dfrac{H8}{h8}$													
h9				$\dfrac{D9}{h9}$	$\dfrac{E9}{h9}$	$\dfrac{F9}{h9}$		$\dfrac{H9}{h9}$													
h10				$\dfrac{D10}{h10}$				$\dfrac{H10}{h10}$													
h11	$\dfrac{A11}{h11}$	$\dfrac{B11}{h11}$	$\dfrac{C11}{h11}$	$\dfrac{D11}{h11}$				$\dfrac{H11}{h11}$													
h12		$\dfrac{B12}{h12}$						$\dfrac{H12}{h12}$													

注：标注 ◤ 的配合为优先配合。

在实际生产中，如因特殊需要也允许采用非基准制的配合，即非基准孔和非基准轴相配合，如 G8/m7、F7/n6 等，这种没有基准件的配合习惯上称为混合配合。

5. 一般公差——线性尺寸的未注公差

在实际应用中，零件的某些部位在使用功能上没有特殊要求时，可以给出一般公差。一般公差主要用于较低精度的非配合尺寸。采用一般公差时，在图样上只标注基本尺寸而不单独标注极限偏差，而是在图样上、技术文件或标准中作出总的说明。

一般公差尺寸即未注公差尺寸，并不是没有公差，其极限偏差有四个等级，即 f(精密级)、m(中等级)、c(粗糙级)、v(最粗级)。线性尺寸的极限偏差数值见表 3.6。

表 3.6　线性尺寸的极限偏差数值

公差等级	尺 寸 分 段 /mm							
	0.5～3	>3～6	>6～30	>30～120	>120～400	>400～1000	>1000～2000	>2000～4000
f(精密级)	±0.05	±0.05	±0.1	±0.15	±0.2	±0.3	±0.5	—
m(中等级)	±0.1	±0.1	±0.2	±0.3	±0.5	±0.8	±1.2	±2
c(粗糙级)	±0.2	±0.3	±0.5	±0.8	±1.2	±2	±3	±4
v(最粗级)	—	±0.5	±1	±1.5	±2.5	±4	±6	±8

注：标准规定的数值均为标准测试温度 20℃ 时的数值。

6. 公差与配合在图样上的标注

(1) 公差带代号：包括基本尺寸、基本偏差代号、公差等级等，见图 3-17。例如：H8、F7 等为孔的公差带代号；h7、r6 等为轴的公差带代号。

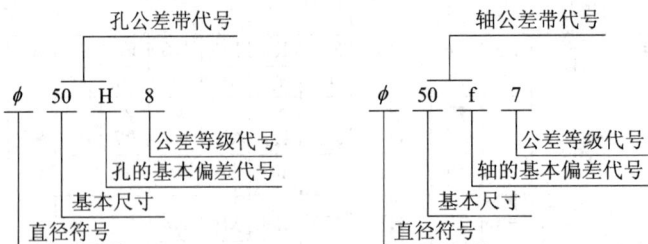

图 3-17　公差带代号

例如，$\phi20F7$ 表示：基本尺寸 $\phi20$，公差等级 7 级，基本偏差代号是 F 的孔。

(2) 配合代号：包括基本尺寸、基准制、公差等级、配合性质等。孔、轴公差带写成分数形式，分子为孔公差带代号，分母为轴公差带代号。

例如，$\phi30H7/g6$ 表示：基本尺寸 $\phi30$，基孔制，公差等级孔是 7 级，轴是 6 级，基本偏差代号孔是 H，轴是 g 的间隙配合。

例 3.4　如图 3-18 所示为车床尾座螺母零件图，试对图中标注 $\phi32h6$ 进行解读。

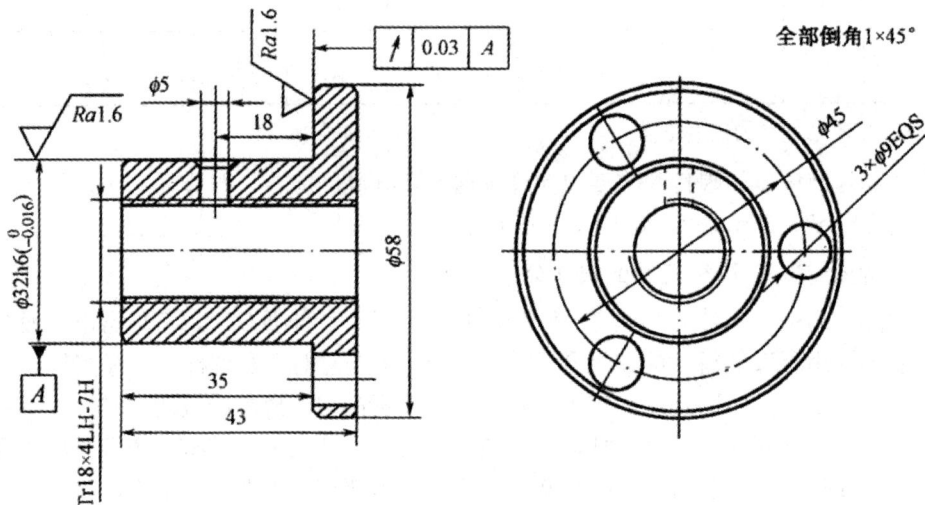

图 3-18　车床尾座螺母零件图

解　尺寸类型：轴。

基本尺寸：$d = 32$。

公差等级：IT6。

基本偏差：es = 0。

另一极限偏差的计算：ei = es − 16 = 0 − 16 = −16 μm。

最大极限尺寸：$d_{max} = d + es = 32 + 0 = 32$ mm。

最小极限尺寸：$d_{min} = d + ei = 32 + (−0.016) = 31.984$ mm。

尺寸合格条件：$31.984 \leq d_a \leq 32$。

例3.5 如图3-19所示为车床尾座装配图，试对其中标注ϕ32H7/h6进行解读。

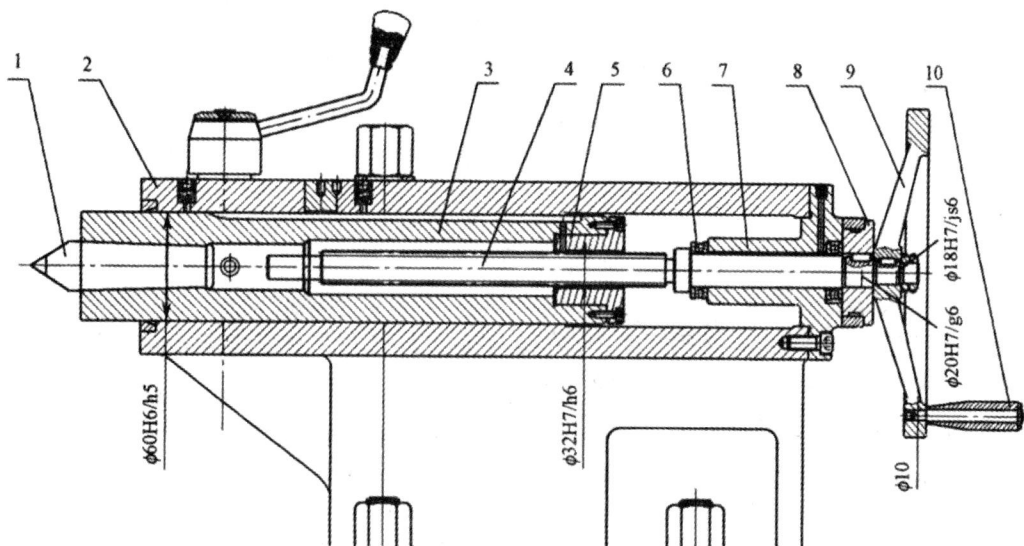

1—顶尖；2—尾座体；3—顶尖套筒；4—丝杆；5—螺母；6—滚动轴承；7—后盖；8—挡圈；9—手轮；10—手柄杆

图3-19 车床尾座装配图

解 通过查表和计算确定孔和轴的极限偏差。

孔：$\phi 32^{+0.025}_{0}$ 轴：$\phi 32^{0}_{-0.016}$

解读结果如下：

孔轴基本尺寸：32 mm。

配合制：基孔制。

配合种类：间隙配合。

最大间隙：$X_{max} = D_{max} - d_{min} = ES - ei = +25 - (-16) = +41\ \mu m$。

最小间隙：$X_{min} = D_{min} - d_{max} = EI - es = 0 - 0 = 0$。

配合公差：$T_f = X_{max} - X_{min} = 41 - 0 = 41\ \mu m$。

3.2 几 何 公 差

零件加工后，不仅会存在尺寸误差，而且会产生几何误差。为保证产品质量和互换性，必须对零件的几何误差加以限制。通常规定实际形状和位置相对于理想形状和位置的变动范围，即为形状和位置公差，简称几何公差。

3.2.1 几何公差概述

1. 几何公差的研究对象及分类

1) 几何公差的研究对象

几何公差的研究对象是构成零件几何特征的点、线、面等几何要素，如图3-20所示。

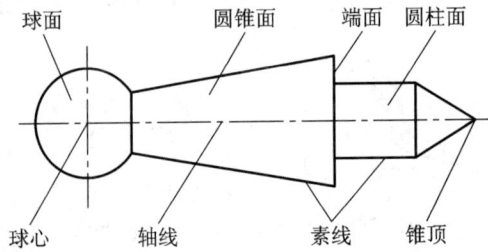

图 3-20　零件几何要素

2) 几何要素的分类

几何要素按结构特征可分为组成(轮廓)要素和导出(中心)要素。前者如图 3-20 中的圆柱面、素线等，后者如图 3-20 中的轴线、球心等。

几何要素按所处地位可分为被测要素和基准要素。图 3-20 中，若圆锥体端面对轴线有垂直度要求，则端面为被测要素，轴线为基准要素。

几何要素按存在状态可分为拟合(理想)要素和实际要素。拟合要素是没有任何误差的点、线、面的理想状态，所以在生产中是不可能得到的，但实际应用中常把几何公差中的基准要素看成是拟合要素。

几何要素按功能要求可分为单一要素和关联要素。单一要素仅对本身有要求，关联要素对其他要素有图样上给定的功能关系要求。

2. 几何公差的几何特征与符号

国家标准将几何公差分为形状公差、方向公差、位置公差和跳动公差。各个公差项目的名称和符号如表 3.7 所示。

表 3.7　几何公差特征项目符号

公差类型	特征项目	符号	有或无基准要求
形状公差	直线度	—	无
	平面度	▱	无
	圆度	○	无
	圆柱度	⌀	无
	线轮廓度	⌒	无
	面轮廓度	⌓	无
方向公差	平行度	//	有
	垂直度	⊥	有
	倾斜度	∠	有
	线轮廓度	⌒	有
	面轮廓度	⌓	有

续表

公差类型	特征项目	符号	有或无基准要求
位置公差	位置度	⊕	有或无
	同心度	◎	有
	同轴度	◎	有
	对称度	═	有
	线轮廓度	⌒	有
	面轮廓度	⌓	有
跳动公差	圆跳动	↗	有
	全跳动	⌒↗	有

注：线轮廓度、面轮廓度和位置度三个项目的有无基准要求视使用情况而定。

3. 几何公差的标注

1) 采用框格标注

几何公差框格可有 2～5 格，第一格填写项目符号，第二格填写公差值及相关符号，第三格以后填写基准代号及有关符号，如图 3-21 所示。

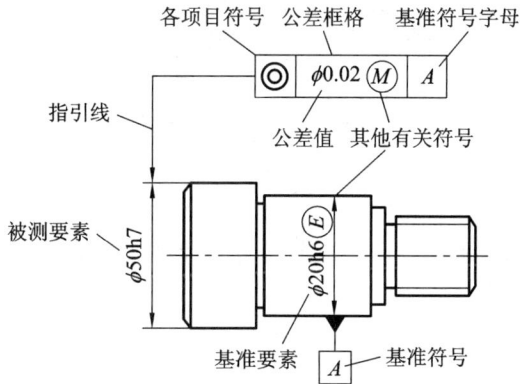

图 3-21　几何公差的标注示例 1

2) 区分被测要素和基准要素

被测要素用箭头指示，基准要素用基准符号指示。基准符号由基准代号、方格、涂黑或空白的三角形等组成。基准代号用大写拉丁字母表示(不用 E、I、J、M、O、P、L、R、F)。

如图 3-21 所示，$\phi50$ 圆柱面的轴线为被测要素，$\phi20$ 圆柱面的轴线为基准要素。

3) 区分组成要素和导出要素

组成要素不能与尺寸线对齐，而导出要素必须与尺寸线对齐。

如图 3-21 所示，$\phi20$ 圆柱面的轴线、$\phi50$ 圆柱面的轴线均为导出要素，不论是基准要素还是被测要素，都必须与尺寸线对齐。如图 3-22 所示，工件的右垂直面和底面都是组成要素，所以不能与尺寸线对齐。

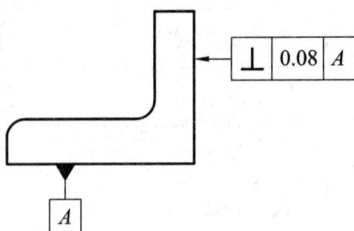

图 3-22　几何公差的标注示例 2

3.2.2　几何公差带项目及其特点

1. 形状公差带

直线度、平面度、圆度和圆柱度都是形状公差，是限制单一被测实际要素对其理想要素允许的变动量。它们的公差带是限制单一实际被测要素变动的区域。

(1) 如图 3-23 所示，直线度的公差带为直径为公差值 t 的小圆柱，实际轴线应位于此小圆柱内。

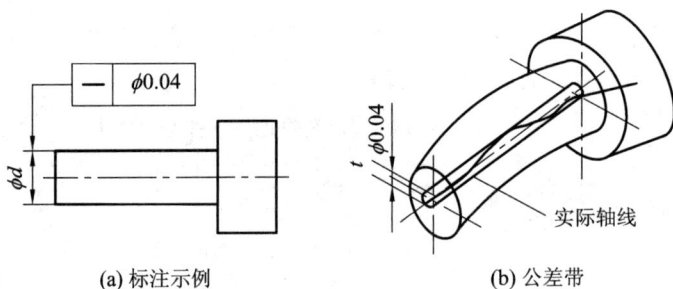

(a) 标注示例　　　　　　　　　　(b) 公差带

图 3-23　圆柱面轴线直线公差带

(2) 如图 3-24 所示，平面度的公差带为两平行平面，实际平面应位于此两平行平面之间。

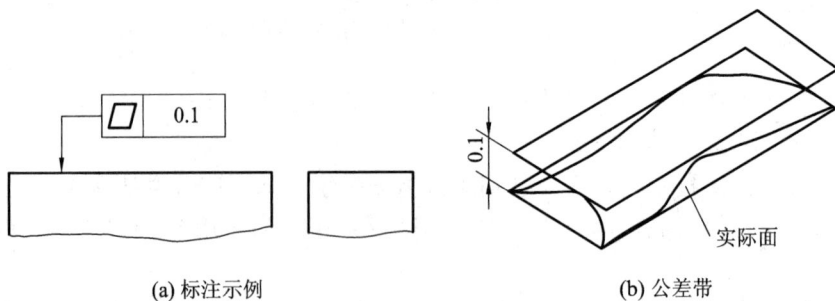

(a) 标注示例　　　　　　　　　　(b) 公差带

图 3-24　平面度公差带

(3) 如图 3-25 所示，圆度的公差带为在给定横截面上半径差为公差值 t 的两同心圆之间限定的区域。

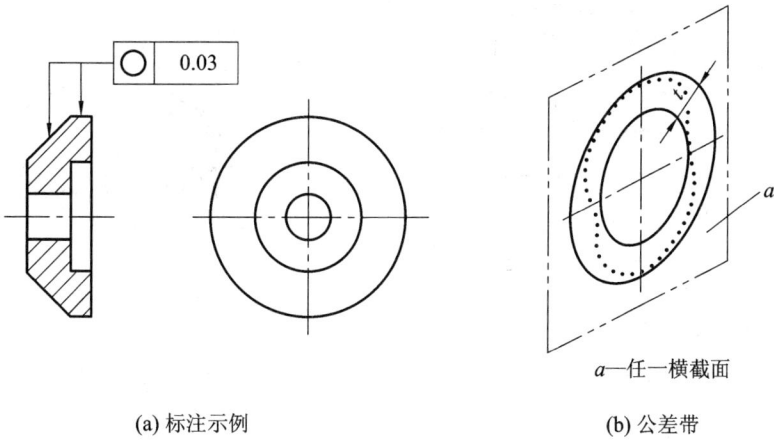

(a) 标注示例　　　　　　　　　　　　(b) 公差带

图 3-25　圆度公差带

(4) 如图 3-26 所示，圆柱度公差带为半径差为公差值 t 的两同轴圆柱面所限定的区域。

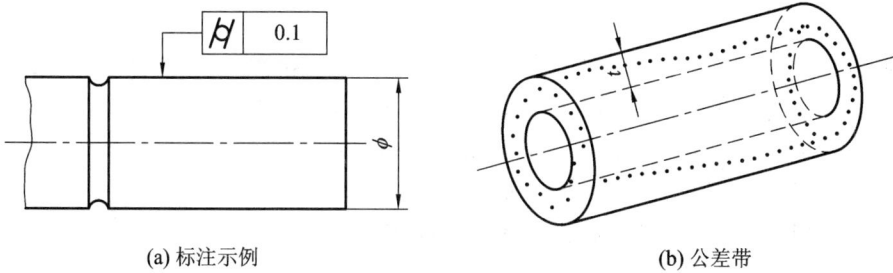

(a) 标注示例　　　　　　　　　　　　(b) 公差带

图 3-26　圆柱度公差带

虽然形状公差带的形状千变万化，但我们仍可发现它们的共同特点：位置不固定，方向浮动，没有基准要求。

(5) 线轮廓度与面轮廓度是对非圆曲线或曲面的形状精度要求，可以仅限定形状误差，也可在限制形状、方向或位置误差的同时，还对其基准提出要求。线轮廓度属于形状公差，面轮廓度属于方向或位置公差。它们是关联要素在方向或位置上相对于基准所允许的变动全量。

线(面)轮廓度公差带是包络一系列直径为公差值 t 的圆的两包络线(面)之间的区域，实际线(面)上各点应在公差带内，如图 3-27、图 3-28 所示。

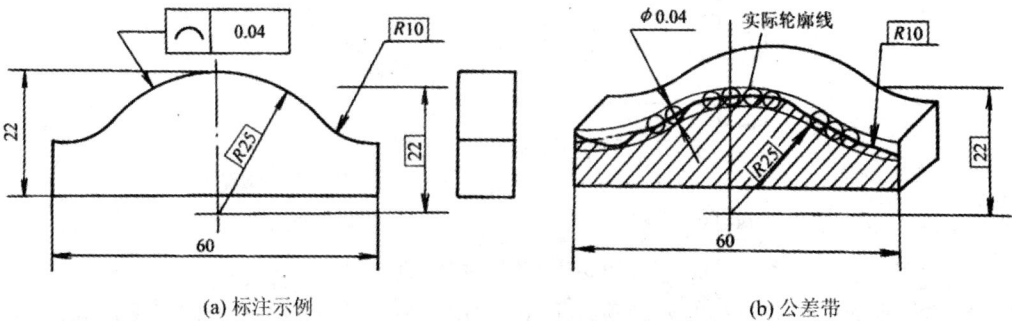

(a) 标注示例　　　　　　　　　　　　(b) 公差带

图 3-27　线轮廓度公差带

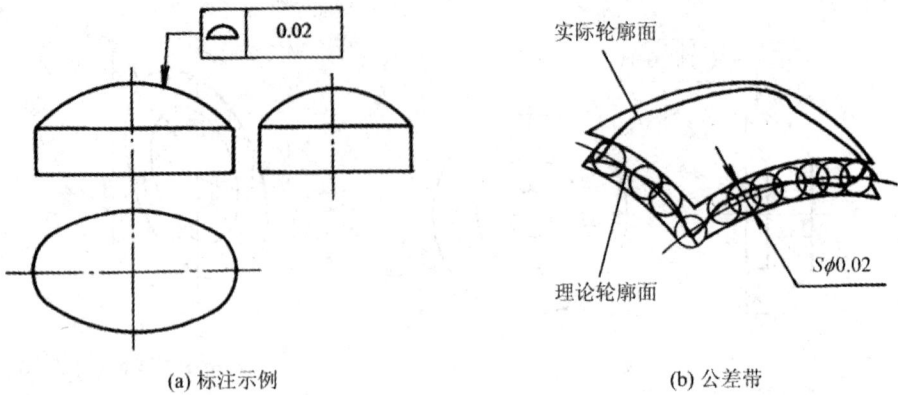

图 3-28　面轮廓度公差带

线轮廓度与面轮廓度公差带的特点：理想要素必须用带方框的理论正确尺寸表示出来，公差带对称于理想要素，位置可固定，亦可浮动(视有无基准而定)。

2. 方向公差带

方向公差有平行度、垂直度和倾斜度三个项目及线轮廓度、面轮廓度。方向公差是关联被测要素对其具有确定方向的理想要素允许的变动量。为方向公差带相对基准有确定的方向，位置浮动，并具有综合控制被测要素形状和方向的功能。

如图 3-29 所示，公差带为与基准 A 平行的两平行平面。此公差带不但控制了被测平面的方向(平行度)，而且控制了被测要素的形状(平面度)。

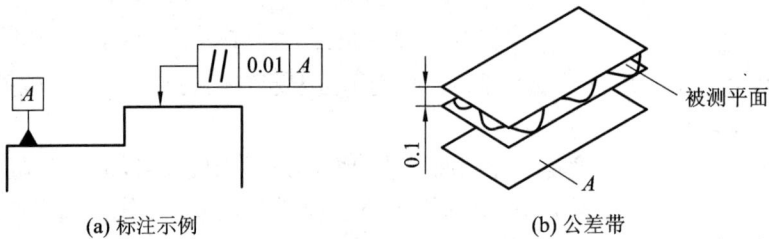

图 3-29　平行度公差带

如图 3-30 所示，公差带为相对基准 A 垂直的直径为 0.1 mm 的小圆柱。当满足垂直度要求时，被测要素轴线的形状误差(直线度)亦不会超过 0.1 mm。

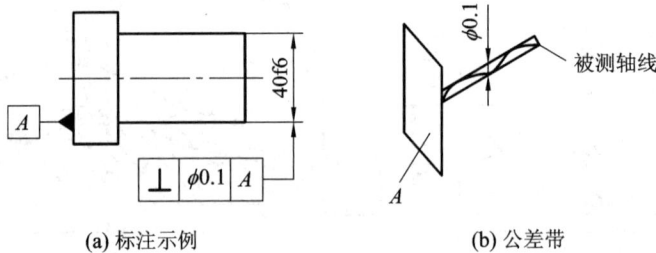

图 3-30　垂直度公差带

当被测要素和基准要素的方向角大于 0° 小于 90° 时，可以使用倾斜度，如图 3-31 所示。此时，倾斜角须用方框表示。

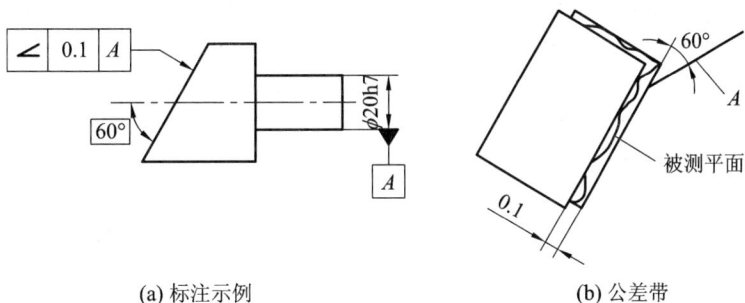

(a) 标注示例　　　　　　　　　　(b) 公差带

图 3-31　倾斜度公差带

3. 位置公差带

位置公差有同轴(心)度、对称度和位置度三个项目及线轮廓度、面轮廓度。位置公差是关联被测要素对其有确定位置的理想要素允许的变动量。位置公差带相对基准有确定的方向，位置固定，并具有综合控制被测要素形状、方向和位置的功能。位置公差带被测要素的理想位置一般必须由基准和理论正确尺寸共同确定。

(1) 如图 3-32 所示，位置度公差带被测要素的理想位置由理论正确尺寸 100 mm 和基准 A、B 共同确定，公差带相对理想位置对称分布。当满足位置度要求时，位置度公差带被测要素平面的形状误差(平面度)、定向误差(倾斜度)亦不会超过 0.1 mm。

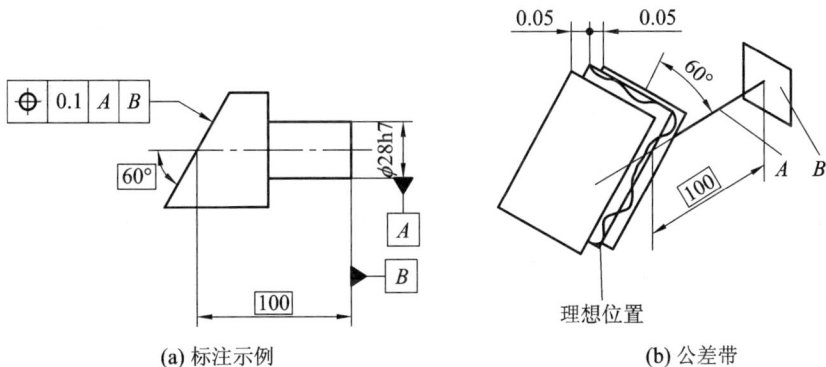

(a) 标注示例　　　　　　　　　　(b) 公差带

图 3-32　位置度公差带

(2) 如图 3-33 所示，同轴度的理论正确尺寸为零(省略未标)，公差带的理想位置与基准轴线重合。当满足同轴度要求时，被测要素轴线的直线度、平行度误差亦不会超过 0.02 mm。

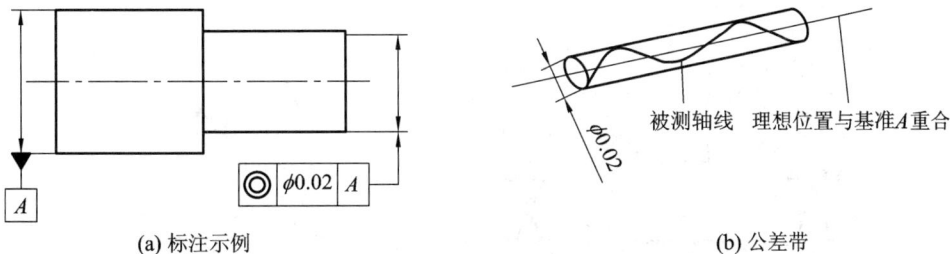

(a) 标注示例　　　　　　　　　　(b) 公差带

图 3-33　同轴度公差带

(3) 如图 3-34 所示，对称度的理论正确尺寸为零(省略未标)，公差带的理想位置与基准平面重合。当满足对称度要求时，被测要素平面的平面度、平行度误差亦不会超过 0.02 mm。

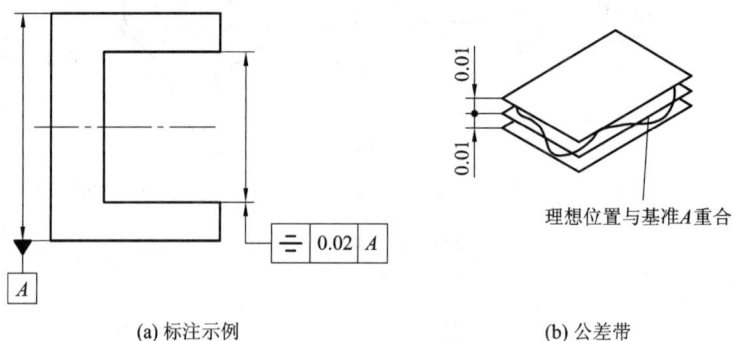

(a) 标注示例　　　　　　　　　　(b) 公差带

图 3-34　对称度公差带

4. 跳动公差

跳动公差分为圆跳动和全跳动。跳动公差是被测实际要素绕基准轴线连续回转时所允许的最大跳动量。

(1) 圆跳动是被测实际要素某一固定参考点围绕基准轴线做无轴向移动，回转一周中，由位置固定的指示器在给定方向上测得的最大与最小读数之差，如图 3-35、图 3-36 所示。

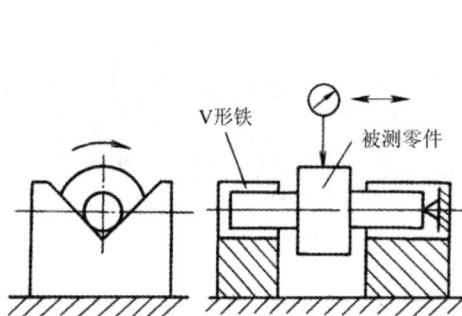

图 3-35　测量径向圆跳动　　　　　　图 3-36　测量端面圆跳动

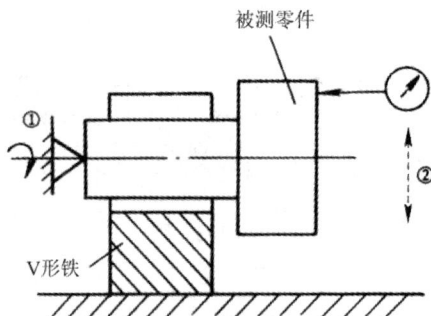

(2) 全跳动是被测实际要素绕基准轴线做无轴向移动的连续回转，同时指示器沿理想要素连续移动，由指示器在给定方向上测得的最大与最小读数之差，如图 3-37、图 3-38 所示。

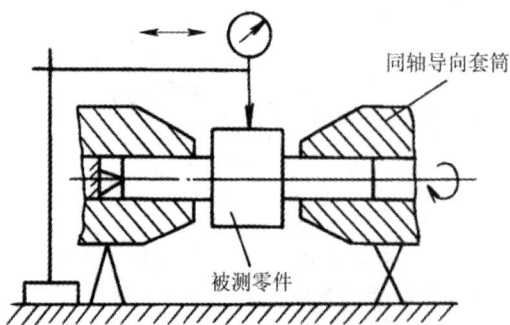

图 3-37　测量径向全跳动　　　　　　图 3-38　测量端面全跳动

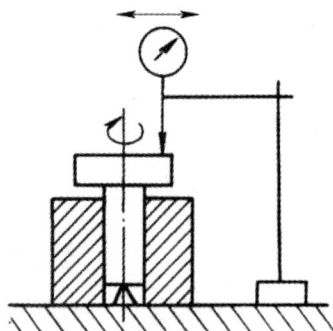

3.2.3　几何公差值

按国家标准规定，除线轮廓度、面轮廓度以及位置度未规定公差等级外，其余几何公差特征项目均有规定。一般划分为 12 级，即 1～12 级，精度依次降低，仅圆度和圆柱度划分为 13 级，即增加了一个 0 级。表 3.8 和表 3.9 列出了常用等级的公差值。

表 3.8　直线度、平面度、平行度、垂直度、倾斜度的公差值 (摘自 GB/T 1184—1996)

单位：μm

主参数 L、d/mm	项　目											
	直线度、平面度						平行度、垂直度、倾斜度					
	公　差　等　级											
	5	6	7	8	9	10	5	6	7	8	9	10
≤10	2	3	5	8	12	20	5	8	12	20	30	50
>10~16	2.5	4	6	10	15	25	6	10	15	25	40	60
>16~25	3	5	8	12	20	30	8	12	20	30	50	80
>25~40	4	6	10	15	25	40	10	15	25	40	60	100
>40~63	5	8	12	20	30	50	12	20	30	50	80	120
>63~100	6	10	15	25	40	60	15	25	40	60	100	150
>100~160	8	12	20	30	50	80	20	30	50	80	120	200
>160~250	10	15	25	40	60	100	25	40	60	100	150	250

表 3.9　同轴度、对称度、圆跳动、全跳动、圆度、圆柱度的公差值 (摘自 GB/T 1184—1996)

单位：μm

主参数 d、L、B/mm	项　目						主参数	圆度、圆柱度					
	同轴度、对称度、圆跳动、全跳动												
	公差等级							公差等级					
	5	6	7	8	9	10		5	6	7	8	9	10
							>6~10	1.5	2.5	4	6	9	15
>6~10	4	6	10	15	30	60	>10~18	2	3	5	8	11	18
>10~18	5	8	12	20	40	80	>18~30	2.5	4	6	9	13	21
>18~30	6	10	15	25	50	100	>30~50	2.5	4	7	11	16	25
>30~50	8	12	20	30	60	120	>50~80	3	5	8	13	19	30
>50~120	10	15	25	40	80	150	>80~120	4	6	10	15	22	35
>120~250	12	20	30	50	100	200	>12~180	5	8	12	18	25	40
							>180~250	7	10	14	20	29	46

几何公差值的选用原则：在保证零件功能的前提下，尽可能选用最经济的公差值。实

际应用中常用类比法选择，主要考虑以下几个问题：

(1) 几何公差与尺寸公差的关系：$T_{形状} < T_{位置} < T_{尺寸}$；

(2) 有配合要求时形状公差与尺寸公差的关系：$T_{形状} = KT_{尺寸}$，K 为关系系数，通常 $K = 0.25 \sim 0.65$；

(3) 形状公差与表面粗糙度的关系：通常 Ra 约占形状公差值的 $20\% \sim 25\%$。

例 3.6　解读图 3-39 所示齿轮图上标注的几何公差的含义。

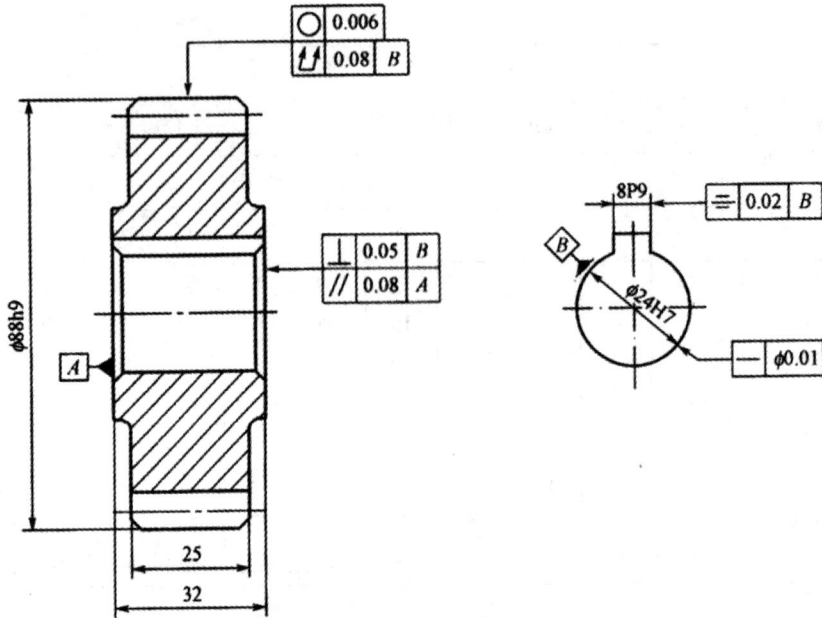

图 3-39　齿轮图上标注的几何公差

解　从图上几何公差的标注可知：

① 外圆柱面的圆度公差为 0.006 mm；

② 圆柱的外圆表面对圆孔的轴线的全跳动公差为 0.08 mm；

③ 圆柱的右端面对 ϕ24H7 圆孔的轴线垂直度公差为 0.05 mm；

④ 圆柱的右端面对左端面平行度公差为 0.08 mm；

⑤ 槽宽为 8P9 的键槽中心面对 ϕ24H7 圆柱孔中心线的对称度公差为 0.02 mm；

⑥ ϕ24H7 圆孔轴心线的直线度公差为 ϕ0.01 mm。

3.3　表 面 粗 糙 度

3.3.1　表面粗糙度的概念

为了保证零件的使用要求，除了要对零件各部分结构的尺寸、形状和位置给出公差要求外，还应根据功能需要对其表面结构给出要求。表面结构是表面粗糙度、表面波纹度和表面几何形状误差的总称，如图 3-40 所示。

(a) 表面实际轮廓

(b) 表面粗糙度　　　　　　(c) 表面波纹度　　　　　　　(d) 形状误差

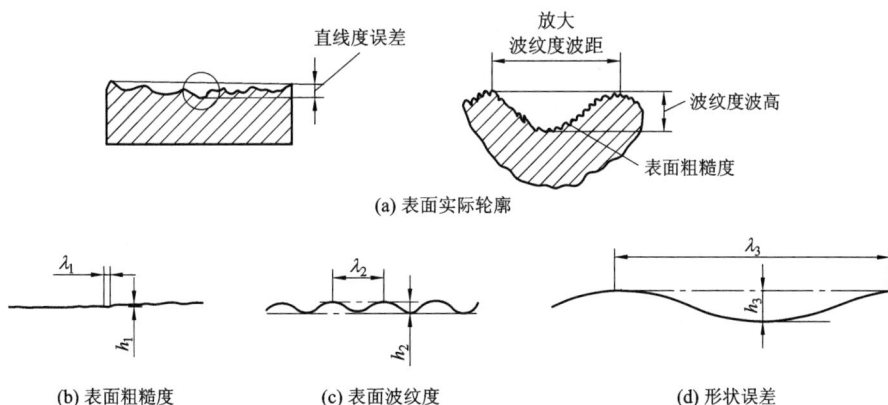

图 3-40　表面结构示意图

由于机械加工中切削刀痕或机床振动等原因，零件加工表面上会出现较小间距的峰谷，这些峰谷所组成的微观几何形状特征称为表面粗糙度。它是一种微观几何形状误差，也称为微观不平度。

目前大部分零件的表面结构是通过限制表面粗糙度来给出要求。表面粗糙度值越大，则表面越粗糙，零件的耐磨性越差，配合性质越不稳定(使间隙增大，过盈减小)，对应力集中越敏感，疲劳强度越差。所以，在设计零件时提出表面粗糙度要求，是几何精度设计中不可缺少的一个方面。

3.3.2　表面粗糙度的评定

1. 取样长度和评定长度

为了减弱表面波纹度及形状误差的影响，国家标准规定了取样长度 l_r；为了全面、合理地反映某表面测量范围内的粗糙度特征，国家标准规定了评定长度 l_n，它应包含一个或几个取样长度，一般取 $l_n = 5l_r$，如图 3-41 所示。

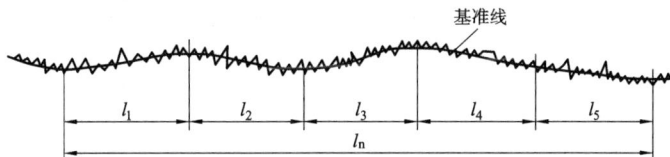

图 3-41　取样长度和评定长度

取样长度和评定长度的取值可见表 3.10。

表 3.10　*Ra*、*Rz* 参数值与取样长度的对应关系

$Ra/\mu m$	$Rz/\mu m$	l_r/mm	$l_n/mm(l_n = 5 \times l_r)$
> 0.008～0.02	0.025～0.10	0.08	0.4
> 0.02～0.1	> 0.10～0.50	0.25	1.25
> 0.1～2.0	> 0.50～10.0	0.8	4.0
> 2.0～10.0	> 10.0～50.0	2.5	12.5
> 10.0～80.0	> 50.0～320	8.0	40.0

2. 基准线

基准线是用于评定表面粗糙度参数的给定线。标准规定，基准线的位置可用轮廓的算术平均中线近似地确定。轮廓的算术平均中线是指划分轮廓使上、下两边面积相等的线，如图 3-42 所示。

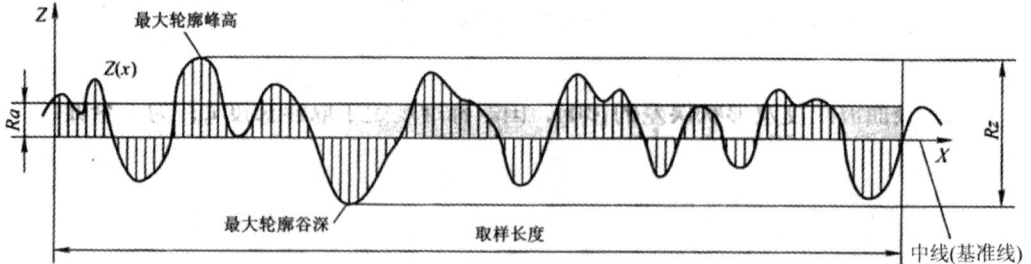

图 3-42　幅度参数

3. 表面粗糙度评定参数

为满足对零件表面不同的功能要求，从不同角度反映表面粗糙度的状态特征，国家标准从实际轮廓的幅度、横向间距和形状三个方面规定了相应的评定参数。对于大多数加工表面，只需给出幅度方面的参数，主要有：轮廓的算术平均偏差 Ra 和轮廓的最大高度 Rz。

(1) 轮廓算术平均偏差 Ra：在一个取样长度内，被测实际轮廓上各点到轮廓中线的纵坐标值 $Z(x)$ 绝对值的算术平均值(见图 3-42)。其表达式近似为

$$Ra = \frac{1}{n}(|y_1| + |y_2| + \ldots |y_n|)$$

Ra 值越大，表面越粗糙(表 3.11)。Ra 充分反映了表面微观几何形状在幅度方面的特性，并且用轮廓仪测定 Ra 的方法比较简便，因此，Ra 是普遍采用的参数，但不能用于过于粗糙或太光滑的表面。

表 3.11　轮廓算术平均偏差 Ra 的数值　(摘自 GB/T 1031—2009) 单位：μm

系列值	0.012，0.025，0.050，0.10，0.20，0.40，0.80，1.60，3.2，6.3，12.5，25，50，100
补充系列	0.008，0.010，0.016，0.020，0.032，0.040，0.063，0.080，0.125，0.160，0.25，0.32，0.50，0.63，1.0，1.25，2.0，2.5，4.0，5.0，8.0，10.0，16.0，20，32，40，63，80

(2) 轮廓最大高度 Rz：在个取样长度内，最大轮廓峰高与轮廓谷深之和(见图 3-12)。

Rz 对不允许出现较深加工痕迹的表面和小零件的表面质量有着实际意义，尤其在交变应力作用下，是防止出现疲劳破坏的一项保证措施。因此，Rz 主要应用于有交变应力作用的场合以及不便使用 Ra 的小零件表面(表 3.12)。

表 3.12　轮廓最大高度 Rz 的数值　(摘自 GB/T 1031—2009) 单位：μm

系列值	0.025，0.05，0.1，0.2，0.4，0.8，1.6，3.2，6.3，12.5，25，50，100，200，400，800，1600
补充系列	0.032，0.040，0.063，0.080，0.125，0.160，0.25，0.32，0.50，0.63，1.0，1.25，2.0，2.5，4.0，5.0，8.0，10.0，16.0，20，32，40，63，80，125，160，250，320，500，630，1000，1250

3.3.3　表面粗糙度的标注

1. 表面粗糙度的符号

表面粗糙度的符号及说明如表 3.13 所示。

表 3.13　表面粗糙度符号　　(摘自 GB/T 131—2006)

符号	意义及说明
	基本符号，表示表面可用任何方法获得。当不加注粗糙度参数值或有关说明(如表面处理、局部热处理状况等)时，仅适用于简化代号标注
	基本符号加一短画，表示表面是用去除材料的方法获得的，如车、铣、钻、磨、剪切、抛光、腐蚀、电火花加工、气割等
	基本符号加一小圆，表示表面是用不去除材料的方法获得的，如铸、锻、冲压变形、热轧、冷轧、粉末冶金等，或者是用于保护原供应状况的表面(包括保持上道工序的状况)
	在上述三个符号的长边上均可加一横线，用于标注有关参数和说明
	在上述三个参数符号上均可加一小圆，表示所有表面具有相同的表面粗糙度要求

2. 表面结构完整图形符号的组成及其注法

表面结构完整图形符号是在表面结构基本符号的周围，注上表面结构的单一要求和补充要求。如图 3-43 所示，该图是通用意义上的完整标注，实际应用中不必注齐所有项目，而应视具体功能要求来确定注出的部分。

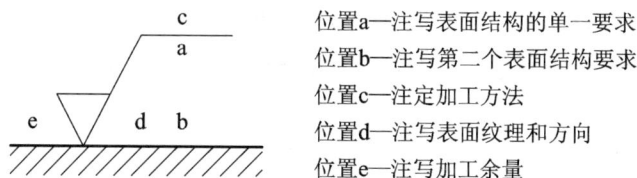

位置a—注写表面结构的单一要求
位置b—注写第二个表面结构要求
位置c—注定加工方法
位置d—注写表面纹理和方向
位置e—注写加工余量

图 3-43　表面粗糙度的代号

幅度参数是基本参数，是标准规定的必选参数。不论是选用 Ra 还是选用 Rz 作为评定参数，参数值前都需标出相应的参数代号 Ra 和 Rz。表面结构代号的标注方法及其意义见表 3.14，其中，图样上标注表面粗糙度参数的上限值或下限值时，表示在表面粗糙度参数的所有实测中，允许超过规定值的个数少于总数的 16%；图样上标注表面粗糙度参数的最大值(max)时，表示表面粗糙度参数的所有实测值均不得超过该规定值。

表 3.14　表面粗糙度代号的注法及含义

符号	含义／解释
$\sqrt{}$ $Rz\,0.8$	表示不允许去除材料，单向上限值，默认传输带，为 R 轮廓，粗糙度的最大高度为 0.8 μm，评定长度为 5 个取样长度(默认)，采用"16%规则"(默认)
$\sqrt{}$ $Rz\,\mathrm{max}\,0.2$	表示去除材料，单向上限值，默认传输带，为 R 轮廓，粗糙度最大高度的最大值为 0.2 μm，评定长度为 5 个取样长度(默认)，采用"最大规则"
$\sqrt{}$ $0.008-0.8/Ra\,3.2$	表示去除材料，单向上限值，传输带为 0.008～0.8 mm，为 R 轮廓，轮廓算术平均偏差为 3.2 μm，评定长度为 5 个取样长度(默认)，采用"16%规则"(默认)
$\sqrt{}$ $-0.8/Ra3\,3.2$	表示去除材料，单向上限值，传输带根据 GB/T 6062 选定，取样长度为 0.8 μm(λ 默认 0.0025 mm)，为 R 轮廓，算术平均偏差为 3.2 μm，评定长度包含 3 个取样长度，采用"16%规则"(默认)
$\sqrt{}$ $U\,Ra\,\mathrm{max}\,3.2$ $L\,Ra\,0.8$	表示不允许去除材料，双向极限值，两极限值均使用默认传输带，为 R 轮廓。上限值：算术平均偏差为 3.2 μm，评定长度为 5 个取样长度(默认)，采用"最大规则"；下限值：算术平均偏差为 0.8 μm，评定长度为 5 个取样长度(默认)，采用"16%规则"(默认)

3. 表面结构要求在图样中的注法

如图 3-44、图 3-45 所示，表面粗糙度在图样上一般标注于可见轮廓线上，也可标注于尺寸界线或其延长线上，符号的尖端应从材料外指向被标注表面。

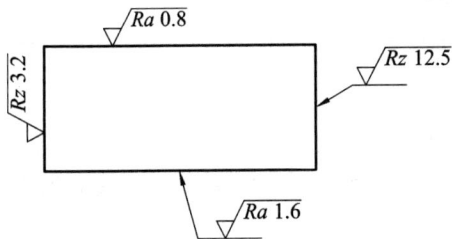

图 3-44　表面粗糙度的注写方向　　　　图 3-45　表面粗糙度在轮廓线上的标注

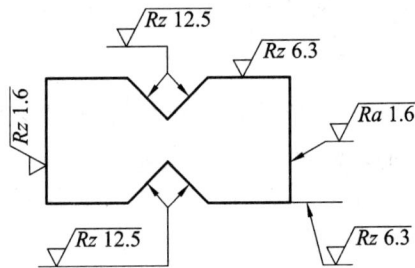

表面粗糙度在不同位置表面上的标注如图 3-46～图 3-49 所示。

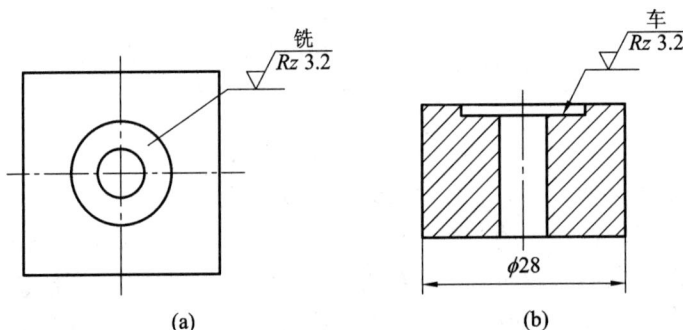

(a)　　　　　　　　　　(b)

图 3-46　用指引线引出标注表面粗糙度

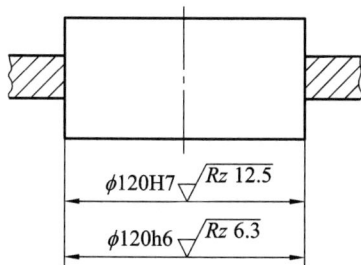

图 3-47　表面粗糙度标注在尺寸线上　　　图 3-48　表面粗糙度标注在几何公差框格的上方

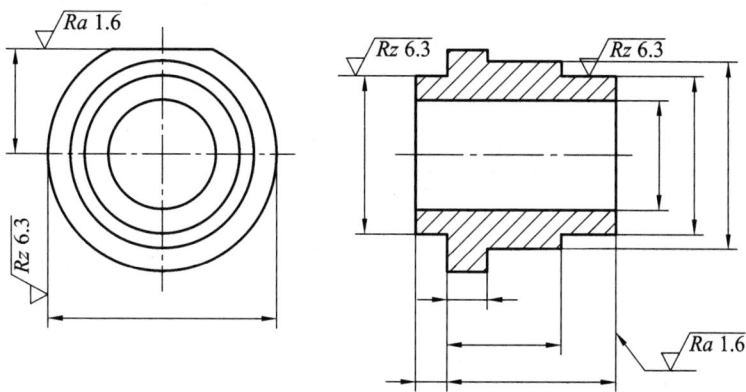

图 3-49　表面粗糙度标注在圆柱特征的延长线上

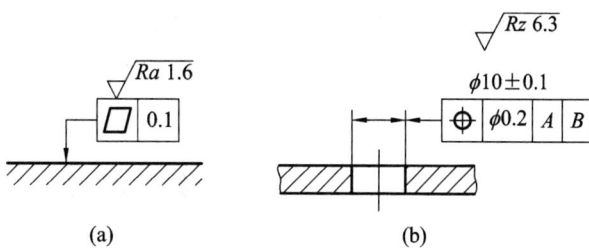

例 3.7　试解读如图 3-50 所示齿轮标注中表面粗糙度的含义。

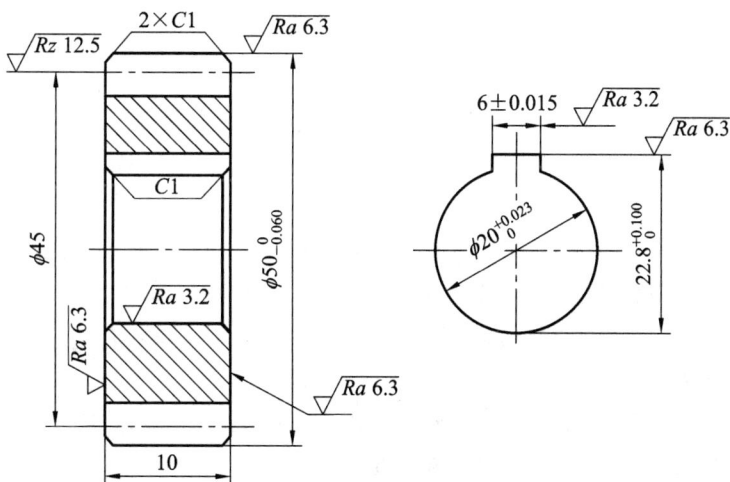

图 3-50　齿轮表面粗糙度标注示例

解　从图上表面粗糙度的标注可知：

① 齿轮齿面 Ra 的上限值是 12.5 μm。

② 齿轮轮齿顶面 Ra 的上限值是 6.3 μm。

③ 齿轮端面 Ra 的上限值是 6.3 μm。

④ 齿轮键槽侧面 Ra 的上限值是 3.2 μm。

⑤ 齿轮键槽底面 Ra 的上限值是 6.3 μm。

教 学 检 测

一、填空题

1. 零部件在装配前不需要选择，装配中不需要修配和调整，装配后能满足预定的使用要求，这是对其具有_____性的要求。

2. $\phi25^{+0.021}_{0}$ 的孔与 $\phi25^{-0.020}_{-0.033}$ 的轴配合，属于_____制_____配合。

3. 孔和轴公差带的大小和位置分别是由国标中的_____和_____确定的。

4. 已知某一基准孔的公差为 0.025 mm，那么该孔的上偏差是_____mm，下偏差是_____mm。

5. 几何公差在标注时，公差框格指引线箭头不能与_____要素的尺寸线对齐，而必须与_____要素的尺寸线对齐。

6. 几何要素按所处地位可分为_____和_____。其中，_____按功能要求可分为单一要素和关联要素。

7. 采用直线度来限制圆柱体的轴线时，其公差带是_____形状。

8. 表面粗糙度用冲压变形的方法获得，Ra 的上限值为 6.3 μm，其符号记为_____。

9. 评定表面粗糙度的基本参数是(代号)____和____，其中____不能用于过于粗糙或太光滑的表面。

二、单选题

1. 为使零件具有互换性，必须把零件_____的加工误差控制在给定的范围内。

A. 尺寸　　　　　　B. 形状　　　　　　C. 表面粗糙度　　　D. 几何参数

2. $\phi20f6$、$\phi20f7$、$\phi20f8$ 三个公差带_____。

A. 上、且下偏差均相同　　　　　B. 上偏差相同但下偏差不相同

C. 上偏差不相同但下偏差相同　　D. 上、下偏差各不相同

3. 利用同一加工方法，加工 $\phi50H7$ 孔和 $\phi125H6$ 孔，应理解为_____。

A. 前者加工困难　　　　　　B. 后者加工困难

C. 两者加工难易相当　　　　D. 无法比较

4. 孔 $\phi45^{+0.025}_{0}$ mm 与轴 $\phi45^{-0.009}_{-0.028}$ mm 可组成_____。

A. 间隙配合　　　　　　　　B. 过盈配合

C. 过渡配合　　　　　　　　D. 过渡配合或过盈配合

5. 下列配合中，_____为间隙配合。

A. $\phi35H7/g6$　　　B. $\phi35H7/m6$　　　　C. $\phi35H7/v6$　　　D. $\phi35H7/r6$

6. 公差带形状是两同心圆柱之间的区域的是_____。

A. 径向全跳动　　　B. 任意方向直线度　　　C. 圆度　　　　　D. 同轴度

7. 某轴线对基准平面的对称度公差为 0.1 mm，则允许该轴线对基准平面的偏离量为_____。

A. 0.1 mm　　　　B. 0.05 mm　　　　　C. 0.15 mm　　　　　D. 0.2 mm

8. 平行度的研究对象不是_____。

A. 被测要素　　　B. 实际要素　　　　C. 单一要素　　　　D. 关联要素

9. 若某测量平面对基准平面的平行度误差为0.08 mm，则其_____误差不大于0.08 mm。

A. 平面度　　　　B. 对称度　　　　　C. 垂直度　　　　　D. 圆跳动

10. 几何公差带可以_____几何要素的误差范围。

A. 掌握　　　　　B. 定位　　　　　　C. 控制　　　　　　D. 知晓

11. _____有多种形状的公差带。

A. 直线度　　　　B. 平面度　　　　　C. 圆度　　　　　　D. 圆柱度

12. 圆度公差带的形状是_____。

A. 一个圆柱　　　B. 两个同轴圆柱　　C. 两个同心圆　　　D. 一个球

13. 用以判别具有表面粗糙度特征的一段基准线长度是_____。

A. 基本长度　　　B. 评定长度　　　　C. 取样长度　　　　D. 标称长度

14. 关于 Ra、Rz 的应用，下面论述正确的是_____。

A. Ra 不能全面反映被检测表面的状况

B. Rz 用于允许有较深加工痕迹的表面

C. Rz 用于有交变应力作用而不宜采用 Ra 评定的表面

D. Ra 由于测量计算简单，故应用简单

15. 表面越光滑，则零件的_____。

A. 疲劳强度降低　　　　　　　　　　B. 接触刚度降低

C. 抗腐蚀性差　　　　　　　　　　　D. 耐磨性好

三、判断题

1. 因为零件要互换，所以其几何参数必须加工得绝对准确。（　　）

2. 不论基本尺寸是否相同，只要孔与轴能装配就称为配合。（　　）

3. 基孔制过渡配合的轴，其上偏差必大于零。（　　）

4. 加工时实际尺寸越接近基本尺寸，精度就越高。（　　）

5. 未注公差尺寸即对该尺寸无公差要求。（　　）

6. 某一孔尺寸为$\phi20^{-0.009}_{-0.028}$ mm，若测得其实际尺寸为$\phi19.951$ mm，则可以判断该孔合格。（　　）

7. 圆柱度与径向全跳动的公差带形状是相同的，只是前者的轴线与基准轴线同轴。（　　）

8. 过渡配合可能产生间隙或过盈，在某一过渡配合的工件中就形成了间隙与过盈同时存在。（　　）

9. 被测要素为导出要素时，公差框格的箭头必须与该要素的尺寸线对齐。（　　）

10. 若某圆柱面的圆柱度公差为 0.04 mm，则该圆柱面对基准轴线的径向全跳动公差

不小于 0.04 mm。（　　）

11. 在间隙配合中，由于表面粗糙不平，会因磨损而使间隙迅速增大。（　　）

12. 表面越粗糙，零件表面的抗腐蚀性、密封性就越好。（　　）

13. 规定取样长度是为了限制和减弱宏观几何形状误差对测量结果的影响。（　　）

四、简答题

1. 什么是尺寸公差？它与极限尺寸、极限偏差有何关系？

2. 规定配合制的目的是什么？它与配合类型有关系吗？

3. 什么是几何公差带？几何公差带和尺寸公差带有哪些主要区别？

4. 表面粗糙度与形状误差和表面波度有何异同之处？

五、实作题

1. 试根据表 3.15 中的已知数据，计算并填写表中各空格。

表 3.15　极限尺寸、极限偏差与公差的关系

基本尺寸	最大极限尺寸	最小极限尺寸	上偏差	下偏差	公差
孔ϕ20	20.021	20			
轴ϕ20			+0.035		0.013
孔ϕ90		89.927			0.035
轴ϕ30	30			−0.021	
轴ϕ35			+0.011	−0.005	

2. 根据图 3-51 填表 3.16。

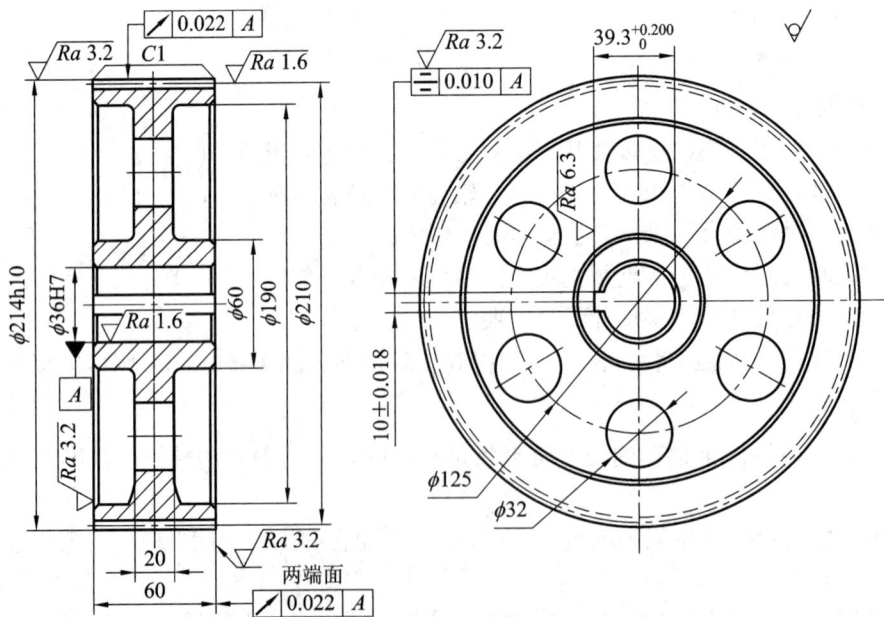

图 3-51　齿轮尺寸公差标注

表 3.16 识读尺寸公差

项　目	36H7
尺寸类型	
基本尺寸	
公差等级	
基本偏差	
另一偏差	
最大极限尺寸	
最小极限尺寸	
尺寸合格条件	

3. 根据图 3-52 中的配合标注填表 3.17。

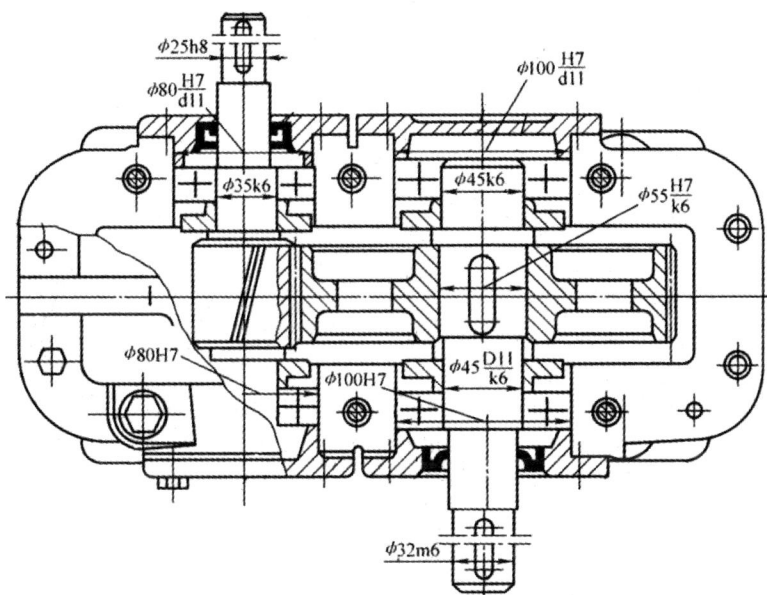

图 3-52　减速器配合代号标注

表 3.17 识读配合代号

项　目	$\phi55H7/k6$
孔、轴基本尺寸	
配合类型	
基准制	
极限盈隙	
配合公差	

4. 根据图 3-53 中传动轴的几何公差标注，将图中各项几何公差的含义填入表 3.18 中。

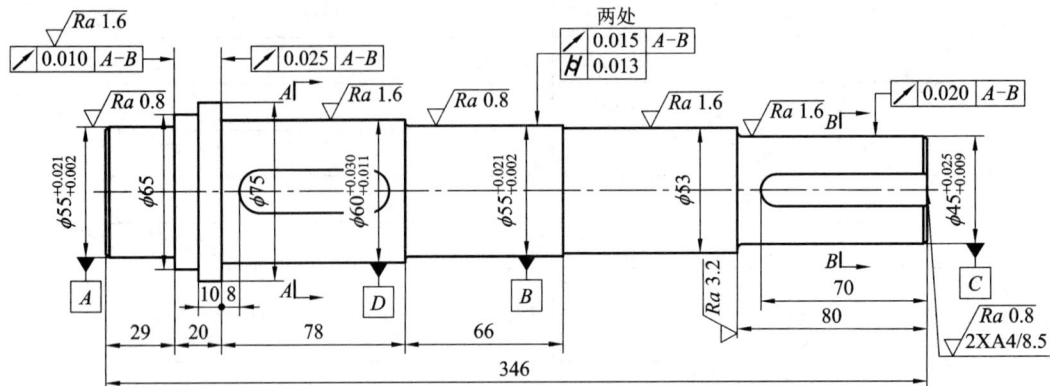

图 3-53　传动轴的几何公差标注

表 3.18　解读几何公差

公差框格	项目名称	被测要素	公差值/mm	基准要素	公差带形状
⟋ 0.010 A–B					
⟋ 0.025 A–B					
⟋ 0.015 A–B					
⌓ 0.013					
⟋ 0.020 A–B					

5. 试将下列各项几何公差要求标注在图 3-54 上。

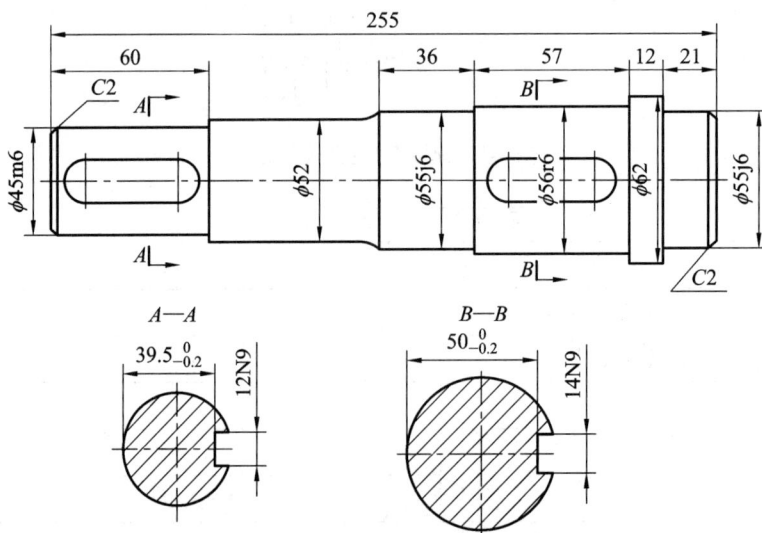

图 3-54　几何公差标注

(1) $\phi56$mm 圆柱面对两个 $\phi55$mm 圆柱面轴线的径向圆跳动公差为 $\phi0.025$ mm；

(2) 两个 $\phi55$mm 圆柱面对其轴线的径向圆跳动公差为 0.025 mm；

(3) 两个 $\phi55$mm 圆柱面的圆柱度公差为 0.005 mm；

(4) 轴上两个键槽中心平面对其轴线的对称度公差为 0.020 mm；

(5) $\phi62$mm 圆柱两侧面对两个 $\phi55$ mm 圆柱面轴线的端面圆跳动公差为 0.015 mm。

6. 有一孔、轴为过渡配合，孔尺寸为 $\phi80^{+0.046}_{0}$ mm，轴尺寸为 $\phi80\pm0.015$ mm，求最大间隙和最大过盈，并画出配合孔、轴的公差带图。

7. 利用标准公差和基本偏差表，确定下列公差带的上、下偏差，并从结果找出数值规律。

(1) $\phi30$E6　　(2) $\phi30$e8　　(3) $\phi60$M8　　(4) $\phi60$m7　　(5) $\phi80$R7　　(6) $\phi80$r7

(7) $\phi55$U8　　(8) $\phi55$u8。

8. 指出图 3-55 中几何公差的标注错误，并加以改正(不允许改变几何公差的特征符号)。

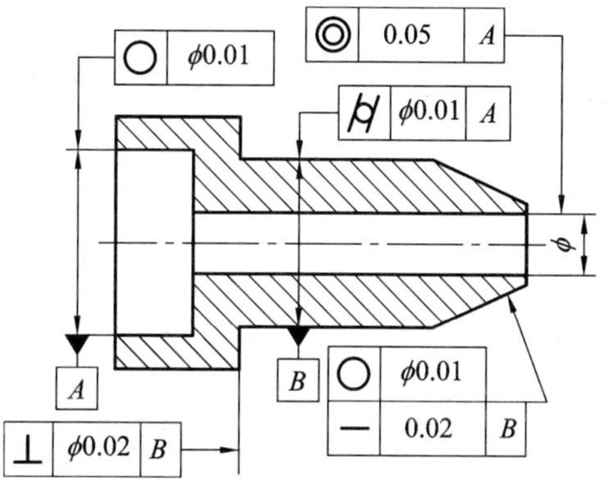

图 3-55　几何公差标注

9. 解释图 3-56 中标注的带轮各表面粗糙度要求的含义。

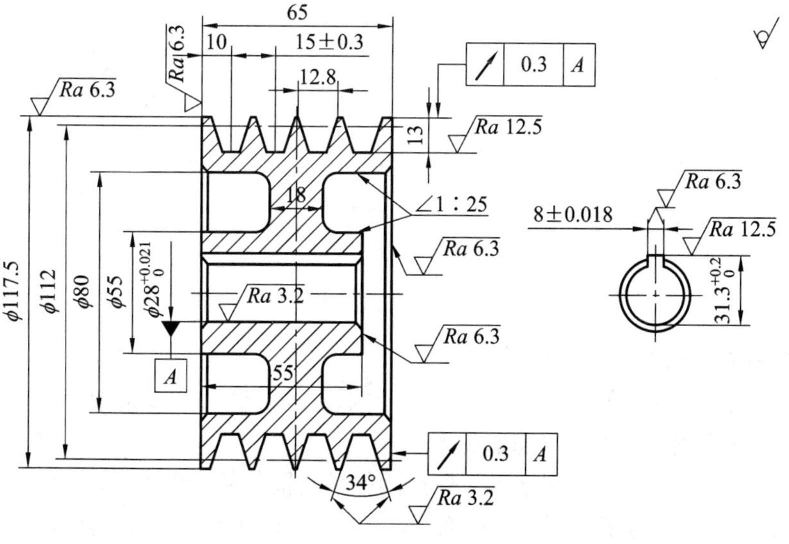

图 3-56　表面粗糙度标注

任务四　电动机的选择及运动动力参数的计算

　　课程总任务在传动方案(图 0-1)已经确定的情况下，由带式运输机的工作条件(即卷筒直径、驱动卷筒的有效拉力、输送带速度)可计算工作机的转速和功率，从而确定电动机的型号；然后分配传动装置中各级传动的传动比；最后计算出减速器各轴间的功率、转矩和转速，为后面传动件的设计提供数据。

4.1　识读平面机构运动简图

4.1.1　运动副及其分类

1. 运动副

　　若要传递运动和动力，各构件之间需通过一定的连接方式组成一个机构，且组成机构的各构件之间的连接必须是可动的，且这种相互运动是确定的。这种由两个构件组成的可动连接称为运动副，如图 4-1 所示。轴和轴承、滑块与导轨以及齿轮与齿轮之间的连接都构成运动副。

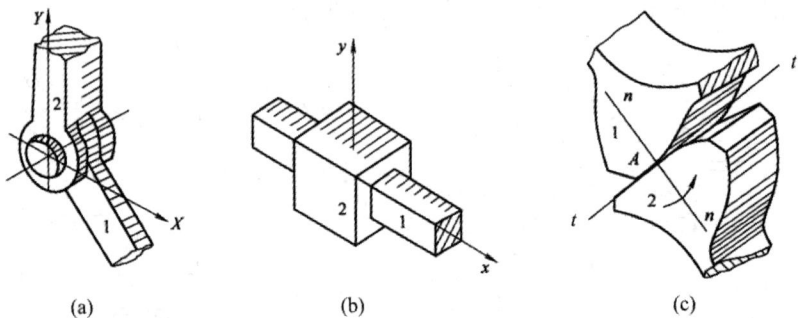

图 4-1　运动副

2. 运动副的分类

　　根据连接的两构件之间的相对运动是平面的还是空间的，运动副可分为平面运动副和空间运动副，这里我们只介绍平面运动副。

　　两构件通过点、线、面实现接触，根据两构件之间的接触情况可将运动副分为高副和低副。两构件通过面接触构成的运动副统称为低副，如图 4-1(a)、(b)所示。两构件通过点或线接触构成的运动副统称为高副，如图 4-1(c)所示。

根据两构件之间的运动特点，低副又可分为转动副和移动副。两构件之间的相对运动为转动的低副称为转动副或回转副，也称为铰链，如图 4-1(a)所示。两构件之间的相对运动为移动的低副称为移动副，如图 4-1(b)所示。

4.1.2　平面机构及其运动简图

所有构件都在同平面或相互平行平面内运动的机构称为平面机构，反之则称为空间机构。由于常用的机构大多数为平面机构，所以本任务仅讨论平面机构的有关问题。

1. 平面机构的组成

在组成机构的各构件中，与参考系固定、相对不动的构件称为机架。一般情况下，机构安装在地面上，那么机架相对于地面是固定不动的；如果机构安装在运动物体(如车、船、飞机等)上，那么机架相对于该运动物体是固定不动的，而相对于地面则可能是运动的，其余的构件均相对于机架而运动。其中，给定独立运动参数的构件称为原动件，由原动件带动而随之运动的构件称为从动件。

由此可知，机构是由机架、原动件及从动件通过运动副连接而成的系统。

2. 平面机构运动简图及其意义

由于设计和研究的需要，人们常通过绘制简图的方式来表示一个机构。另外，通过研究人们发现，机构在运动时，各部分的运动是由其原动件的运动规律、该机构中各运动副的类型(例如是高副还是低副、是转动副还是移动副等)、数目及相对位置决定的，而与构件的外形(高副机构的轮廓形状除外)、断面尺寸、组成构件的零件数目及固定连接方式，以及运动副的实际结构均无关。

用简单线条和规定符号表示构件和运动副，并按照一定比例确定运动副的相对位置及与运动有关的尺寸，这种表明机构的组成和各构件间真实运动关系的简单图形称为机构运动简图。有时，只是为了表示机构的组成及其传动原理，也可以不严格按照比例来绘制简图，通常将这种简图称为机构示意图。

3. 运动副和构件的表示

在机构运动简图中，各平面运动副在不同视图中的表示方法是不同的。

(1) 转动副的表示：图 4-2 所示为两构件用转动副连接的表示方法，其中图 4-2(a)、(b)、(c)所示为垂直于回转轴线的平面，图 4-2(d)、(e)所示为通过回转轴线的平面，图中画斜线的构件表示机架。

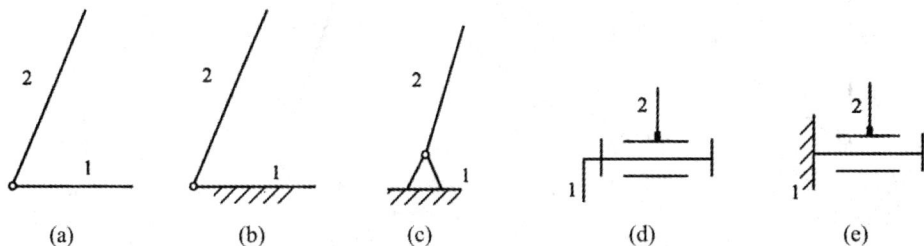

图 4-2　转动副

(2) 移动副的表示：图 4-3 所示为两构件用移动副连接的表示方法。

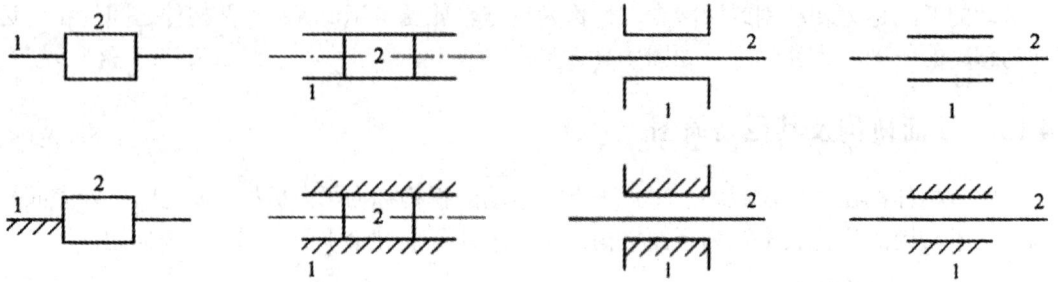

图 4-3　移动副

(3) 具有两个运动副构件的表示：由于构件的相对运动主要取决于运动副，因此首先应当用符号画出各运动副元素在构件上的相对位置，然后再用简单线条把它们连接成构件，图 4-4 所示为具有两个运动副元素构件的表示方法。

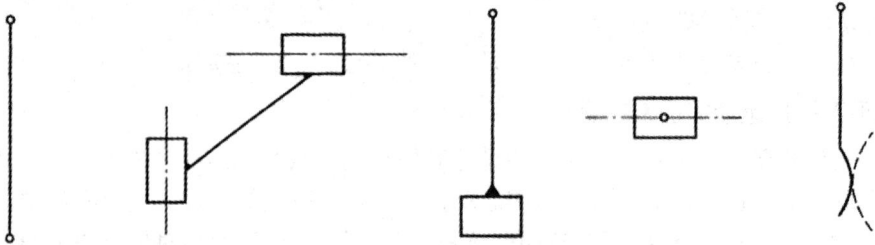

图 4-4　具有两个运动副元素的构件

(4) 具有三个或四个运动副构件的表示：图 4-5 所示为具有三个或四个运动副元素的构件，此时各运动副元素间的连线形成三角形或多边形。为了表明它们是同一构件，应在三角形、多边形中画上斜线(见图 4-5(b))，或将两条直线相交的部位画出焊缝符号(见图 4-5(c))。如果一个构件上的三个转动副位于一条直线上，则应用半圆跨越连接上下两段直线来表示，而不能用中间的转动副直接连接这两段直线，如图 4-5(d)所示。

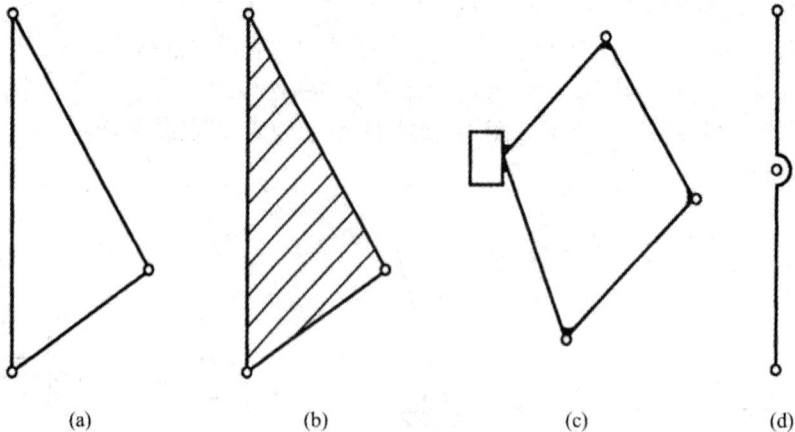

(a)　　　　　　　　(b)　　　　　　　　(c)　　　　　　　　(d)

图 4-5　具有三个或四个运动副元素的构件

其他构件和机构的习惯表示方法可参见表 4.1。

表4.1　机构运动简图规定符号

名　称	符　号	名　称	符　号
固定构件		外啮合圆柱齿轮机构	
两副元素构件		内啮合圆柱齿轮机构	
三副元素构件		齿轮齿条机构	
转动副		锥齿轮机构	
移动副		蜗杆蜗轮机构	
平面高副		带传动	
凸轮机构		链传动	
棘轮机构			
联轴器		制动器	

4. 平面机构示意图的识读

如图 4-6 所示，从原动件开始，按照运动的传递顺序，根据机构运动简图规定符号(见表 4.1)，逐个判别每个符号的代表意义，从而得出整个机器的机构组成和运动原理。

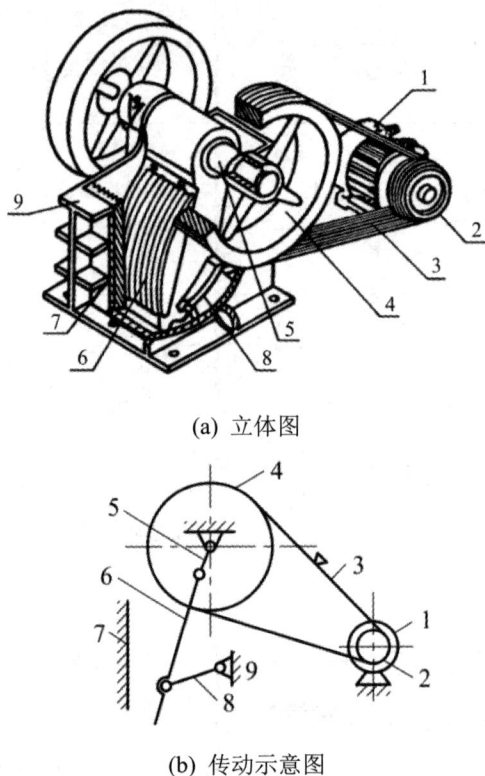

(a) 立体图

(b) 传动示意图

图 4-6　颚式破碎机及其机构运动简图

4.2　电动机的选择

原动机是机器中运动和动力的来源，其种类很多，有电动机、内燃机、蒸汽机、水轮机、汽轮机、液动机等。电动机构造简单、工作可靠、控制简便、维护容易，一般生产机械上大多数采用电动机来驱动。

4.2.1　电动机类型的选择

电动机类型根据电源种类、工作要求、工作环境、载荷大小和性质及安装要求等条件来选择。工业上广泛应用国际市场上通用的统一系列——Y 系列三相异步电动机。

Y 系列电动机为一般用途笼型三相异步电动机，具有高效、节能、启动转矩大、噪声低、振动小、可靠性高、使用维护方便等特点，适用于电源电压为 380 V 无特殊要求的机械，如机床、泵、风机、运输机、搅拌机、农业机械等。Y 系列(IP44)三相异步电动机技术参数见表 4.2。

表 4.2 Y 系列三相异步电动机技术参数

电动机型号	额定功率/kW	满载转速/(r/min)	堵转转矩/额定转矩	最大转矩/额定转矩	电动机型号	额定功率/W	满载转速/(r/min)	堵转转矩/额定转矩	最大转矩/额定转矩
同步转速 3000 r/min，2 极					Y200L-4	30	1470	2.0	2.2
Y80M$_1$-2	0.75	2825	2.2	2.3	Y225S-4	37	1480	1.9	2.2
Y80M$_2$-2	1.1	2825	2.2	2.3	同步转速 1000 r/min，6 极				
Y90S-2	1.5	2840	2.2	2.3	Y90S-6	0.75	910	2.0	2.2
Y90L-2	2.2	2840	2.2	2.3	Y90L-6	1.1	910	2.0	2.2
Y100L-2	3	2880	2.2	2.3	Y100L-6	1.5	940	2.0	2.2
Y112M-2	4	2890	2.2	2.3	Y112M-6	2.2	940	2.0	2.2
Y132S$_1$-2	5.5	2900	2	2.3	Y132S-6	3	960	2.0	2.2
Y132S$_2$-2	7.5	2900	2	2.3	Y132M$_1$-6	4	960	2.0	2.2
Y160M$_1$-2	11	2930	2	2.3	Y132M$_2$-6	5.5	960	2.0	2.2
Y160M$_2$-2	15	2930	2	2.3	Y160M-6	7.5	970	2.0	2.0
Y160L-2	18.5	2930	2	2.2	Y160L-6	11	970	2.0	2.0
Y180M-2	22	2940	2	2.2	Y180L-6	15	970	2.0	2.0
Y200L$_1$-2	30	2950	2	2.2	Y200L$_1$-6	18.5	970	2.0	2.0
Y200L$_2$-2	37	2950	2	2.2	Y200L$_2$-6	22	970	2.0	2.0
Y225M-2	45	2970	2	2.2	Y225M-6	30	980	1.7	2.0
Y250M-2	55	2970	2	2.2	Y250M-6	37	980	1.7	2.0
同步转速 1500 r/min，4 极					Y280S-6	45	980	1.8	2.0
Y80M$_1$-4	0.55	1390	2.4	2.3	Y280M-6	55	980	1.8	2.0
Y80M$_2$-4	0.75	1390	2.3	2.3	同步转速 750 r/min，8 极				
Y90S-4	1.1	1400	2.3	2.3	Y132S-8	2.2	710	2.0	2.0
Y90L-4	1.5	1400	2.3	2.3	Y132M-8	3	710	2.0	2.0
Y100L$_1$-4	2.2	1420	2.2	2.3	Y160M$_1$-8	4	720	2.0	2.0
Y100L$_2$-4	3	1420	2.2	2.3	Y160M$_2$-8	5.5	720	2.0	2.0
Y112M-4	4	1440	2.2	2.3	Y160L-8	7.5	720	2.0	2.0
Y132S-4	5.5	1440	2.2	2.3	Y180L-8	11	730	1.7	2.0
Y132M$_1$-4	7.5	1440	2.2	2.3	Y200L-8	15	730	1.8	2.0
Y132M$_2$-4	7.5	1440	2.2	2.3	Y225S-8	18.5	730	1.7	2.0
Y160M-4	11	1460	2.2	2.3	Y225M-8	22	730	1.8	2.0
Y160L-4	15	1460	2.2	2.3	Y250M-8	30	730	1.8	2.0
Y180M-4	18.5	1470	2.0	2.2	Y280S-8	37	740	1.8	2.0
Y180L-4	22	1470	2.0	2.2	Y280M-8	45	740	1.8	2.0

注：电动机型号意义：以 Y132S$_2$-2-B3 为例，Y 表示系列代号，132 表示机座中心高，S 表示短机座，第二种铁芯长度(M—中机座，L—长机座)2 为电动机的极数，B3 表示安装形式。

4.2.2　电动机功率的确定

电动机容量主要由电动机运行时的发热情况决定，而发热又与其工作情况有关。对于长期连续运转、载荷不变或很少变化的、常温下工作的电动机，在选择电动机的容量时，只需使电动机的负荷不超过其额定值，电动机便不会过热。这样，可按电动机的额定功率 P_m 等于或略大于电动机所需的输出功率 P_o，即 $P_m \geqslant P_o$，从手册中选择相应的电动机型号，而不必再作发热计算。

1. 计算工作机所需功率 P_W

工作机所需功率 P_W 应由机器的工作阻力和运动参数确定。

$$P_W = \frac{F_W v_W}{1000 \eta_W} \tag{4.1}$$

式中，F_W 为工作机的阻力(N)；v_W 为工作机的线速度(m/s)；η_W 为工作机的效率，对于带式运输机，一般 $\eta_W = 0.94 \sim 0.96$。

2. 计算电动机所需的输出功率 P_o

由工作机所需功率和传动装置的总效率可求得电动机所需的输出功率 P_o：

$$P_o = \frac{P_W}{\eta} \tag{4.2}$$

式中，η 为由电动机至工作机的传动装置总效率，计算式为

$$\eta = \eta_1 \eta_2 \ldots \eta_n \tag{4.3}$$

式中，η_1、η_2、$\cdots$、η_n 分别为传动装置中每一级传动副(齿轮、蜗杆、带或链传动等)、每对轴承或每个联轴器的效率，其值可查阅表 4.3。

在计算传动装置总效率时应注意以下几点：

(1) 所取传动副的效率是否已包括其轴承效率，如已包括则不再计入轴承效率。

(2) 轴承效率通常指一对轴承而言。

(3) 同类型的几对传动副、轴承或联轴器，要分别计入各自的效率。

(4) 在资料中查出的效率值为某一范围数值时，一般可取中间值。如工作条件差、加工精度低、维护不良时，则应取较低值，反之则取较高值。

3. 确定电动机的额定功率 P_m

对于长期连续运转，载荷不变或很少变化，且在常温下工作的电动机，按下式确定电动机的额定功率：

$$P_m \geqslant P_o \tag{4.4}$$

功率裕度大小可视过载情况来决定。

表 4.3　部分机械传动和摩擦副的效率

种　类		效率 η	种　类		效率 η
圆柱齿轮传动	很好走合的 6 级和 7 级精度的齿轮传动(油润滑)	0.98～0.99	摩擦传动	平摩擦传动	0.85～0.92
	8 级精度的齿轮传动(油润滑)	0.97		槽摩擦传动	0.88～0.90
	9 级精度的齿轮传动(油润滑)	0.96		卷绳轮传动	0.95
	加工齿的开式齿轮传动(脂润滑)	0.94～0.96	联轴器	浮动联轴器(十字联轴器等)	0.97～0.99
	铸造齿的开式齿轮传动	0.90～0.93		齿式联轴器	0.99
锥齿轮传动	很好走合的 6 级和 7 级精度的齿轮传动(油润滑)	0.97～0.98		弹性联轴器	0.99～0.995
	8 级精度的齿轮传动(油润滑)	0.94～0.97		万向联轴器($\alpha \leqslant 3°$)	0.97～0.98
	加工齿的开式齿轮传动(脂润滑)	0.92～0.95		万向联轴器($\alpha > 3°$)	0.95～0.97
	铸造齿的开式齿轮传动	0.88～0.92	滑动轴承	润滑不良	0.94(一对)
蜗杆传动	自锁蜗杆传动	0.40～0.45		润滑正常	0.97(一对)
	单头蜗杆传动	0.70～0.75		润滑特好(压力润滑)	0.98(一对)
	双头蜗杆传动	0.75～0.82		液体摩擦	0.99(一对)
	三头和四头蜗杆传动	0.80～0.92	滚动轴承	球轴承(稀油润滑)	0.99(一对)
	圆弧面蜗杆传动	0.85～0.95		滚子轴承(稀油润滑)	0.98(一对)
带传动	平带无压紧轮的开式传动.	0.98	滑池内油的飞溅和密封摩擦		0.95～0.99
	平带有压紧轮的开式传动	0.97	减(变)速器	单级圆柱齿轮减速器	0.97～0.98
	平带交叉传动	0.90		双级圆柱齿轮减速器	0.95～0.96
	V 带传动	0.96		行星圆柱齿轮减速器	0.95～0.98
链传动	焊接链	0.93		单级锥齿轮减速器	0.95～0.96
	片式关节链	0.95		圆锥-圆柱齿轮减速器	0.94～0.95
	滚子链	0.96		无级变速器	0.92～0.95
	齿形链	0.97		摆线针轮减速器	0.90～0.97
复合滑轮组	滑动轴承($i = 2\sim6$)	0.92～0.98	丝杠传动	滑动丝杠	0.30～0.60
	滚动轴承($i = 2\sim6$)	0.95～0.99		滚动丝杠	0.85～0.95

4.2.3　电动机转速的确定

容量相同的同类型电动机，其同步转速有 3000 r/min、1500 r/min、1000 r/min 和 750 r/min 四种。电动机转速越高，则磁极越少，尺寸及重量越小，价格也越低；但传动系统的总传动比增大，传动级数要增多，尺寸及重量增大，从而使传动装置的成本增加。因此，在选择电动机时，应找寻电动机可选择转速范围内的中部数值与同步转速相近的机型，选用同步转速为 1000 r/min 或 1500 r/min 的电动机。

对于专用传动装置，其设计功率按实际需要的电动机功率 P_0 来计算；对于通用传动装置，其设计功率按电动机的额定功率 P_m 来计算。传动装置的输入转速可按电动机的满载转速 n_m 来计算。课程设计中的带式输送机属于专用传动装置，故设计时应按 P_0 进行设计。

机座带底脚、端盖无凸缘 Y 系列电动机的安装尺寸及外形尺寸见表4.4。从表中查出的电动机轴径 D、外伸长度 E 和键槽宽度 F 以备后面设计所用。

表4.4　Y 系列电动机的安装尺寸及外形尺寸　　　　　单位：mm

Y80~Y132　　　　　Y160~Y315

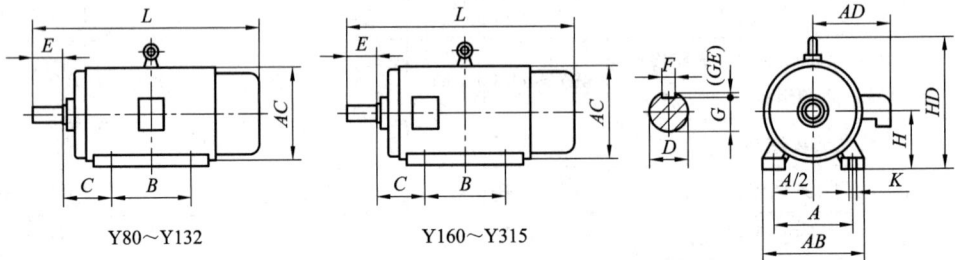

机座号	极数	A	B	C	D	E	F	G	H	K	AB	AC	AD	HD	BB	L
80M	2、4	125	100	50	19	40	6	15.5	80	10	165	175	150	175	130	290
90S	2、4、6	140		56	24	50	8	20	90		180	175	155	190		315
90L			125		$^{+0.009}_{-0.004}$										155	340
100L		160	140	63	28	60		24	100	12	205	205	180	245	170	380
112M		190		70					112		245	230	190	265	180	400
132S		216		89	38	80	10	33	132		280	270	210	315	200	475
132M			178												238	515
160M	2、4、6、8	254	210	108	42	110	12	37	160	15	330	325	255	385	270	605
160L			254		$^{+0.018}_{+0.002}$										314	650
180M		279	241	121	48		14	42.5	180		355	360	285	430	311	670
180L			279												349	710
200L		318	305	133	55		16	49	200	19	395	400	310	475	379	775
225S	4、8	356	286	149	60	140	18	53	225		435	450	345	530	368	820
225M	2		311		55	110	16	49							393	815
225M	4、6、8				60			53								845
250M	2	406	349	168	60	140	18	53	250		490	495	385	575	455	930
250M	4、6、8				65 $^{+0.030}_{+0.011}$			58								
280S	2	457	368	190	65		18	58	280	24	550	555	410	640	530	1000
280S	4、6、8				75		20	67.5								
280M	2		419		65		18	58							581	1050
280M	4、6、8				75		20	67.5								

4.3　传动装置的总传动比计算与分配

4.3.1　传动装置的总传动比计算

电动机选定以后，根据电动机的满载转速 n_m 及工作轴的转速 n_W 即可确定传动装置的总传动比 i，即

$$i = \frac{n_m}{n_W} \tag{4.5}$$

当传动装置由多级传动串联而成时，则总传动比为

$$i = i_1 i_2 \cdots i_n \tag{4.6}$$

式中，i_1，i_2，$\cdots$，i_n 为各级串联传动机构的传动比。

4.3.2　各级传动比的分配

合理分配传动比是传动装置设计中的一个重要问题，它将直接影响传动装置的外廓尺寸、重量及润滑等很多方面。因此，设计时应根据具体条件按设计要求考虑传动分配方案。

对于传动部分在具体分配传动比时，应考虑以下两点：

(1) 各级传动的传动比最好在推荐范围内选取，尽可能不超过其允许的最大值。各类机械传动的传动比推荐范围(参考值)见表4.5。

(2) 应使各级传动比数值在推荐范围内均衡选择，这样可使传动装置各部分结构尺寸协调、匀称和利于安装。

表 4.5　各类机械传动的传动比推荐范围

荐用值	传 动 类 型					
	平带传动	V 带传动	链传动	圆柱齿轮传动	锥齿轮传动	蜗杆传动
单级荐用值	≤2～4	≤2～4	≤2～5	≤3～5	≤2～3	10～40
单级最大值	5	7	6	8	5	80

4.4　各级传动的运动和动力参数计算

在选定电动机型号、分配传动比之后，应将传动装置各轴的转速、功率和转矩计算出来，为传动零件和轴的设计计算等提供依据。若将传动装置的各轴按转速由高到低依次定为Ⅰ轴、Ⅱ轴······(电动机轴为0轴)，并设：

n_I、n_{II}、n_{III}、… ——各轴的转速(r/min);

P_I、P_{II}、P_{III}、… ——各轴的输入功率(kW);

T_I、T_{II}、T_{III}、… ——各轴的转矩(N·m);

η_{01}、η_{III}、η_{IIIII}、… ——相邻两轴间的传动效率;

i_{01}、i_{III}、i_{IIIII}、… ——相邻两轴间的传动比;

P_m——电动机额定功率(kW);

n_m——电动机满载转速(r/min);

P_o——电动机实际所需的输出功率(kW);

P_W——工作机所需功率(kW);

n_W——工作机转速(r/min);

T_W——工作机转矩(N·m)。

则可按电动机轴至工作机轴的运动传递路线,采用如下方法计算出各轴的运动和动力参数。

1. 各轴的转速

$$n_I = \frac{n_m}{i_{0I}} \tag{4.7}$$

$$n_{II} = \frac{n_I}{i_{I\,II}} \tag{4.8}$$

$$n_{III} = \frac{n_{II}}{i_{II\,III}} \tag{4.9}$$

其余类推。

2. 各轴的输入功率

$$P_I = P_m \eta_{0I} \tag{4.10}$$

$$P_{II} = P_I \eta_{I\,II} \tag{4.11}$$

$$P_{III} = P_{II} \eta_{II\,III} \tag{4.12}$$

其余类推。

3. 各轴的输入转矩

$$T_I = 9550 \frac{P_I}{n_I} \tag{4.13}$$

$$T_{II} = 9550 \frac{P_{II}}{n_{II}} \tag{4.14}$$

$$T_{III} = 9550 \frac{P_{III}}{n_{III}} \tag{4.15}$$

其余类推。

将以上运动和动力参数计算结果列入表 4.6，供以后设计计算时使用。

表 4.6 运动和动力参数计算结果

参数	电动机轴	Ⅰ轴	Ⅱ轴	Ⅲ轴	工作机轴
功率 P/kW					
转速 n/(r/min)					
转矩 T/(N·m)					
传动比 i					
效率 η					

例 4.1 试选择运输机的电动机并分配各级传动比，计算运动和动力参数。带式运输机的机构示意图见图 0-1，设计参数如下：工作拉力 $F_W = 3$ kN，输送带速度 $v_W = 1.5$ m/s，滚筒直径 $D = 400$ mm，运输机效率 $\eta = 0.96$，输送带速度容许误差为 +5%。运输机为两班制连续单向运转，空载启动，载荷变化不大；室内工作，有粉尘，环境温度 30℃ 左右；使用期限 8 年，4 年进行一次大修；动力来源为三相交流电；传动装置由中等规模机械厂小批量生产。

解：1.电动机的选择

1) 选择电动机的类型

按工作要求和工作条件，选用一般用途的 Y 系列三相异步电动机。

2) 确定电动机功率

(1) 计算工作机所需的功率 P_W (kW)。

由式(4.1)得

$$P_W = \frac{F_W v_W}{1000\eta_W} = \frac{3000 \times 1.5}{1000 \times 0.96} = 4.69 \text{ kW}$$

(2) 计算电动机的输出功率 P_o (kW)。

电动机至滚筒的传动装置总效率 η，包括 V 带传动、一对齿轮传动、两对滚动球轴承及联轴器等的效率。

查表 4.3 可得

$$\eta_{带} = 0.96, \quad \eta_{齿轮} = 0.97, \quad \eta_{滚动轴承} = 0.99(一对), \quad \eta_{联轴器} = 0.98$$

由式(4.3)得

$$\eta = \eta_{带} \eta_{齿轮} \eta_{滚动轴承}^2 \eta_{联轴器} = 0.96 \times 0.97 \times 0.99^2 \times 0.98 = 0.89$$

由式(4.2)得电动机的输出功率 P_o 为

$$P_o = \frac{P_W}{\eta} = \frac{4.69}{0.89} = 5.27 \text{ kW}$$

(3) 确定电动机的额定功率 P_m。

$$P_m \geqslant P_o = 5.27 \text{ kW}$$

查表 4.2，确定电动机额定功率为 $P_m = 5.5$ kW。

3) 确定电动机转速

滚筒的工作转速为

$$n_W = \frac{60v_W}{\pi D} = \frac{60 \times 1.5}{3.14 \times 400 \times 10^{-3}} = 71.7 \text{ r/min}$$

查表 4.5 得 $i_{带} = 2\sim4$，$i_{齿轮} = 3\sim5$，则总传动比范围为

$$i = i_{带}i_{齿} = (2 \times 3)\sim(4 \times 5) = 6\sim20$$

由传动方案可知，电动机可选择的转速 n_m 范围应为

$$n_m = in_W = (6\sim20) \times 71.7 = 430.2\sim1434 \text{ r/min}$$

符合这一转速范围的同步转速有 750 r/min、1000 r/min 两种。再参考电动机的额定功率，查表 4.2 选取同步转速为 1000 r/min 的 Y 系列电动机 Y132M2-6，其满载转速为 $n_m = 960$ r/min，其安装尺寸查表 4.4，可得出主要性能和尺寸见表 4.7。

表 4.7　Y132M2-6 主要性能和尺寸

电动机型号	额定功率/kW	满载转速/(r/min)	中心高 H/mm	轴伸尺寸 $D \times E$/mm	平键尺寸 F/mm
Y132M2-6	5.5	960	132	38k6 × 80	10

2. 确定传动装置的各级传动比

1) 传动装置的总传动比

$$i = \frac{n_m}{n_W} = \frac{960}{71.7} = 13.4$$

2) 传动比分配

初取 $i_{带} = 3.1$，由式(4.6)得齿轮传动的传动比为

$$i_{齿} = \frac{i}{i_{带}} = \frac{13.4}{3.1} = 4.32$$

$i_{带}$ 和 $i_{齿}$ 的结果均在各级传动比的合适范围内。

3. 计算传动装置的运动和动力参数

1) 各轴的转速

Ⅰ 轴：
$$n_{\text{I}} = \frac{n_m}{i_{0\text{I}}} = \frac{960}{3.1} = 309.7 \text{ r/min}$$

Ⅱ 轴：
$$n_{\text{II}} = \frac{n_{\text{I}}}{i_{\text{I II}}} = \frac{309.7}{4.32} = 71.7 \text{ r/min}$$

滚筒轴：
$$n_W = n_{\text{II}} = 71.7 \text{ r/min}$$

2) 各轴的功率

Ⅰ 轴：
$$P_{\text{I}} = P_m\eta_{0\text{I}} = P_m\eta_{带} = 5.27 \times 0.96 = 5.06 \text{ kW}$$

Ⅱ 轴：
$$P_{\text{II}} = P_{\text{I}}\eta_{\text{I II}} = P_{\text{I}}\eta_{齿}\eta_{轴承} = 5.06 \times 0.97 \times 0.99 = 4.86 \text{ kW}$$

滚筒轴：
$$P_W = P_{\text{II}}\eta_{\text{II III}} = P_{\text{II}}\eta_{轴承}\eta_{联轴器} = 4.86 \times 0.99 \times 0.98 = 4.72 \text{ kW}$$

4. 各轴的转矩

电动机轴：　　　$T_0 = 9550 \dfrac{P_0}{n_I} = 9550 \times \dfrac{5.27}{960} = 52.4 \text{ N·m}$

Ⅰ轴：　　　　$T_I = 9550 \dfrac{P_I}{n_I} = 9550 \times \dfrac{5.06}{309.7} = 156.0 \text{ N·m}$

Ⅱ轴：　　　　$T_{II} = 9550 \dfrac{P_{II}}{n_{II}} = 9550 \times \dfrac{4.86}{71.7} = 647.4 \text{ N·m}$

滚筒轴：　　　$T_W = 9550 \dfrac{P_W}{n_W} = 9550 \times \dfrac{4.72}{71.7} = 628.7 \text{ N·m}$

将以上运动和动力参数设计计算结果列入表4.8。

表4.8　运动和动力参数计算结果

参　数	电动机轴	Ⅰ轴	Ⅱ轴	工作机轴
功率 P/kW	5.27	5.06	4.86	4.72
转速 n/(r/min)	960	309.7	71.7	71.7
转矩 T/(N·m)	52.4	156.0	647.4	628.7
传动比 i	3.1		4.32	1
效率 η	0.96		0.96	0.97

教　学　检　测

一、填空题

1. 运动副中的低副可分为_____和_____，其中_____的接触面只能是圆柱面。

2. 机构是由机架、_____及_____通过运动副连接而成的系统。

3. 单级圆柱齿轮传动比的推荐范围是_____。

4. 在选择电动机功率时，所选择电动机的额定功率应大于或等于所选择的电动机工作功率。在设计传动装置时应选择电动机_____功率。

5. 减速器中各级传动比为 i_1、i_2、i_3、$\cdots$、i_n，则总传动比 i 为_____。

6. 设机械传动装置所传递的功率 P 不变，若输出轴转速由 n 降到 $n/2$，则输出轴的输出转矩 T 增加为_____。

7. 传动系统中，各轴的输出功率必_____其输入功率，各轴的输出转矩必_____其输入转矩。

二、单选题

1. 在下面列举的传动装置的主要作用中，应排除_____。

A. 改变传递功率大小　　　　　　B. 改变转速大小和转向

C. 改变运动形式　　　　　　　D. 传递动力与分配动力

2. 门与门框的连接属于_____。

A. 转动副　　　　　　B. 移动副　　　　　　C. 高副

3. 某一设计中，满足转速条件的电动机同步转速有 1500 r/min、1000 r/min、750 r/min，设计时一般选用_____。

A. 1500 r/min　　　　B. 1000 r/min　　　　C. 750 r/min

4. 同一根轴的输入功率与输出功率_____。

A. 相同　　　　　　B. 前者大，后者小　　　　C. 前者小，后者大

5. 带-齿轮减速器传动，适合的布置方式是_____。

A. 电动机→带传动→齿轮传动→工作机

B. 电动机→齿轮传动→带传动→工作机

C. 电动机→工作机→齿轮传动→带传动

三、判断题

1. 画机构运动简图时，不必按照比例来进行。(　　)

2. 一个构件可以有三个或四个运动副与其他构件连接。(　　)

3. 一根轴的输出功率与下一根轴的输入功率不同。(　　)

4. 一根轴上有一对轴承，所以计算效率时要考虑两次轴承效率。(　　)

5. 传动系统中的一轴有输入功率、转速，也有传动比和效率。(　　)

6. 在资料中查出的效率值为某一范围时，一般在数值范围中部取值。(　　)

四、简答题

1. 在实际设计中，电动机的型号一般根据什么条件来确定？

2. 为什么要合理分配传动比？分配传动比时要考虑哪些原则？

3. 传动装置的效率如何确定？计算总效率时要考虑哪些问题？

五、实作题

1. 带式输送机传动装置的机构示意图如图 0-1 所示，按照传动顺序依次写出各部分的名称。

2. 带式运输机组成如图 0-1 所示，两班制工作，连续单向运转，载荷平稳，空载启动，室内工作(环境温度为 30℃)，有粉尘；使用期限 8 年，大修期 4 年；动力来源为三相交流电动机，在中等规模机械厂小批量生产。带式输送机的工作效率 $\eta = 0.94$，输送带速度允许误差为 ±5%，设计选题原始数据见表 4.9。试选择带式输送机的电动机、分配各级传动比，并计算出传动装置中各轴的运动参数和动力参数的值。

表 4.9　原始数据

选题编号	1	2	3	4	5	6
工作拉力 F/kN	7.5	6	5	4.5	4	3.5
带速 v/(m/s)	1.0	1.2	1.4	1.6	1.8	2.0
卷筒直径 D/mm	400	400	450	450	450	400

任务五　传动机构的设计

一台完整的机器通常由原动机、工作机(或工作机构)及传动装置组成。工作机靠原动机输入动力才能工作，但二者直接相连的情况较少。因为在一般情况下，工作机的转速与原动机的转速不相同，而且运动形式也不相同。为此，须在二者之间加入一种装置，用以传递能量并实现能量分配，改变转速和运动形式，这种装置称为传动装置(或简称传动)。

传动装置是大多数机器的主要组成部分。根据其工作原理的不同，传动可分为机械传动、流体传动(液压传动、气压传动)和电传动三类。本任务主要介绍机械传动中应用较广泛的带传动和齿轮传动，其他传动机构只作简要介绍。

5.1　普通 V 带传动的设计

5.1.1　带传动的工作原理及类型

带传动通常由固连于主、从动轴上的主动带轮 1、从动带轮 2 和传动带 3 组成(图 5-1)，靠带与带轮间的摩擦或啮合实现主、从动轮间的运动和动力传递，故按工作原理可分为摩擦带传动和啮合带传动两类。

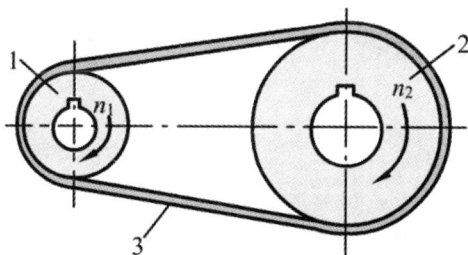

图 5-1　带传动的组成

在摩擦带传动中，由于传动带张紧在带轮上，带和带轮间存在着一定的压力。当主动带轮转动时，带与带轮间将产生摩擦力，进而驱动从动轮转动。

摩擦带按其截面形状分为平带、V 带、多楔带和圆带等(图 5-2)。平带的工作面是内表面，而 V 带的工作面是两侧面。由于槽面的楔形增压效应，在同样张紧力的情况下，V 带传动能产生更大的摩擦力，因而应用较为广泛。圆带传动能力较小，常用于仪器和家用机械中。

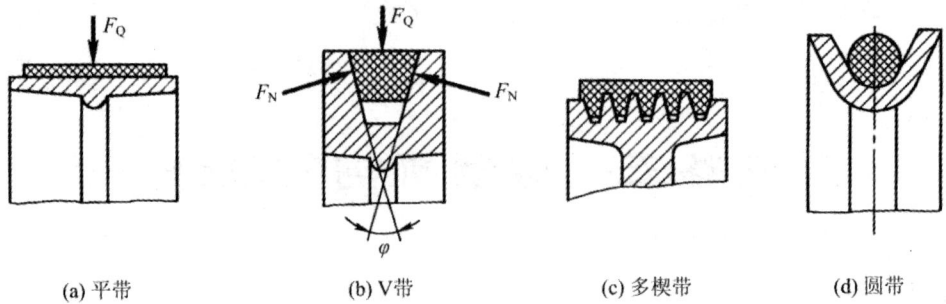

(a) 平带　　　　　　　(b) V带　　　　　　　(c) 多楔带　　　　　　(d) 圆带

图 5-2　摩擦带的截面形状

多楔带兼有平带和 V 带的优点，主要用于功率大而又要求结构紧凑的场合。

在啮合带传动中，传动带内周有一定形状的等距齿与带轮上相应的齿槽相啮合，带与带轮间无滑动，所以将这种带传动称为同步带传动，如图 5-3 所示。

带传动主要用于两轴平行且转向相同的场合，这种传动称为开口带传动(图 5-4)。图中，两带轮轴线间的距离称为中心距 a，带与两带轮接触弧所对的中心角称为包角 α_1 和 α_2，d_{d1}、d_{d2} 分别为两带轮直径，设带长为 L_{d0}，则

$$\alpha_1 = 180° - \frac{d_{d2} - d_{d1}}{a} \times 57.3° \tag{5.1}$$

$$L_{d0} = 2a_0 + \frac{\pi}{2}(d_{d1} + d_{d2}) + \frac{(d_{d1} - d_{d2})^2}{4a_0} \tag{5.2}$$

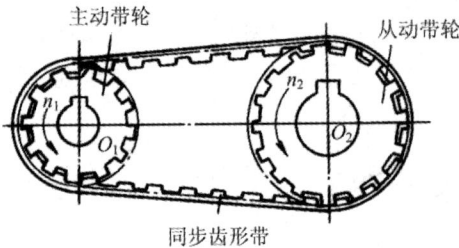

图 5-3　同步带传动

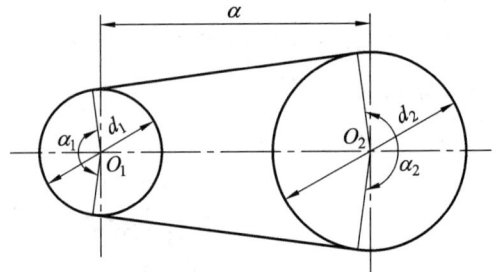

图 5-4　开口带传动

5.1.2　带传动的特点和应用

带传动的主要优点是结构简单、价格低廉、传动平稳、缓冲吸振，过载时打滑以防止其他零件的损坏等。其主要缺点是传动比不稳定、传动的外形尺寸较大、效率较低、带的使用寿命较短以及由于带的张紧面对轴造成较大的压力等。

通常带传动用于中、小功率传动(不超过 50 kW)，在多级传动系统中，常应用于高速级。带的适宜带速为 $v = 5 \sim 25$ m/s，高速带的带速可达 60 m/s。V 带的传动比一般不超过 7，最大可达 10。平带的传动比通常为 3 左右，最大可达 6。此外，带传动多用于中心距较大的场合。

5.1.3　带传动的受力分析与打滑现象

1. 带传动的正常工作

在带传动开始工作前，带以一定的初拉力 F_0 张紧在两带轮上(图 5-5)，带两边的拉力相等(均为 F_0)。传递载荷时，由于带与带轮间产生摩擦力，带两边的拉力将发生变化。绕上主动轮的一边，拉力由 F_0 增至 F_1，称为紧边(或主动边)；离开主动轮的一边，拉力由 F_0 降至 F_2，称为松边(或从动边)(图 5-5)。两边的拉力差称为带传动的有效拉力 F_e，也就是带所传递的圆周力，它是带和带轮接触面上摩擦力的总和 F_f，即

$$F_e = F_f = F_1 - F_2 \tag{5.3}$$

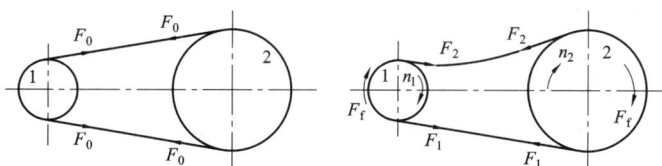

图 5-5　带传动的受力情况

圆周力 F(单位为 N)、带速(单位为 m/s)和传递功率 P(单位为 kW)间的关系为

$$P = \frac{F_e v}{1000} \tag{5.4}$$

设带的总长在工作中保持不变，则紧边拉力的增加量等于松边拉力的减少量，即

$$F_1 - F_0 = F_0 - F_2$$
$$F_0 = \frac{1}{2}(F_1 + F_2) \tag{5.5}$$

将式(5.3)代入式(5.5)，可得

$$F_1 = F_0 + \frac{F}{2}$$
$$F_2 = F_0 - \frac{F}{2} \tag{5.6}$$

2. 带传动的打滑

由式(5.4)可知，在带传动正常工作时，若带速 v 一定，带传递的圆周力 F 随传递功率的增大而增大，这种变化实际上反映了带与带轮接触面间摩擦力 $\sum F_f$ 的变化。但在一定条件下，该摩擦力有一极限值。因此，带传递的功率也有相应的极限值。当带传递的功率超过此极限值时，带与带轮将发生显著的相对滑动，这种现象称为打滑。

打滑时，尽管主动轮还在转动，但带和从动轮不能正常转动，甚至完全不动，使传动失效。打滑还将造成带的严重磨损，在带传动中应避免打滑现象的发生。

3. 带传动的临界状态

当带传动出现打滑趋势时，带与带轮接触面间的摩擦力达到极限值，这时带传递的圆周力达到最大值 F_{max}。此时，紧边拉力 F_1 与松边拉力 F_2 间的关系由柔韧体摩擦的欧拉公

式表示，即

$$\frac{F_1}{F_2} = e^{f\alpha} \tag{5.7}$$

式中，f 为带与带轮间的摩擦系数；α 为包角。

将式(5.6)代入式(5.7)并整理，可得最大圆周力为

$$F_{e\max} = 2\left(F_0 - qv^2\right)\frac{e^{f_v\alpha_1} - 1}{e^{f_v\alpha_1} + 1} \tag{5.8}$$

由上式可分析影响最大圆周力的因素：

(1) 初拉力 F_0。初拉力 F_0 越大，带与带轮间的压力越大，产生的摩擦力也越大，即最大圆周力越大，带不易打滑。

(2) 包角 α。最大圆周力随包角 α 的增大而增大，这是因为 α 越大，带与带轮的接触面越大，因而产生的总摩擦力就越大，传动能力也越强。一般情况下，因为大带轮的包角大于小带轮的包角，所以最大摩擦力的值取决于小带轮的包角 α_1。因此，设计带传动时，α_1 不能过小，对于 V 带传动，应使 $\alpha_1 \geqslant 120°$。

(3) 摩擦系数 f_v。最大圆周力随摩擦系数 f_v 的增大而增大，这是因为摩擦系数越大，摩擦力就越大，传动能力也越强。而摩擦系数与带及带轮材料、摩擦表面的状况有关。不能认为带轮做得越粗糙越好，因为这样会加剧带的磨损。

5.1.4　带传动中的弹性滑动与传动比

1. 带传动中的弹性滑动

因为带是弹性体，所以受拉力作用后会产生弹性变形。设带的材料符合变形与应力成正比的规律，由于紧边拉力大于松边拉力，所以紧边的拉应变大于松边的拉应变。如图 5-6 所示，当带从 A 点绕上主动轮时，其线速度与主动轮的圆周速度相等。在带由 A 点转到 B 点的过程中，带的拉伸变形量将逐渐减小，因而带沿带轮一面绕行，一面徐徐向后收缩，致使带的速度滞后于主动轮的圆周速度 v_1，带相对于主动带轮的轮缘产生了相对滑动。同理，相对滑动在从动轮上也会发生，但情况恰恰相反，带的线速度 v 将超前于从动轮的圆周速度 v_2。这种由于带的弹性变形而引起的带与带轮间的滑动，称为带的弹性滑动。这是带传动正常工作时的固有特性，无法避免。

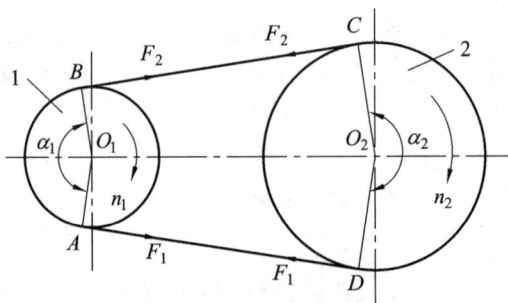

图 5-6　带传动的弹性滑动

2. 带传动的传动比

由于弹性滑动的影响，将使从动轮的圆周速度 v_2 低于主动轮的圆周速度 v_1，其降低量用滑动率 ε 表示，即

$$\varepsilon = \frac{v_1 - v_2}{v_1} \times 100\% \tag{5.9}$$

设主、从动轮的直径分别为 d_{d1}、d_{d2}，转速分别为 n_1、n_2，则两轮的圆周速度分别为

$$v_1 = \frac{\pi d_{d1} n_1}{60 \times 1\,000}$$

$$v_2 = \frac{\pi d_{d2} n_2}{60 \times 1000} \tag{5.10}$$

代入并整理得带传动的实际传动比为

$$i = \frac{n_1}{n_2} = \frac{d_{d2}}{d_{d1}(1-\varepsilon)} \tag{5.11}$$

滑动率很小($\varepsilon \approx 1\% \sim 2\%$)，一般在计算时可不考虑，故取传动比为

$$i = \frac{n_1}{n_2} = \frac{d_{d2}}{d_{d1}} \tag{5.12}$$

5.1.5 V 带及带轮

1. V 带的型号和规格

V 带分为普通 V 带、窄 V 带、宽 V 带、联组 V 带、齿形 V 带、大楔角 V 带等十余种类型，其中普通 V 带应用最广。下面主要介绍普通 V 带。

如图 5-7 所示，普通 V 带由包布、顶胶、抗拉体和底胶四部分构成。包布是 V 带的保护层，由胶帆布制成。顶胶和底胶由橡胶制成，分别承受带弯曲时的拉伸和压缩。抗拉体是承受拉力的主体，有绳芯(图 5-7(a))和帘布芯(图 5-7(b))两种结构。绳芯 V 带结构柔软，抗弯强度较高；帘布芯 V 带抗拉强度较高。目前已采用尼龙、涤纶、玻璃纤维等化学纤维代替棉帘布和棉线绳作为抗拉体，以提高带的承载能力。

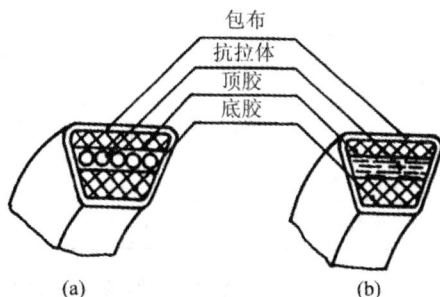

图 5-7 普通 V 带的结构

普通 V 带的尺寸已标准化(GB/T 11544—2012)，按截面尺寸自小到大可分为 Y、Z、A、B、C、D、E 七种带型，见表 5.1。

表 5.1　V 带的截面尺寸和 V 带轮的轮槽尺寸　　(GB/T 11544—2012)

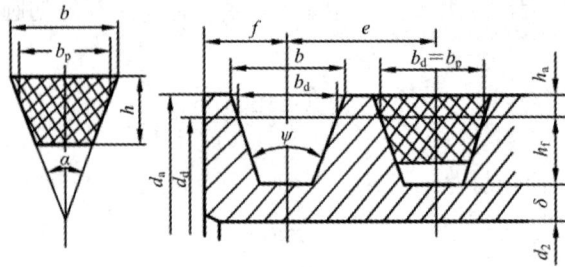

尺寸参数		V 带型号						
		Y	Z	A	B	C	D	E
V 带	节宽 b_p / mm	5.8	8.5	11.0	14.0	19.0	27.0	32.0
	顶宽 b / mm	6.0	10.0	13.0	17.0	22.0	32.0	38.0
	高度 h / mm	4.0	6.0	8.0	11.0	14.0	19.0	25.0
	楔角 α	40°						
	截面面积 A / mm^2	18	47	81	138	230	476	692
	每米带长质量 q/(kg·m)	0.02	0.06	0.10	0.17	0.30	0.62	0.90
V 带轮	基准宽度 b_d / mm	5.3	8.5	11.0	14.0	19.0	27.0	32.0
	槽顶宽 b / mm	≈6.3	≈10.1	≈13.2	≈17.2	≈23.0	≈32.7	≈38.7
	基准线至槽顶高度 $h_{a\,min}$ / mm	1.6	2.0	2.75	3.0	4.8	8.1	9.6
	基准线至槽底深度 $h_{f\,min}$ / mm	4.7	7.0	8.7	10.8	14.3	19.9	23.4
	第一槽对称线至端面距离 f / mm	7 ± 1	8 ± 1	10^{+2}_{-1}	12.5^{+2}_{-1}	17^{+2}_{-1}	23^{+3}_{-1}	29^{+4}_{-1}
	槽间距 e / mm	8 ± 0.3	12 ± 0.3	15 ± 0.3	19 ± 0.4	25.5 ± 0.5	37 ± 0.6	45.5 ± 0.7
	最小轮缘厚度 δ / mm	5	5.5	6	7.5	10	12	15
	轮缘宽 B / mm	按 $B = (z-1)e + 2f$ 计算，或查 GB 10412—2002						
	轮缘外径 d_a / mm	$d_a = d_d + 2h_a$						
	轮缘内径 d_2 / mm	$d_2 = d_d - 2(h_f + \delta)$						
	轮槽数 z 范围	1～3	1～4	1～5	1～6	3～10	3～10	3～10
	槽角 φ　32° 对应的 d_d	≤60	—	—	—	—	—	—
	34°	—	≤80	≤118	≤190	≤315	—	—
	36°	>60	—	—	—	—	≤475	≤600
	38°	—	>80	>118	>190	>315	>475	>600

注：轮槽角小于 V 带楔角是为了保证带绕在带轮上工作时能与轮槽侧面全面贴合。

如图 5-8 所示，节宽 b_p 为带的节面(中性面)的宽度，与该宽度相应的带轮槽形轮廓的宽度称为轮槽基本宽度；轮槽基本宽度处的带轮直径称为带轮基准直径，用 d 表示；V 带在规定拉力下，位于带轮基准直径上的 V 带的周线长度称为基准长度，用 L_d 表示。V 带是标准件，均制成无接头的环形带，其基准长度和带长系数见表5.2。

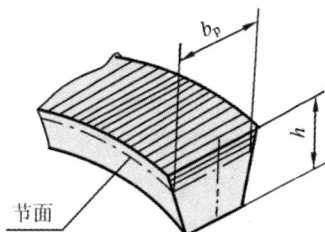

图 5-8　节面和节宽

表 5.2　V 带的基准长度和带长系数 K_L　（GB/T 13575.1—2008）

Y		Z		A		B		C		D		E	
L_d	K_L	L_d	K_L	L_d	K_L	L_d	K_L	L_d	K_L	L_d	K_L	L_d	K_L
200	0.81	405	0.87	630	0.81	930	0.83	1565	0.82	2740	0.82	4660	0.91
224	0.82	475	0.90	700	0.83	1000	0.84	1760	0.85	3100	0.86	5040	0.92
250	0.84	530	0.93	790	0.85	1100	0.86	1950	0.87	3330	0.87	5420	0.94
280	0.87	625	0.96	890	0.87	1210	0.87	2195	0.90	3730	0.90	6100	0.96
315	0.89	700	0.99	1100	0.89	1370	0.90	2420	0.92	4080	0.91	6850	0.99
355	0.92	780	1.00	1250	0.91	1560	0.92	2715	0.94	4620	0.94	7650	1.01
400	0.96	920	1.04	1430	0.93	1760	0.94	2880	0.95	5400	0.97	9150	1.05
450	1.00	1080	1.07	1550	0.96	1950	0.97	3080	0.97	6100	0.99	12230	1.11
500	1.02	1330	1.13	1640	0.98	2180	0.99	3520	0.99	3840	1.02	13750	1.15
		1420	1.14	1750	0.99	2300	1.01	4060	1.02	7620	1.05	15280	1.17
		1540	1.54	1940	1.00	2500	1.03	4600	1.05	9140	1.08	16800	1.19
				2050	1.02	2700	1.04	5380	1.08	10700	1.13		
				2200	1.04	2870	1.05	6100	1.11	12200	1.16		
				2300	1.06	3200	1.07	6815	1.14	13700	1.19		
				2480	1.07	3600	1.09	7600	1.17	15200	1.21		
				2700	1.09	4060	1.13	9100	1.21				
					1.10	4430	1.15	10700	1.24				
						4820	1.17						
						5370	1.20						
						6070	1.24						

如按 GB/T 11544—2012 制造的基准长度为 1640 mm 的 A 型普通 V 带标记为

A1640 GB/T 11544—2012

标记通常压印在 V 带外表面上，供识别和选购。

2. V 带轮的材料和结构

带轮材料常用铸铁(HT150、HT200)，铸铁带轮允许的最大圆周速度为 25 m/s。速度更高时可采用铸钢。为减轻带轮重量，也可用铝合金或工程塑料。

如图 5-9 所示，带轮由轮缘、轮毂和辐板(轮辐)等三部分组成。内凹形轮缘上制有与 V 带根数相同的轮槽，V 带横截面的楔角均为 40°，但带在带轮上弯曲时，由于截面变形将使其楔角变小，为了使胶带仍能紧贴轮槽两侧，故将带轮轮槽楔角规定为 32°、34°、36° 和 38° 四种。

V 带轮的轮槽截面尺寸见表 5.1。轮毂是带轮内圈与轴连接的部分，腹板是轮毂和轮缘间的连接部分。

带轮的结构形式(见图 5-10)可根据下列情况选定。当带轮基准直径 $d_d \leqslant (2.5 \sim 3) d_h$($d_h$ 为安装带轮处轴径)时，可采用实心带轮(S 型)；$d_d \leqslant 300$ mm 时，可采用腹板带轮(P 型)或孔板型(H 型)；$d_d > 300$ mm 时，则采用椭圆轮辐带轮(E 型)。普通 V 带的基准直径系列见表 5.3。其结构尺寸见表 5.4。

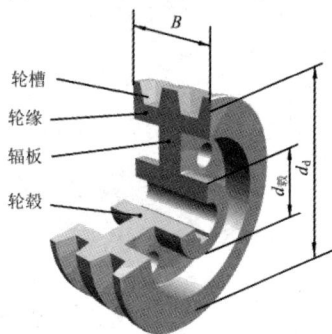

图 5-9 V 带轮的结构

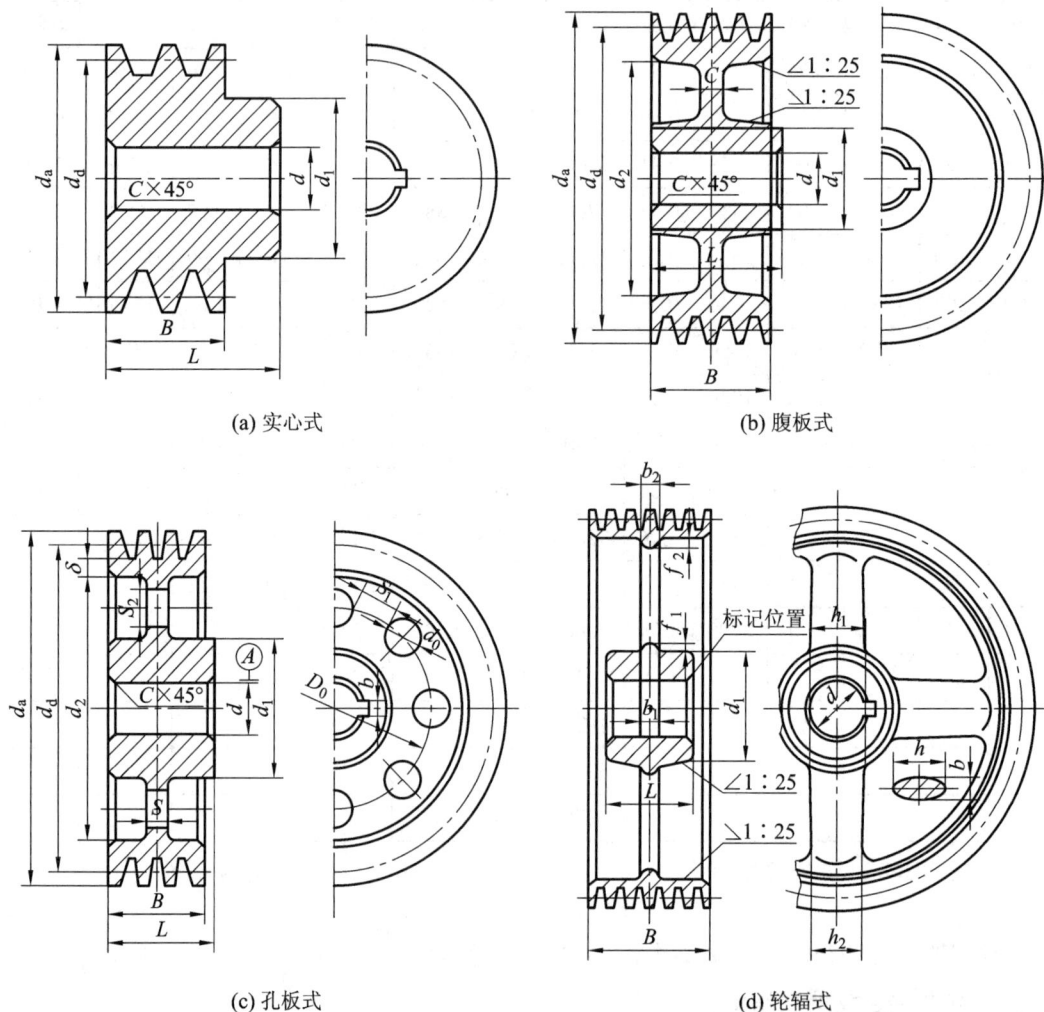

(a) 实心式

(b) 腹板式

(c) 孔板式

(d) 轮辐式

图 5-10 带轮的结构形式

表5.3　V带轮的基准直径系列　　（GB/T 13575.1—2008）

d/mm	槽型					
	Y	Z	A	B	C	D
35.5	+					
40	+					
45	+					
50	+	+				
56	+	+				
63		+				
71		+				
75		+	+			
80	+	+	+			
85			+			
90	+	+	+			
95			+			
100	+	+	+			
106			+			
112	+	+	+			
118			+			
125	+	+	+	+		
132		+	+	+		
140		+	+	+		
150		+	+	+		
160		+	+	+		
170				+		
180		+	+	+		
200		+	+	+	+	
212					+	
224		+	+	+	+	
236					+	
250		+	+	+	+	
265					+	
280		+	+	+	+	
300					+	
315		+	+	+	+	
335					+	
355		+	+	+	+	+
375						+
400		+	+	+	+	+
425						+
450			+	+	+	+
475						+
500		+	+	+	+	+

表 5.4 普通 V 带轮的结构尺寸

结构尺寸	计 算 公 式						
d_1	$d_1 = (1.8 \sim 2)d_h$（d_h 为轴的直径）						
L	$L = (1.5 \sim 2)d_h$，当 $B < 1.5d_h$ 时，$L = B$						
D_0	$D_0 = 0.5(d_d - 2h_f - 2\delta + d_1)$						
D_0	$d_0 = (0.2 \sim 0.3)(d_d - 2h_f - 2\delta - d_1)$						
S	型号	Y	Z	A	B	C	D	E
	S_{min}	6	8	10	14	18	22	28
S_1	$S_1 \geqslant 1.5S$						
S_2	$S_2 \geqslant 0.5S$						
h_1	$h_1 = 290\sqrt[3]{\dfrac{P}{nz_A}}$ $\begin{array}{l}P——传递的功率，kW；\\ n——带轮的转速，r/min；\\ z_A——轮幅数。\end{array}$						
h_2	$h_2 = 0.8h_1$						
b_1	$b_1 = 0.4h_1$						
b_2	$b_2 = 0.8b_1$						
f_1	$f_1 = 0.2h_1$						
f_2	$f_2 = 0.2h_2$						

5.1.6 普通 V 带传动的设计步骤

1. 普通 V 带的选型

普通 V 带的七种带型中，截面越大者，传动能力也越大。设计带传动时，根据要求传递的功率 P，考虑载荷性质和每天工作时间的长短，由表 5.5 查取工作情况系数 K，确定设计功率 P_c。而后，根据设计功率和小带轮转速 n_1 由图 5-11 查取 V 带的型号。图中，d_1 为小带轮基准直径的取值范围。

表 5.5 工作情况系数 K_A

工 作 情 况		K_A					
载荷性质	工 作 机	空，轻载启动			重载启动		
		每天工作时间/h					
		<10	10~16	>16	<10	10~16	>16
载荷变动最小	液体搅拌机，通风机和鼓风机（≤7.5 kW），离心式水泵，压缩机，轻负荷输送机	1.0	1.1	1.2	1.1	1.2	1.3
载荷变动小	带式输送机，通风机（>7.5 kW），旋转式水泵和压缩机（非离心式），发电机，金属切削机床，印刷机等	1.1	1.2	1.3	1.2	1.3	1.4
载荷变动较大	斗式提升机，往复式水泵和压缩机，起重机，冲剪机床，橡胶机械，纺织机械等	1.2	1.3	1.4	1.4	1.5	1.6

注：(1) 空、轻载启动——电动机(交流启动、三角启动、直流并励)、四缸以上的内燃机；

  (2) 重载启动——电动机(联机交流启动、直流复励或串励)、四缸以下的内燃机；

  (3) 在反复启动、正反转频繁等场合，将查出的系数 K_A 乘以 1.2。

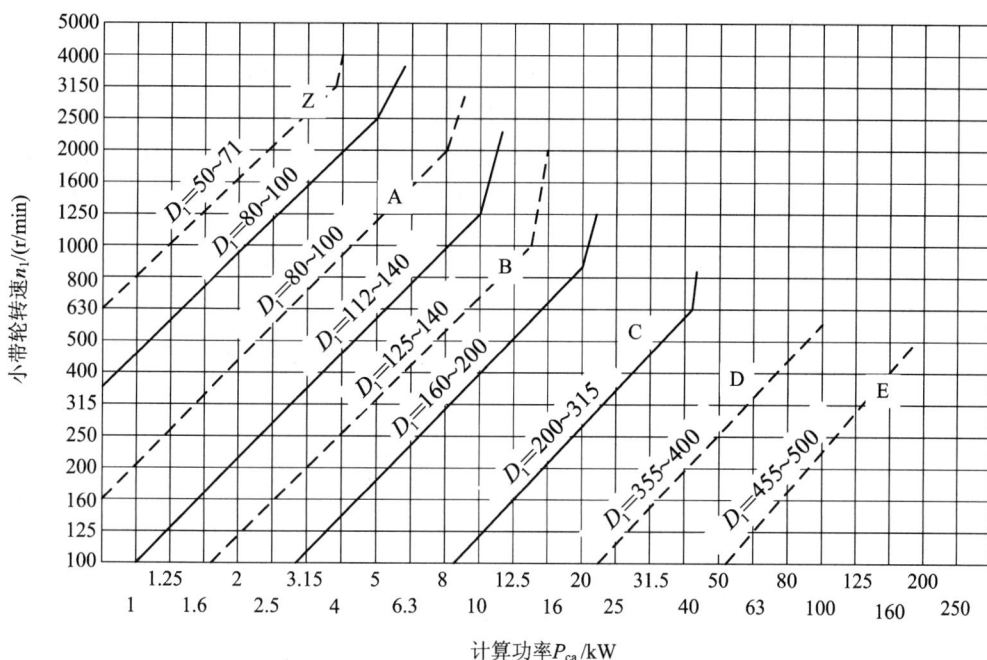

图 5-11　普通 V 带选型图

2. 确定带轮的基准直径并验算带速

带绕在带轮上要引起弯曲应力，带轮直径越小，弯曲应力越大。因此在设计带传动时，带轮直径不能选得过小，可参考表 5.3，使 $d_1 \geq d_{dmin}$；另外，还要根据表 5-7 和图 5-11 选取小带轮基准直径 d_{d1}。

选定 d_{d1} 后，根据式(5.10)计算带速 v，一般应使 v 在 $5 \sim 25$ m/s 范围内。

验算带速后，相据所要求的传动比计算从动轮的基准直径 $d_{d2} = i\, d_{d1}$，并圆整为标准直径(见表 5.3)。

3. 确定中心距和 V 带的基准长度

根据结构要求或由式 $0.7(d_{d1} + d_{d2}) < a_0 < 27(d_{d1} + d_{d2})$ 初定中心距 a_0，由式(5.2)计算初定 V 带的基准长度 L_{d0}，由表 5.2 选取接近的基准长度 L_d，最后计算出实际中心距 a。

$$a = a_0 + \frac{L_d - L_{d0}}{2} \tag{5.13}$$

4. 验算小带轮的包角

由式(5.1)计算小带轮包角 α_1，应使 $\alpha_1 \geq 120°$，若不满足此条件，可适当增大中心距或减小两带轮的直径差，也可在带轮的外侧加压带轮，但这样做会减少带的使用寿命。

表 5.6　包角系数 K_α　　　　　　　　(GB/T13575.1—2008)

包角 $\alpha_1/°$	180	175	170	165	160	155	150	145	140	135	130	125	120
K_α	1.00	0.99	0.98	0.96	0.95	0.93	0.92	0.91	0.89	0.88	0.86	0.84	0.82

5. 确定带的根数

V 带的根数可按式 $z = P_c/[P]$ 计算。式中，P_c 为设计功率，$[P_1]$ 为实际工作条件下单根普通 V 带的许用功率，其大小与 V 带的型号、材质、长度、传动比、包角等因素有关，其值可查表 5.7。为使 V 带受力比较均匀，一组 V 带的根数不宜过多，通常 $z < 10$。

表 5.7　单根 V 带的额定功率 P_1 和额定功率增量 ΔP_1　　(GB/T 13575.1—2008)

型号	小带轮转速 n /(r·min⁻¹)	小带轮基准直径 d_{d1} /mm					传动比 i									
		单根 V 带的额定功率 P_1					1 ~ 1.01	1.02 ~ 1.04	1.05 ~ 1.08	1.09 ~ 1.12	1.13 ~ 1.18	1.19 ~ 1.24	1.25 ~ 1.34	1.35 ~ 1.51	1.52 ~ 1.99	$\geqslant$ 2.00
							额定功率增量 ΔP_1									
A		75	90	100	112	125										
	950	0.51	0.77	0.95	1.15	1.37	0.00	0.01	0.03	0.04	0.05	0.06	0.07	0.08	0.10	0.11
	1200	0.60	0.93	1.14	1.39	1.66	0.00	0.02	0.03	0.05	0.07	0.08	0.10	0.11	0.13	0.15
	1450	0.68	1.07	1.32	1.61	1.92	0.00	0.02	0.04	0.06	0.08	0.09	0.11	0.13	0.15	0.17
	1600	0.73	1.15	1.42	1.74	2.07	0.00	0.02	0.04	0.06	0.09	0.11	0.13	0.15	0.17	0.19
	2000	0.84	1.34	1.66	2.04	2.44	0.00	0.03	0.06	0.08	0.11	0.13	0.16	0.19	0.22	0.24
B		125	140	160	180	200										
	950	1.64	2.08	2.66	3.22	3.77	0.00	0.03	0.07	0.10	0.13	0.17	0.20	0.23	0.26	0.30
	1200	1.93	2.47	3.17	3.85	4.50	0.00	0.04	0.08	0.13	0.17	0.21	0.25	0.30	0.34	0.38
	1450	2.19	2.82	3.62	4.39	5.13	0.00	0.05	0.10	0.15	0.20	0.25	0.31	0.36	0.40	0.46
	1600	2.33	3.00	3.86	4.68	5.46	0.00	0.06	0.11	0.17	0.23	0.28	0.34	0.39	0.45	0.51
	1800	2.50	3.23	4.15	5.02	5.83	0.00	0.06	0.13	0.19	0.25	0.32	0.38	0.44	0.51	0.57
C		200	224	250	280	315										
	950	4.58	5.78	7.01	8.49	10.05	0.00	0.09	0.19	0.27	0.37	0.47	0.56	0.65	0.74	0.83
	1200	5.29	6.71	8.21	9.81	11.53	0.00	0.12	0.24	0.35	0.47	0.59	0.70	0.82	0.94	1.06
	1450	5.84	7.45	9.04	10.2	12.46	0.00	0.14	0.28	0.42	0.58	0.71	0.85	0.99	1.14	1.27
	1600	6.07	7.75	9.38	11.06	12.72	0.00	0.16	0.31	0.47	0.63	0.78	0.94	1.10	1.25	1.11
	2000	6.28	8.00	9.63	11.2	12.67	0.00	0.18	0.35	0.53	0.71	0.88	1.06	1.23	1.41	1.59

例 5.1　试设计某机床用的普通 V 带传动，已知电动机功率 $P = 5.5\ kW$，转速 $n_1 = 1440\ r/min$，传动比 $i = 1.92$，要求两带轮中心距不大于 800 mm，每天工作 16 h。

解　(1) 选择 V 带型号。

查表 5.5，取工况系数 $K_A = 1.2$，设计功率为

$$P_c = K_A P = 1.2 \times 5.5 = 6.6\ kW$$

根据 P_c 和 n_1 查图 5-11，选 A 型带。

(2) 确定带轮的基准直径 d_{d1}、d_{d2}。

① 小带轮的基准直径 d_{d1}。由于 P_c - n_1 坐标的交点在图 5-11 中 A 型带区域内虚线的

下方，并靠近虚线，查表 5-3、表 5-7，故选取小带轮的基准直径 $d_{d1} = 112$ mm。

② 验算带的速度 v。由式 5.10 得

$$v = \frac{\pi d_{d1} \cdot n_1}{60 \times 1\,000} = \frac{\pi \times 112 \times 1440}{60 \times 1\,000} = 8.44 \text{ m/s}$$

带速 v 在 5～25 m/s 范围内，因此满足要求。

③ 确定大带轮的基准直径 d_{d2}。取 $\varepsilon = 0.015$，由式 5.11 得

$$d_{d2} = i d_{d1}(1 - \varepsilon) = 1.92 \times 112 \times (1 - 0.015) = 211.81 \text{ mm}$$

查表 5.2，圆整取标准值 $d_{d2} = 212$ mm。

(3) 确定中心距 a 和带的基准长度 L_d。

① 初定中心距 a_0。据题意要求，取 $a_0 = 700$ mm。

② 确定带的基准长度 L_d。由式 5.2 得

$$L_{d0} = 2a_0 + \frac{\pi}{2}(d_{d1} + d_{d2}) + \frac{(d_{d1} - d_{d2})^2}{4a_0} = 2 \times 700 + \frac{\pi}{2}(112 + 212) + \frac{(212 - 112)^2}{4 \times 700} = 1\,912.5 \text{ mm}$$

由表 5.2 取 $L_d = 1940$ mm(向较大的标准值圆整，对传动有利)。

③ 确定中心距 a。

$$a \approx a_0 + \frac{L_d - L_{d0}}{2} = 700 + \frac{1940 - 1912.5}{2} = 714 \text{ mm}$$

安装时所需的最小中心距

$$a_{\min} = a - 0.015L_d = (714 - 0.015 \times 1\,940) \text{ mm} = 671 \text{ mm}$$

张紧或补偿伸长所需的最大中心距

$$a_{\max} = a + 0.03L_d = (714 + 0.03 \times 1\,940) \text{ mm} = 772 \text{ mm}$$

④ 验证小带轮包角 α_1。由式 5.1 得

$$\alpha_1 = 180° - \frac{d_{d2} - d_{d1}}{a} \times 57.3° = 180° - 57.3° \times \frac{212 - 112}{714} = 172° > 120°$$

故小带轮包角满足要求。

(4) 确定 V 带的根数 z。

查表 5.7 得 $P_1 = 1.6$ kW，$\Delta P = 0.15$ kW；查表 5.3 得 $K_L = 1$；

查表 5.6，根据内插法可得

$$\frac{175 - 170}{0.99 - 0.98} = \frac{172.3 - 170}{K_\alpha - 0.98}$$

求得 $K_\alpha = 0.985$。

将上列各数值代入下式得

$$z = \frac{P_c}{[P_1]} = \frac{P_c}{(P_1 + \Delta P_1)K_\alpha K_L} = \frac{6.6}{(1.60 + 0.15) \times 0.985 \times 1} = 3.83$$

取 $z = 4$。

(5) 计算单根 V 带的初拉力 F_0。

查表 5.1 得 A 型带 $q = 0.10$ kg/m

$$F_0 = 500 \times \frac{(2.5 - K_\alpha)P_c}{K_\alpha zv} + qv^2 = 500 \times \frac{(2.5 - 0.985) \times 6.6}{0.985 \times 4 \times 8.44} + 0.10 \times 8.44^2 = 157 \text{ N}$$

(6) 计算带作用在轴上的力 F_Q。

$$F_Q = 2zF_0 \sin\frac{\alpha_1}{2} = 2 \times 4 \times 157 \times \sin\frac{172.3°}{2} = 1253 \text{ N}$$

(7) 带轮结构设计。

① 小带轮。

假定小带轮安装轴径 $d = 28$ mm，

(i) 选择带轮结构。因 $d_{d1} = 112$ mm，又 $3d = 84$ mm，故小带轮可选为腹板式结构。

(ii) 确定轮槽尺寸。查表 5.1 得

$$b_p = 11 \text{ mm}, \quad b = 13 \text{ mm},$$
$$h_{a\,min} = 2.75 \text{ mm}, \quad h_{f\,min} = 8.7 \text{ mm}, \quad h = 8 \text{ mm},$$
$$f = 10 \text{ mm}, \quad e = 15 \text{ mm}, \quad \delta_{min} = 6 \text{ mm}, \quad \varphi = 34°$$
$$B = (4 - 1)e + 2f = 3 \times 15 + 2 \times 10 = 65 \text{ mm}$$

(iii) 计算小带轮结构尺寸。

$D_{a1} = d_{d1} + 2h_a = 112 + 2 \times 2.75 = 117.5 \text{ mm}$	
$d_1 = 1.9d = 1.9 \times 28 = 53.2 \text{ mm}$	取 $d_1 = 55$ mm
$D_1 \leqslant d_{d1} - 2 \times (h_f + \delta) = 112 - 2 \times (8.7 + 6) = 82.6 \text{ mm}$	取 $D_1 = 80$ mm
$S = 0.25B = 0.25 \times 65 = 16.25 \text{ mm}$	取 $S = 18$ mm
$L = 1.8d = 1.8 \times 28 = 50.4 \text{ mm}$	取 $L = 55$ mm

(vi) 小带轮工作图如图 5-12 所示。

② 大带轮。

假定大带轮安装轴径 $d = 36$ mm。

(i) 因 $d_{d2} = 212$ mm，$d = 36$ mm，故大带轮可选为孔板式结构。

(ii) 大带轮轮槽尺寸同小带轮，$\phi = 38°$。

(iii) 计算大带轮结构尺寸：

$L = 1.8d = 1.8 \times 36 = 64.8 \text{ mm}$	取 $L = 65$ mm
$d_1 = 1.9d = 1.9 \times 36 = 68.4 \text{ mm}$	取 $d_1 = 75$ mm
$S = 0.25B = 0.25 \times 65 = 16.25 \text{ mm}$	取 $S = 18$ mm
$D_1 \leqslant d_{d2} - 2 \times (h_f + \delta) = 212 - 2 \times (8.7 + 6) = 182.6 \text{ mm}$	取 $D_1 = 172$ mm
$S_1 \geqslant 1.5S = 1.5 \times 18 = 27 \text{ mm}, \quad S_2 \geqslant 0.5S = 0.5 \times 18 = 9 \text{ mm}$	
$d_m = 0.25(D_1 - d_1) = 0.25 \times (172 - 75) = 24.25 \text{ mm}$	取 $d_m = 25$ mm
$D_0 = 0.5(D_1 + d_1) = 0.5 \times (172 + 75) = 123.5 \text{ mm}$	取 $D_0 = 125$ mm

(vi) 大带轮工作图如图 5-13 所示。

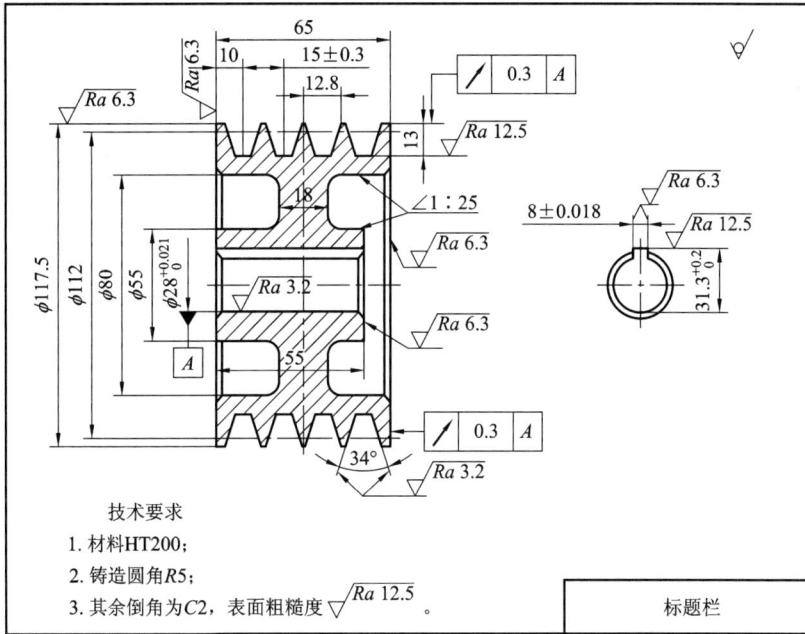

图 5-12　小带轮工作图

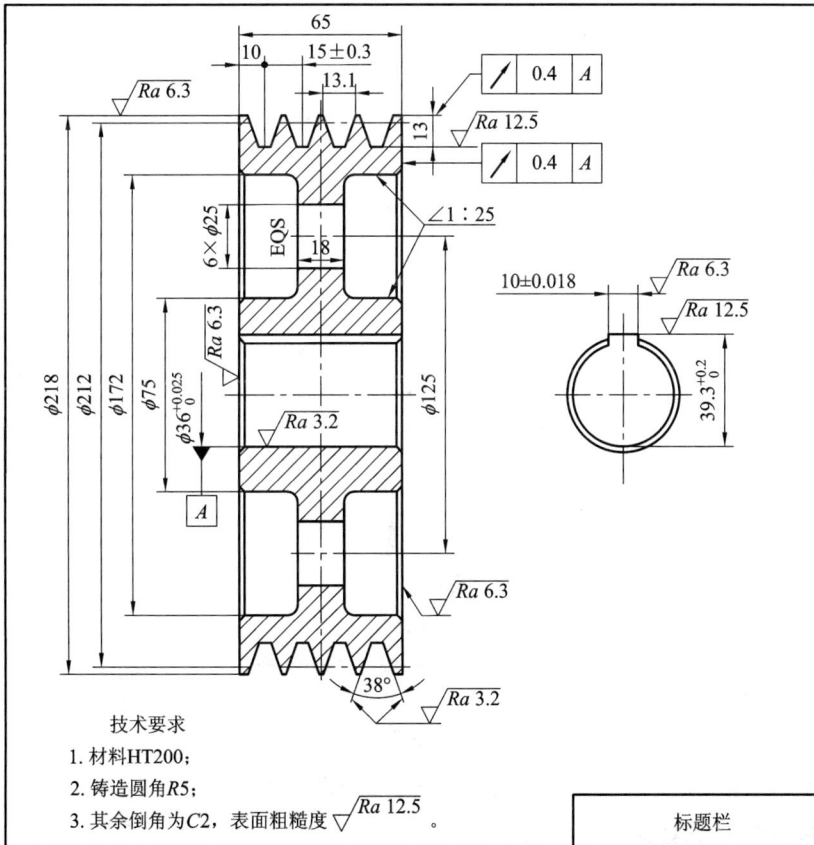

图 5-13　大带轮工作图

5.1.7　带传动的张紧、安装和维护

1. 带传动的张紧

各种材质的 V 带都不是完全的弹性体，在使用一段时间后会产生残余拉伸变形，使带的初拉力降低。为了保证带的传动能力，应设法把带重新张紧，常见的张紧装置有以下几种。

1) 通过调整中心距的方法使带张紧

如图 5-14(a)所示，松开连接螺栓 2 后，用调节螺钉 3 使装有带轮的电动机沿滑轨 1 移动到所需位置；或用螺杆及调节螺母 1 使电动机绕轴摆动到合适位置，如图 5-14(b) 所示。

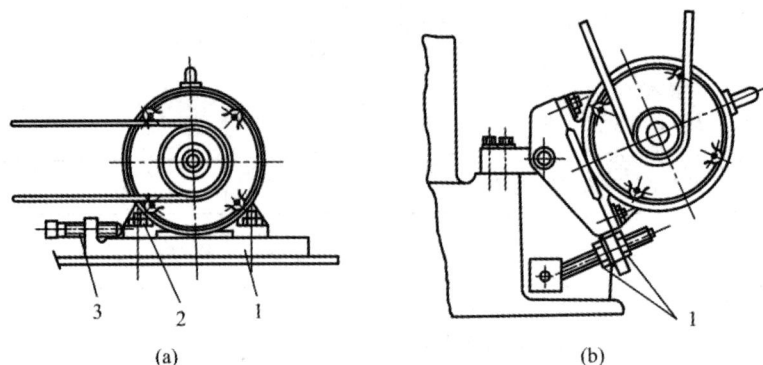

(a)　　　　　　　　　　　　　　　(b)

图 5-14　定期张紧装置

2) 用张紧轮张紧

若传动中心距不能调节，可采用张紧轮装置，如图 5-15 所示。它靠悬重 1 将张紧轮 2 压在带上，以保持带的张紧。通常张紧轮装在从动边外侧靠近小带轮处，以增大小带轮的包角。

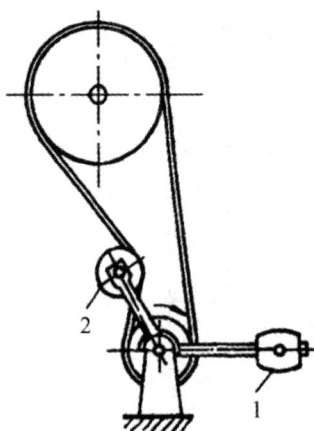

图 5-15　自动张紧装置

2. 带传动的安装和维护

(1) 安装带传动时，两轴必须平行，两带轮的轮槽必须对准，否则会加速带的磨损。

(2) 带传动一般应加防护罩，以确保安全。

(3) 需更换 V 带时，同一组 V 带应同时更换，不能新旧并用，以免长短不一造成受力不均。

(4) 胶带不宜与酸、碱或油接触；工作温度不宜超过 60°。

(5) 安装 V 带时，先将中心距缩小后将带套入，然后再慢慢调整中心距，直至张紧。

5.2　直齿圆柱齿轮传动的设计

齿轮传动是现代机械中应用最多的传动形式之一，它主要用来传递两轴之间的运动和动力，并可改变转动速度和转动方向。其优点是传递的功率和速度范围大，传动效率高，能保证恒定的传动比，工作平稳、安全可靠且使用寿命长；其缺点是制造和安装精度要求高，并且不宜用于轴间距离较大的传动。

齿轮的类型主要有直齿、斜齿和人字齿圆柱齿轮，圆锥齿轮，蜗杆蜗轮和交错轴斜齿轮等，本节只介绍其中应用较多的基本类型——直齿圆柱齿轮传动。

5.2.1　渐开线直齿圆柱齿轮的齿形、主要参数和几何尺寸

1. 渐开线直齿圆柱齿轮的齿形

如图 5-16 所示，一直线 n-n 在一圆周上做纯滚动时，直线上任一点 K 的轨迹，即为圆的渐开线。其中直线 N-K 为渐开线的发生线，该圆称为渐开线的基圆。

渐开线直齿圆柱齿轮的齿廓曲线由四部分组成：齿顶圆弧 A'A、渐开线 AB、过渡曲线 BC 和齿根圆弧 CC'，如图 5-17 所示。其齿形左右对称、比例合理且均匀分布在齿轮的整个圆周上。

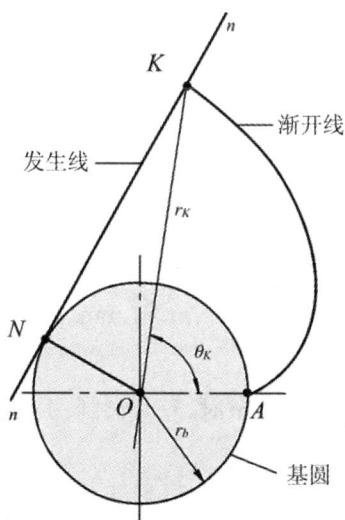

图 5-16　渐开线

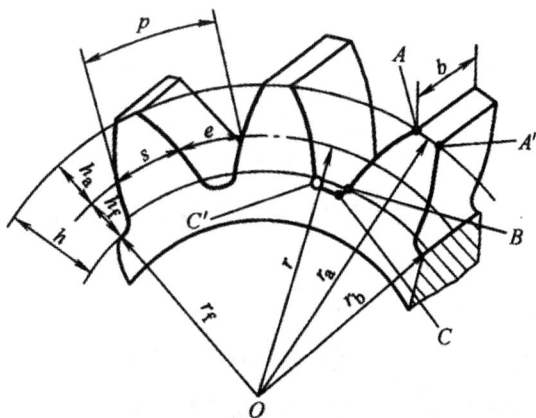

图 5-17　直齿圆柱外齿轮各部分名称及其符号

2. 主要参数和几何尺寸

1) 直齿圆柱外齿轮各部分名称及其符号(图 5-17)

(1) 齿顶圆：过齿轮所有齿顶端的圆称为齿顶圆，其半径为 r_a。

(2) 齿根圆：过齿轮所有齿槽底的圆称为齿根圆，其半径为 r_f。

(3) 分度圆：渐开线齿廓上压力角为 20° 处的圆，是齿轮加工、几何尺寸计算的基准，其半径为 r。

(4) 基圆：形成渐开线齿廓曲线的圆称为基圆，其半径为 r_b。

(5) 齿顶高 h_a：齿顶圆与分度圆之间的径向尺寸称为齿顶高。

(6) 齿根高 h_f：齿根圆与分度圆之间的径向尺寸称为齿根高。

(7) 齿高 h：齿顶圆与齿根圆之间的径向尺寸称为齿高。

(8) 齿距(是弧长) p：沿分度圆周上所量得相邻两齿同侧齿廓之间的弧长称为齿距。

(9) 分度圆齿槽宽 e：沿分度圆圆周上所量得齿槽的弧长称为齿槽宽。

(10) 分度圆齿厚 s：沿轮齿分度圆圆周上所量得齿槽的弧长称为齿槽宽。由图 5-16 可知，在同一圆周上的齿距等于齿厚与齿槽宽之和，即

$$p = s + e$$

2) 渐开线直齿圆柱齿轮的主要参数及其符号

(1) 齿数 z：齿数指形状相同、沿圆周方向均匀分布的轮齿个数。

(2) 压力角 α：指渐开线齿廓某点 K 的受力方向与运动方向所夹的锐角 α。国家标准规定：渐开线齿廓在分度圆处的压力角为标准压力角，用 α 表示，其值为 20°。

(3) 模数 m：模数是齿轮几何尺寸计算的重要参数。模数越大，其轮齿尺寸越大，轮齿承载能力越强。标准模数系列见表 5.8。

表 5.8　标准模数系列表　(摘自 GB 1357—2008)　单位：mm

第一系列	1　1.25　1.5　2　2.5　3　4　5　6　8　10　12　16　20　25　32　40　50
第二系列	1.125　1.375　1.75　2.25　2.75　3.5　4.5　5.5　(6.5)　7　9　11　14　18　22　28　35　45

注：(1) 本表适用于渐开线圆柱齿轮。对斜齿轮，是指法向模数 m_n。

　　(2) 选用模数时，应优先采用第一系列，其次是第二系列，括号内的模数尽可能不选用。

(4) 齿顶高系数 h_a^* 和顶隙系数 c^*。

h_a^*——齿顶高系数，以保证轮齿有合理的高度。我国标准规定：$m > 1$ mm 时，正常制 $h_a^* = 1$，短齿制 $h_a^* = 0.8$。

c^*——顶隙系数(称 $C = c^* m$ 为顶隙)。我国标准规定：$m > 1$ mm 时，正常齿制 $c^* = 0.25$，短齿制 $c^* = 0.3$；一般情况多采用正常齿制。

3) 标准直齿圆柱外齿轮的几何尺寸

标准直齿圆柱外齿轮的几何尺寸计算公式见表 5.9。

表 5.9　标准直齿圆柱齿轮几何尺寸计算公式

序号	名称	符号	计算公式
1	齿顶高	h_a	$h_a = h_a^* m$
2	齿根高	h_f	$h_f = (h_a^* + c^*)m$
3	全齿高	h	$h = h_a + h_f = (2h_a^* + c^*)m$
4	顶隙	c	$c = c^* m$
5	分度圆直径	d	$d = mz$
6	基圆直径	d_b	$d_b = mz\cos\alpha$
7	齿顶圆直径	d_a	$d_a = d \pm 2h_a = m(z \pm 2h_a^*)$
8	齿根圆直径	d_f	$d_f = d \mp 2h_f = m(z \mp 2h_a^* \mp 2c^*)$
9	齿距	p	$p = \pi m$
10	基圆齿距	p_b	$p_b = p\cos\alpha = \pi m\cos\alpha$
11	齿厚	s	$s = \dfrac{p}{2} = \dfrac{\pi m}{2}$
12	齿槽宽	e	$e = \dfrac{p}{2} = \dfrac{\pi m}{2}$
13	标准中心距	a	$a = \dfrac{d_2 \pm d_1}{2} = \dfrac{(z_2 \pm z_1)m}{2}$

标准齿轮是指分度圆齿厚与齿槽宽相等且齿顶高与齿根高符合标准的齿轮。

5.2.2　渐开线直齿圆柱齿轮的啮合传动

1. 正确啮合条件

如图 5-18 所示，渐开线标准直齿圆柱齿轮的啮合条件为：两轮的模数和分度圆压力角必须分别相等，即

$$m_1 = m_2 = m \tag{5.14}$$
$$\alpha_1 = \alpha_2 = \alpha$$

2. 连续传动条件

齿轮连续传动的条件是：两齿轮的实际啮合线 B_1B_2 应大于或等于齿轮的基圆齿距 P_b。通常把 B_1B_2 与 P_b 的比值 ε 称为重合度，即

$$\varepsilon = \frac{B_1B_2}{p_b} \geq 1 \tag{5.15}$$

齿轮传动的重合度越大，则同时参与啮合的齿数就越多，这样不仅传动的平稳性较好，而且每对轮齿所分担的载荷亦小，相对地提高了齿轮的承载能力。

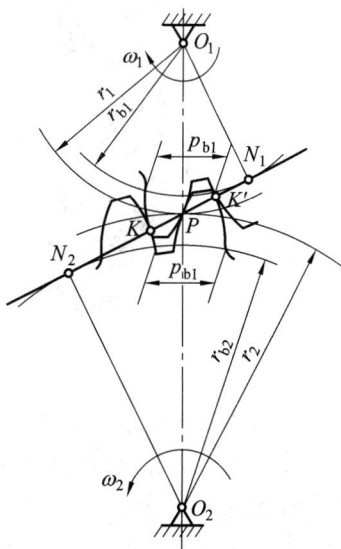

图 5-18　渐开线齿轮的正确啮合

3. 标准中心距

节点：过齿轮啮合点作齿廓公法线与两轮连心线的交点。如图 5-18 中的 P 点。

节圆：分别以两轮轮心为圆心过节点所作的圆。其半径用 r_1'、r_2' 表示。

为了避免冲击、振动、噪声等，齿轮传动应为无侧隙啮合，这就要求两齿轮的节圆与分度圆重合，这样的安装方式称为标准安装。

标准中心距：标准安装时的中心距，用 a 表示：

$$a = r_1' + r_2' = r_1 + r_2 = \frac{1}{2} m(z_1 + z_2) \tag{5.16}$$

4. 传动比

渐开线齿轮的传动比等于两个传动齿轮的转速之比，也等于两齿轮齿数的反比。即

$$i = \frac{n_1}{n_2} = \frac{z_2}{z_1} \tag{5.17}$$

5.2.3　圆柱齿轮加工方法和最少齿数

1. 齿轮加工方法

1) 仿形法

仿形法所采用成形刀具切削刃的形状，在其轴向剖面内与被切齿轮齿槽的形状相同。图 5-19 所示为用盘状铣刀切制齿轮的情况。切制时，铣刀转动，同时齿轮毛坯随铣床工作台沿平行于齿轮轴线的方向直线移动；切出一个齿槽后，由分度机构将轮坯转过再切制第二个齿槽，直至整个齿轮加工结束。

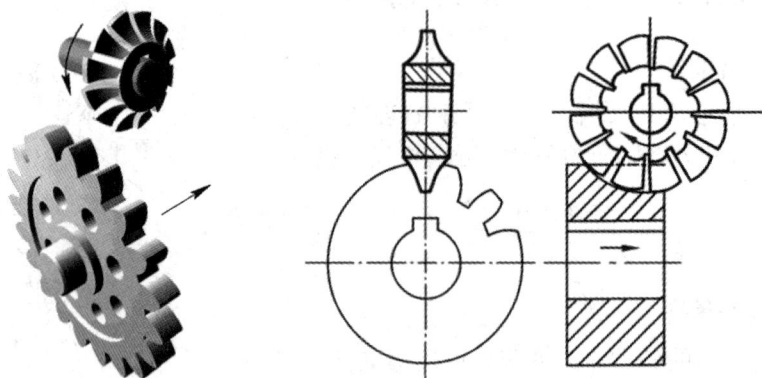

图 5-19　盘状铣刀切制齿轮

仿形法的优点是加工方法简单，不需要专门的齿轮加工设备；缺点是制造精度较低，生产效率低。因此，仿形法常用于单件、修配或少量生产及齿轮精度要求不高的齿轮加工。

2) 展成法

展成法是利用齿轮的共轭齿廓互为包络的原理来加工齿廓的。用展成法加工齿轮时，常用的刀具有齿轮型刀具(如齿轮插刀)和齿条型刀具(如齿条插刀、滚刀)两大类。

如图 5-20 所示为用齿轮插刀加工齿轮的情况。展成法加工齿轮制造精度高，生产效率较高，但需用专用设备加工，所以在大批生产中多采用展成法。

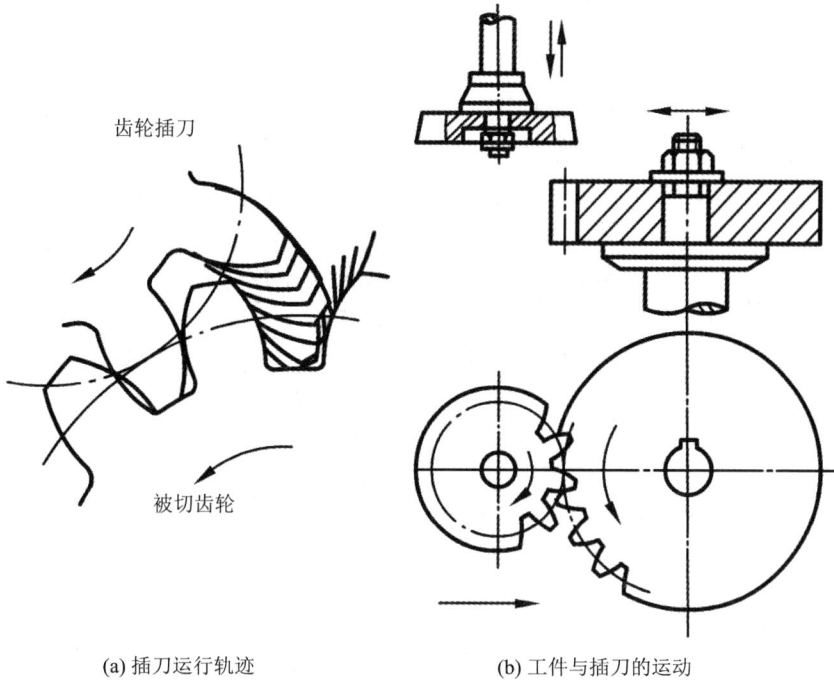

<table>
<tr><td>(a) 插刀运行轨迹</td><td>(b) 工件与插刀的运动</td></tr>
</table>

图 5-20　齿轮插刀加工齿轮

2. 根切现象与齿轮最少齿数

如图 5-21 所示，用展成法加工齿轮时，有时会出现刀具的顶部切入齿根，将齿根部分渐开线齿廓切去的情况，这种现象称之为根切。产生严重根切的齿轮削弱了轮齿的抗弯强度，会导致传动的不平稳，对传动十分不利，因此，应尽力避免根切现象的产生。

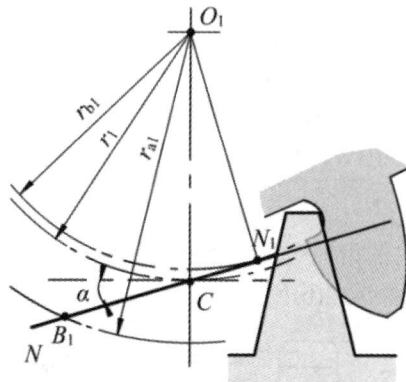

图 5-21　根切的产生

切削标准齿轮时，为了保证无根切现象，则被切齿轮的最少齿数为

$$z_{\min} = \frac{2h_{\mathrm{a}}^*}{\sin^2 \alpha} \tag{5.18}$$

对于正常齿制齿轮，$z_{min} = 17$，若允许有微量根切，则实际最少齿数可取 14。

5.2.4 齿轮常用材料和圆柱齿轮结构

1. 齿轮常用材料

常用的齿轮材料为优质碳素结构钢、合金结构钢、铸钢、铸铁和非金属材料等。一般多采用锻件或轧制钢材。当齿轮结构尺寸较大，轮坯不易锻造时，可采用铸钢；开式低速传动时，可采用灰铸铁或球墨铸铁；对高速、轻载而又要求低噪声的齿轮传动，也可采用非金属材料，如夹布胶木、尼龙等。常用的齿轮材料及其力学性能列于表 5.10。

表 5.10 齿轮常用材料和力学性能

材　料	热处理方法	强度极限 σ_b/MPa	屈服点 σ_b/MPa	齿面硬度/HBW	许用接触应力 $[\sigma_H]$/MPa	许用弯曲应力 $[\sigma_{bb}]$[①]/MPa
HT300		300		187～255	290～347	80～105
QT600—3		600		190～270	436～535	262～315
ZG310—570	正火	580	320	163～197	270～301	171～189
ZG340—640		650	350	179～207	288～306	182～196
45		580	290	162～217	468～513	280～301
ZG340—640		700	380	241～269	468～490	248～259
45	调质	650	360	217～255	513～545	301～315
35SiMn		750	450	217～269	585～648	388～420
40Cr		700	500	241～286	612～675	399～427
45	调质后表面淬火			40～50 HRC	972～1053	427～504
40Cr				48～55 HRC	1035～1098	483～518
20Cr	渗碳后淬火	650	400	56～62 HRC	1350	645
20CrMnTi		1100	850	56～62 HRC	1350	645

① $[\sigma_{bb}]$为轮齿单向受载的试验条件下得到的,若轮齿的工作条件为双向受载,则应将表中数值乘以 0.7。

由于小齿轮齿根强度较弱，受载次数又多，为使大、小齿轮寿命接近，常使小齿轮齿面硬度比大齿轮高出 30～50 HBW，传动比较大时，其硬度差还可更大些。

2. 常用的齿轮结构形式

(1) 齿轮轴：当圆柱齿轮的齿根圆至键槽底部的距离 $x \leqslant (2～2.5)$ m 时，应将齿轮与轴制成一体，称为齿轮轴，如图 5-22(b)所示。

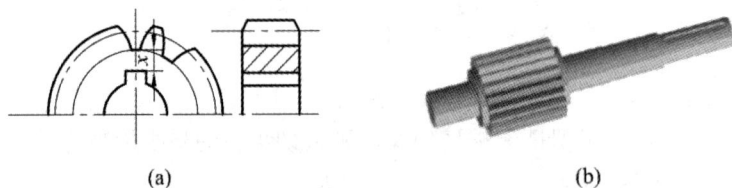

(a)　　　　　　　　　　　　　(b)

图 5-22　齿轮轴

(2) 实体式齿轮：当齿轮的齿顶圆直径 $d_a \leqslant 200$ mm 时，可采用实体式结构，如图 5-22(a) 所示。这种结构型式的齿轮常用锻钢制造。

(3) 腹板式齿轮：当齿轮的齿顶圆 $d_a = 200 \sim 500$ mm 时，可采用腹板式结构，如图 5-23 所示。这种结构的齿轮一般多用锻钢制造。

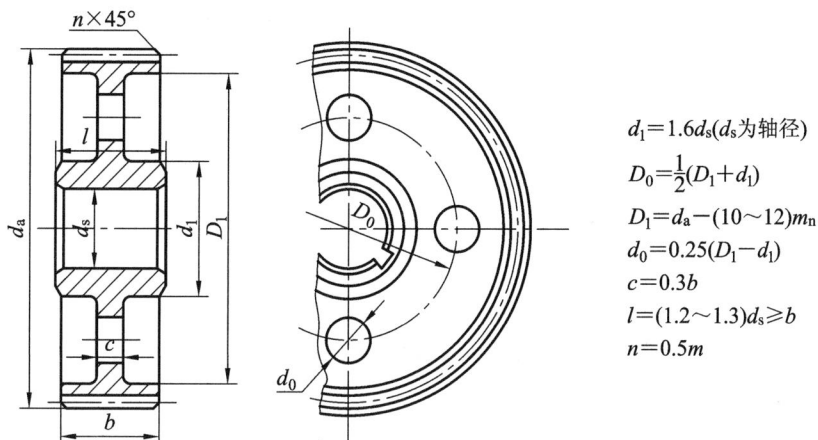

$$d_1 = 1.6 d_s (d_s 为轴径)$$
$$D_0 = \frac{1}{2}(D_1 + d_1)$$
$$D_1 = d_a - (10 \sim 12) m_n$$
$$d_0 = 0.25(D_1 - d_1)$$
$$c = 0.3b$$
$$l = (1.2 \sim 1.3) d_s \geqslant b$$
$$n = 0.5m$$

图 5-23　腹板式齿轮的结构尺寸

(4) 轮辐式齿轮：当齿轮的齿顶直径 $d_a > 500$ mm 时，可采用轮辐式结构，如图 5-24 所示。这种结构的齿轮常采用铸钢或铸铁制造。

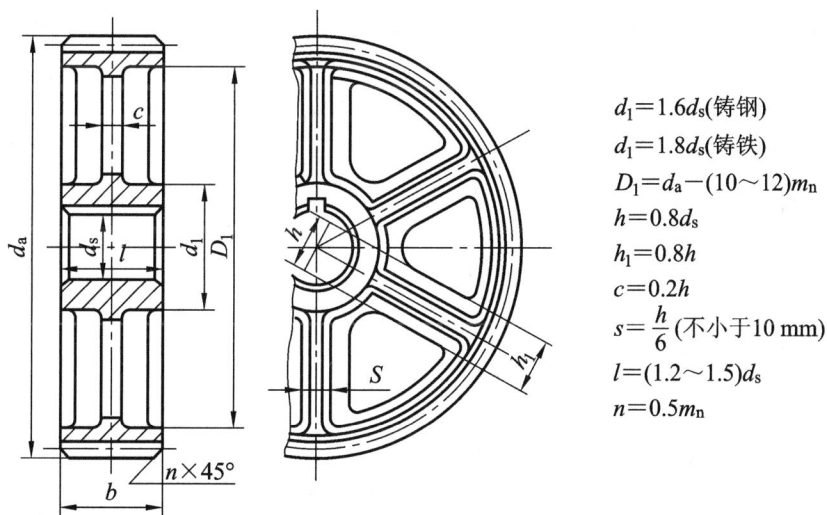

$$d_1 = 1.6 d_s (铸钢)$$
$$d_1 = 1.8 d_s (铸铁)$$
$$D_1 = d_a - (10 \sim 12) m_n$$
$$h = 0.8 d_s$$
$$h_1 = 0.8h$$
$$c = 0.2h$$
$$s = \frac{h}{6} (不小于 10 \text{ mm})$$
$$l = (1.2 \sim 1.5) d_s$$
$$n = 0.5 m_n$$

图 5-24　轮辐式齿轮的结构尺寸

5.2.5　齿轮传动的失效形式与设计准则

1. 齿轮传动的失效形式

如图 5-25 所示，齿轮传动的失效形式有轮齿折断、齿面点蚀、齿面磨损、齿面胶合和齿面塑性变形五种。尽管各种失效形式产生的原因不同，但由于它们对齿轮工作的影响，实际工作中，应采取一些措施减缓或避免失效的发生，具体措施可查有关资料。

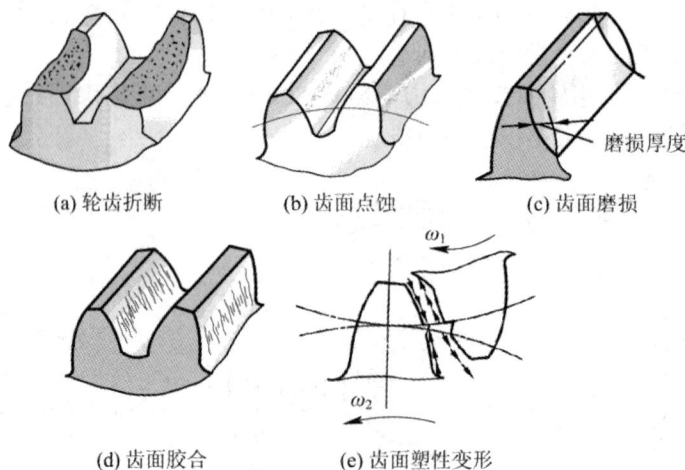

(a) 轮齿折断　　　　　(b) 齿面点蚀　　　　　(c) 齿面磨损

(d) 齿面胶合　　　　　(e) 齿面塑性变形

图 5-25　齿轮的失效形式

2. 齿轮传动的设计准则

轮齿的失效形式很多，它们不大可能同时发生，却又相互联系，相互影响。例如，轮齿表面产生点蚀后，实际接触面积减少将导致磨损的加剧，而过大的磨损又会导致轮齿的折断。可是在一定条件下，必有一种为主要失效形式。

(1) 软齿面(硬度≤350 HBS)的闭式齿轮传动：齿面点蚀是主要的失效形式。在设计计算时，通常按齿面接触疲劳强度设计，再作齿根弯曲疲劳强度校核。

(2) 硬齿面(硬度>350 HBS)的闭式齿轮传动：齿根疲劳折断是主要失效形式。在设计计算时，通常按齿根弯曲疲劳强度设计，再作齿面接触疲劳强度校核。

(3) 开式传动：其主要失效形式是齿面磨损。目前为止尚无成熟的设计计算方法，通常只能按齿根弯曲疲劳强度设计，再考虑磨损，将所求得的模数增大 10%～20%。

5.2.6　标准直齿圆柱齿轮传动的设计

1. 轮齿受力分析

如图 5-26 所示为一对标准直齿圆柱齿轮啮合传动的受力分析，齿轮 1 为主动轮，齿轮 2 为从动轮。其齿廓在节点 C 处接触。若以节点 C 作为计算点，不考虑齿面间摩擦力的影响，且认为是一对轮齿在啮合，轮齿间的总作用力 F_n 将沿着啮合点的公法线 N_1N_2 方向，F_n 称为法向力。F_n 在分度圆上可分解为两个分力：圆周力 F_t 和径向力 F_r。

$$F_t = \frac{2T_1}{d_1} \qquad (5.19)$$

$$F_r = F_t \tan\alpha \qquad (5.20)$$

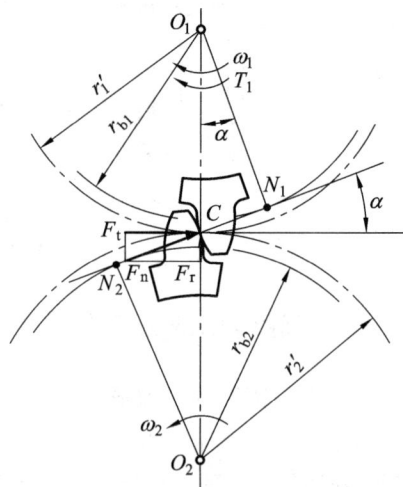

图 5-26　轮齿的受力分析

$$F_n = \frac{F_t}{d_1 \cos\alpha} = \frac{2T_1}{d_1 \cos\alpha} \tag{5.21}$$

式中，T_1 为主动轮的转矩(N·mm)；d_1 为小齿轮的分度圆直径；α 为分度圆压力角，$\alpha = 20°$。

作用在主动齿轮和从动齿轮的各对分力等值相反。圆周力 F_t 的方向：作用在主动齿轮上的 F_{t1} 方向与主动齿轮回转方向相反；作用在从动齿轮上的 F_{t2} 方向与主动齿轮回转方向相同；径向力 F_{r1}、F_{r2} 分别指向各自的轮心。

2. 齿轮传动设计强度理论

1) 齿面接触疲劳强度

齿面接触疲劳强度计算的目的，是为了防止齿面点蚀失效。

钢制标准外啮合圆柱齿轮的齿面接触强度的校核公式为

$$\sigma_H = 671 \sqrt{\frac{KT_1}{\varphi_d d_1^3} \frac{u+1}{u}} \leqslant [\sigma_H] \tag{5.22}$$

钢制标准外啮合圆柱齿轮的齿面接触强度的设计公式为

$$d_1 \geqslant \sqrt[3]{\frac{KT_1(u+1)}{\varphi_d u} \cdot \left(\frac{671}{[\sigma_H]}\right)^2} \tag{5.23}$$

式中，σ_H 为齿面接触应力(MPa)；K 为载荷系数，见表 5.11；u 为齿数比；ϕ_d 为齿宽系数，见表 5.12；$[\sigma_H]$ 为许用接触应力，见表 5.10。

表 5.11　载荷系数 K

工作机械	载荷特性	原 动 机		
		电动机	多缸内燃机	单缸内燃机
均匀加料的输送机和加料机，轻型卷扬机，发电机，机床辅助传动	均匀，轻微冲击	1～1.2	1.2～1.6	1.6～1.8
不均匀加料的输送机和加料机，重型卷扬机，球磨机，机床主传动	中等冲击	1.2～1.6	1.6～1.8	1.8～2.0
冲床，钻机，轧机，破碎机，挖掘机	大的冲击	1.6～1.8	1.9～2.1	2.2～2.4

公式使用说明和参数选择：

(1) 大小齿轮的齿面接触应力相等，即 $\sigma_{H1} = \sigma_{H2}$。由于两轮材料、热处理不同，导致齿面硬度不同，故 $[\sigma_{H1}] \neq [\sigma_{H2}]$，校核和设计时都应代入较小值。

(2) 如材料组合不全是钢，式中常数"671"应根据弹性系数来修正。

表 5.12　齿宽系数 ϕ_d

两轴承相对齿轮的布置情况	载荷情况	软齿面或软硬齿面		硬齿面	
		推荐值	最大值	推荐值	最大值
对称布置	变动小	0.8～1.4	1.8	0.4～0.9	1.1
	变动大		1.4		0.9
非对称布置	变动小	0.6～1.2	1.4	0.3～0.6	0.9
	变动大		1.15		0.7
小齿轮悬臂	变动小	0.3～0.4	0.8	0.2～0.25	0.55
	变动大		0.6		0.44

2) 齿根弯曲疲劳强度

齿根弯曲疲劳计算的目的，是为了防止轮齿根部的疲劳折断。

齿根弯曲疲劳强度的校核公式为

$$\sigma_{bb} = \frac{2KT_1}{bmd_1} Y_F Y_S \leqslant [\sigma_{bb}] \tag{5.24}$$

齿根弯曲疲劳强度的设计公式为

$$m \geqslant \sqrt[3]{\frac{2KT_1}{z_1^2 \varphi_d}\left(\frac{Y_F Y_S}{[\sigma_{bb}]}\right)} \tag{5.25}$$

式中，Y_F 为齿形系数，见表 5.13；Y_S 为应力修正系数，见表 5.13；$[\sigma_{bb}]$ 为许用弯曲应力，见表 5.10。

表 5.13　标准外齿轮的齿形系数 Y_F 及应力修正系数 Y_S

z	17	18	19	20	21	22	23	24	25	26	27	28	29
Y_F	2.97	2.91	2.85	2.80	2.76	2.72	2.69	2.65	2.62	2.60	2.57	2.55	2.53
Y_S	1.52	1.53	1.54	1.55	1.56	1.57	1.575	1.58	1.59	1.595	1.60	1.61	1.62
z	30	35	40	45	50	60	70	80	90	100	150	200	∞
Y_F	2.52	2.45	2.40	2.35	2.32	2.28	2.24	2.22	2.20	2.18	2.14	2.12	2.06
Y_S	1.625	1.65	1.67	1.68	1.70	1.73	1.75	1.77	1.78	1.79	1.83	1.865	1.97

公式使用说明及参数选择：

(1) 小齿轮齿数 z_1 软齿面闭式传动一般取 $z_1 = 20\sim40$；硬齿面闭式传动通常取 $z_1 = 17\sim20$。

(2) 齿宽 $b = \phi_d d_1$，为保证强度并减小加工量，也为了装配和调整方便，小齿轮齿宽应大于大齿轮齿宽，取 $b_2 = \phi_d d_1$，则 $b_1 = b_2 + (5\sim10)$ mm。

(3) 大小齿轮的齿根弯曲应力不相等，即 $\sigma_{bb1} \neq \sigma_{bb2}$。两齿轮的许用弯曲应力也不同，所以校核时应分别验算大小齿轮的弯曲强度；设计时应代入 $Y_F Y_S/[\sigma_{bb}]$ 中的较大值。

例 5.2　设计一普通机床使用的单级直齿圆柱齿轮减速器。已知：传递功率 $P = 7$ kW，电动机驱动，小齿轮转速 $n_1 = 800$ r/min，传动比 $i = 3.5$，单向运转，负载平稳。使用寿命

8 年，单班制工作。

解　(1) 选择齿轮材料。

小齿轮选用 45 钢调质，硬度为 217～255 HBS，取为 236 HBS；大齿轮选用 45 钢正火，硬度为 169～217 HBS，取为 193 HBS。

(2) 按齿轮面接触疲劳强度设计。

因两齿轮均为钢质齿轮，可用式(5.23)求出 d_1 值，因而需要确定式中参数与系数的数值。

① 转矩 T_1：

$$T_1 = 9549 \times 10^3 \frac{P}{n_1} = 9549 \times 10^3 \times \frac{7}{800} = 83\,553.75 \text{ N} \cdot \text{mmm}$$

② 载荷系数 K：查表 5.11，取 $K = 1.1$。

③ 齿数 z_1 和齿宽系数 ϕ_d：小齿轮的齿数 z_1 取 30，则大齿轮齿数 $z_2 = 105$。因单级齿轮传动为对称布置，而齿轮齿面由为软齿面，由表 5.12 选出 $\phi_d = 1$。

④ 许用接触应力 $[\sigma_H]$：由表 5.10 查得 $[\sigma_{H1}] = 530$ MPa，$[\sigma_{H2}] = 508$ MPa，故

$$d_1 \geqslant \sqrt[3]{\frac{KT_1(u+1)}{\phi_d u} \cdot \left(\frac{671}{[\sigma_H]}\right)^2} = \sqrt[3]{\frac{1.1 \times 83\,553.8 \times (3.5+1)}{1 \times 3.5} \times \left(\frac{671}{508}\right)^2} = 58.8 \text{ mm}$$

$$m = \frac{d_1}{z_1} = \frac{58.8}{30} = 1.96$$

由表 5.8 取标准模数 $m = 2$。

(3) 主要尺寸计算。

$$d_1 = mz_1 = 2 \times 30 \text{ mm} = 60 \text{ mm}$$
$$d_2 = mz_2 = 2 \times 105 \text{ mm} = 210 \text{ mm}$$
$$b = \phi_d \cdot d_1 = 1 \times 60 \text{ mm} = 60 \text{ mm}$$

取 $b_2 = 60$ mm，$b_1 = b_2 + 5$ mm $= 65$ mm。

$$a = \frac{1}{2}m(z_1 + z_2) = \frac{1}{2} \times 2 \times (30 + 105) \text{ mm} = 135 \text{ mm}$$

(4) 按齿根弯曲疲劳强度计校核。

① 齿型系数 Y_F。查表 5.13 得 $Y_{F1} = 2.52$，$Y_{F2} = 2.17$。

② 应力修正系数 Y_S。查表 5.13 得 $Y_{S1} = 1.625$，$Y_{S2} = 1.80$。

③ 许用弯曲应力 $[\sigma_{bb}]$。由表 5.10 查得 $[\sigma_{bb1}] = 310$ MPa，$[\sigma_{bb2}] = 292$ MPa，故

$$\sigma_{bb1} = \frac{2KT_1}{bmd_1}Y_{F1}Y_{S1} = \frac{2 \times 1.1 \times 83\,553.8}{60 \times 2^2 \times 30} \times 2.52 \times 1.625 = 105 \text{ MPa} \leqslant [\sigma_{bb1}]$$

$$\sigma_{bb2} = \sigma_{F1}\frac{Y_{F2}Y_{S2}}{Y_{F1}Y_{S1}} = 105 \times \frac{2.17 \times 1.80}{2.52 \times 1.625} = 100 \text{ MPa} \leqslant [\sigma_{bb2}]$$

齿根弯曲强度校核合格。

(5) 齿轮结构设计。

① 小齿轮。假定安装齿轮轴径 d 为 25 mm，因为

$$d_{f1} = m(z - 2h_a^* - 2c^*) = 2 \times (30 - 2 \times 1 - 2 \times 0.25) = 55 \text{ mm}$$

查表 8.1 得 $t_1 = 3.3$ mm

$$\delta = r_{f1} - r_h - t_1 = (55 - 25) \times 0.5 - 3.3 = 11.7 > 2.5m \text{ (模数)}$$

故小齿轮按实体齿轮设计。

根据小齿轮轴孔直径 25 mm 查表 8.1 得出键槽尺寸，参照齿轮有关标准(GB/T 10095.1—2008 或 GB/T 10095.2—2008)得出齿轮尺寸公差、几何公差和表面粗糙度的项目和数值等，画出小齿轮零件工作图，如图 5-27 所示。

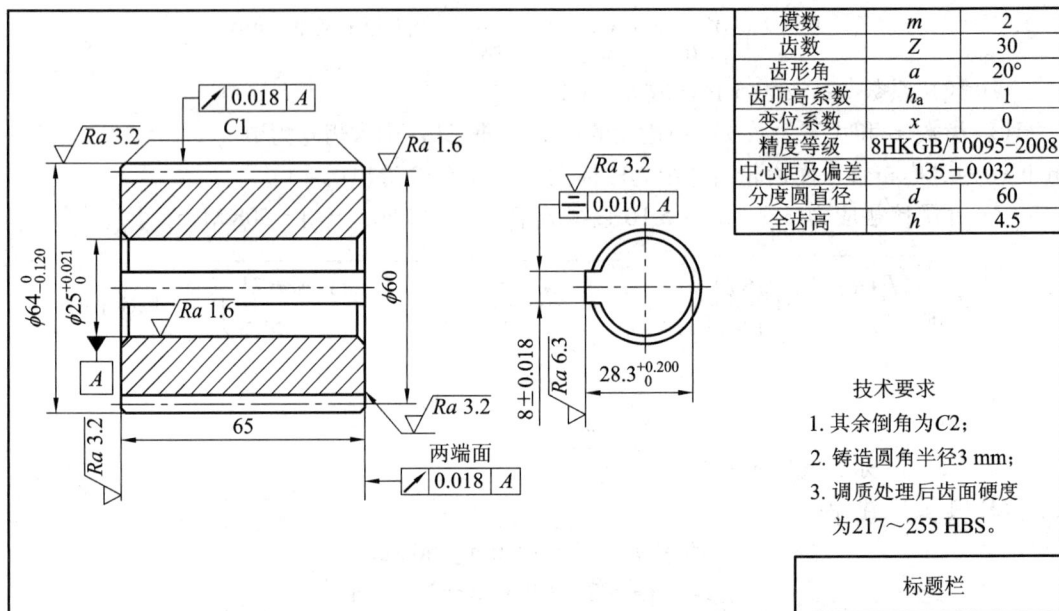

模数	m	2
齿数	Z	30
齿形角	a	20°
齿顶高系数	h_a	1
变位系数	x	0
精度等级	8HKGB/T0095-2008	
中心距及偏差	135 ± 0.032	
分度圆直径	d	60
全齿高	h	4.5

技术要求

1. 其余倒角为$C2$；

2. 铸造圆角半径3 mm；

3. 调质处理后齿面硬度

　　为217～255 HBS。

图 5-27　小齿轮工作图

② 大齿轮。假定安装齿轮轴径 d 为 36 mm，由 $d_2 = 210$ mm 可知，大齿轮采用腹板式结构。其结构尺寸计算如下：

$d_1 = 1.6d_h = 1.6 \times 36 = 57.6$ mm　　　　　　取 $d_1 = 60$ mm

$d_{a2} = d_2 + 2h_a = 2 \times (105 + 2) = 214$ mm

$D_1 = d_{a2} - 12m = 214 - 12 \times 2 = 190$ mm　　取 $D_1 = 190$ mm

$D_0 = 0.5(D_1 + D_2) = 0.5 \times (60 + 190) = 125$ mm　　取 $D_0 = 125$ mm

$d_0 = 0.25(D_2 - D_1) = 0.25 \times (190 - 60) = 32.5$ mm　　取 $d_0 = 32$ mm

$C = 0.3b = 0.3 \times 60 = 18$ mm　　　　　　取 $C = 20$ mm

$l = 1.25d_h = 1.25 \times 36 = 45$ mm　　　　　取 $l = b_2 = 65$ mm

根据大齿轮轴孔直径 36 mm 查表 8.1 得出键槽尺寸，参照齿轮有关标准(GB/T 10095.1—2008 或 GB/T 10095.2—2008)得出齿轮尺寸公差、几何公差和表面粗糙度的项目和数值等，画出大齿轮零件工作图，如图 5-28 所示。

模数	m	2
齿数	Z	105
齿形角	a	20°
齿顶高系数	h_a	1
变位系数	x	0
精度等级	8HKGB/T 0095—2008	
中心距及偏差	135±0.032	
分度圆直径	d	210
全齿高	h	4.5

技术要求

1. 其余倒角为C2；

2. 铸造圆角半径3 mm；

3. 正火处理后齿面硬度
   为165~217 HBS。

标题栏

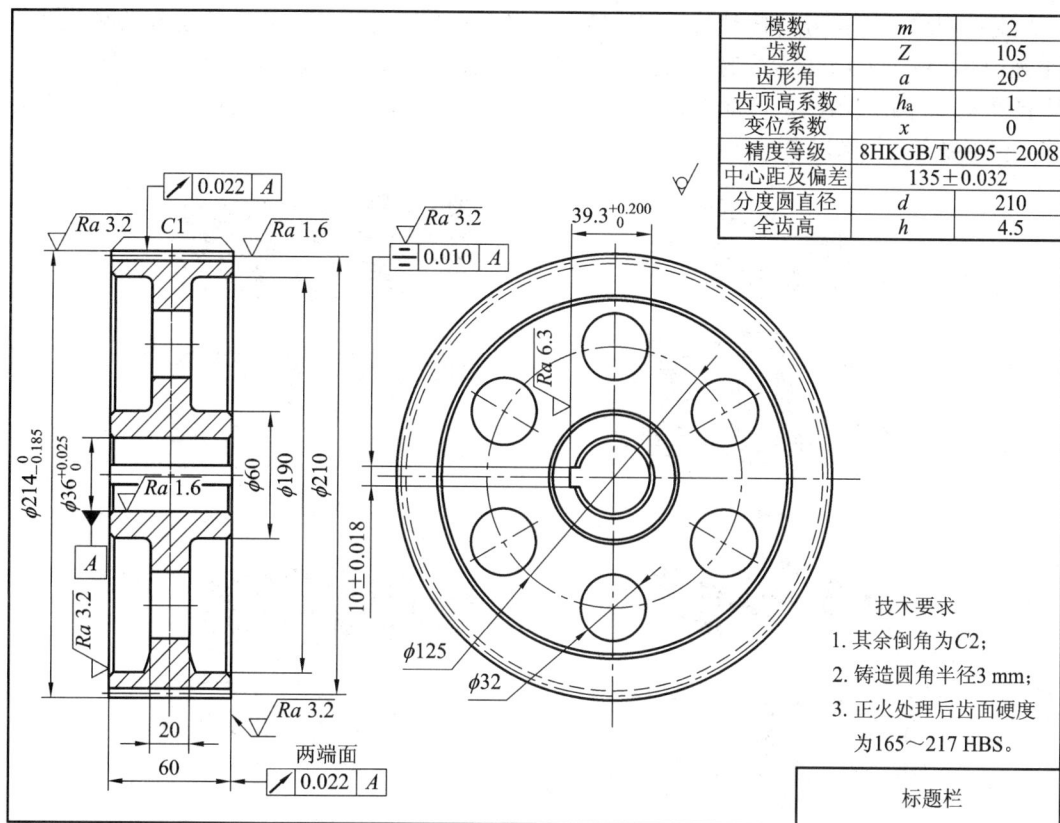

图 5-28 大齿轮工作图

5.3 其他传动机构简介

5.3.1 链传动

1. 链传动的组成、工作原理和类型

现代机械上广泛应用链传动。如图 5-29 所示，链传动由两轴平行的主动链轮 1、从动链轮 2 和链条 3 组成，靠链轮齿和链条链节之间的啮合传递运动和动力。因此，链传动是一种具有中间挠性件的啮合传动。

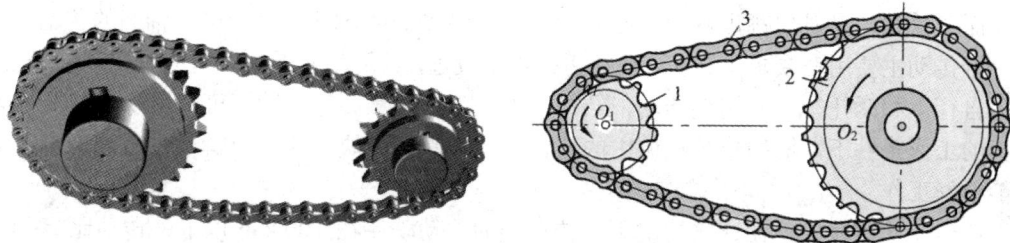

图 5-29 链传动

链按用途不同可分为传动链、起重链和输送链三类。起重链主要用在起重机械中提升重物。输送链主要用在各种输送装置和机械化装卸设备中，用于输送物品。在一般机械传动装置中，通常应用的是传动链，根据传动链结构的不同又可分为套筒链、滚子链、弯板链和齿形链等，如图 5-30 所示。

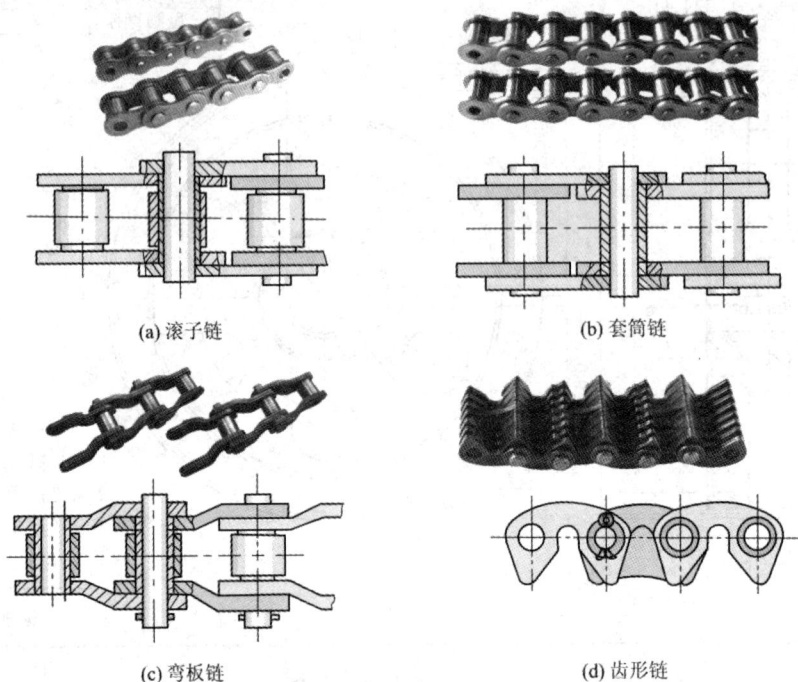

(a) 滚子链　　　　　　　　　　　　　　　(b) 套筒链

(c) 弯板链　　　　　　　　　　　　　　　(d) 齿形链

图 5-30　传动链的类型

2. 链传动的特点和应用

链传动兼有带传动和齿轮传动的特点。

链传动的主要优点：链传动与带传动类似，适用于两轴间距较大的传动；链传动具有啮合传动的性质，即没有弹性滑动和打滑现象，平均传动比恒定；链传动传动力大、效率较高，经济可靠，又因链条不需要像带那样张得很紧，所以作用在轴上的压轴力较小；同时链传动可在潮湿、高温、多尘等恶劣环境下工作。与齿轮传动相比，链传动易于安装，成本低廉。

链传动的主要缺点是由于链节的刚性，链条是以折线形式绕在链轮上，所以瞬时传动比不稳定，传动的平稳性较差，工作中冲击和噪音均较大；磨损后链节增大，链条会逐渐拉长而变松弛，易发生跳齿现象，必须使用张紧装置，故通常只用于平行轴间的传动。

链传动主要用在要求工作可靠，且两轴相距较远，以及其他不宜采用齿轮传动的场合。例如自行车和摩托车上应用链传动，结构简单，工作可靠。链传动还可应用于重型及极为恶劣的工作条件下，例如建筑机械中的链传动，常受到土块、泥浆及瞬时过载的影响，但仍能很好工作。

链传动应用较广，在通常情况下，传动链的传动功率在 100 kW 以下，传动比 $i \leqslant 8$，中心距 $a \leqslant 5 \sim 6$ m，链速 $v \leqslant 15$ m/s，传动效率 $\eta = 0.95 \sim 0.98$。

5.3.2　平行轴斜齿圆柱齿轮传动

前面论述的直齿圆柱齿轮的齿廓形成过程以及啮合特点，都是在其端面即垂直于齿轮轴线的平面来讨论的，而齿轮是有宽度的。因此，将前面所讨论的齿廓形成以及啮合特点的概念必须做进一步的深化。从几何的观点看，无非是点→线、线→面、面→体。因此，渐开线曲面的形成可以如下叙述：发生面 S 沿基圆柱做纯滚动，发生面上任意一条与基圆柱母线 NN' 平行的直线 KK' 在空间所走过的轨迹即为直齿轮的齿廓曲面，如图 5-31 所示。

直齿圆柱齿轮啮合时(图 5-33(a))，齿面的接触线平行于齿轮轴线，轮齿沿整个齿宽方向是同时进入啮合、同时脱离啮合的，载荷是沿齿宽突然加上或卸下。因此，齿轮传动的平稳性较差，容易产生冲击和噪声。

斜齿圆柱齿轮的齿廓曲面与直齿圆柱齿轮相似，如图 5-32 所示，即发生面沿基圆柱做纯滚动，发生面上任意一条与基圆柱母线 NN' 成一倾斜角 β_b 的直线 KK' 在空间所走过的轨迹为一个渐开线螺旋面，即为斜齿圆柱齿轮的齿廓曲面，β_b 称为基圆柱上的螺旋角。

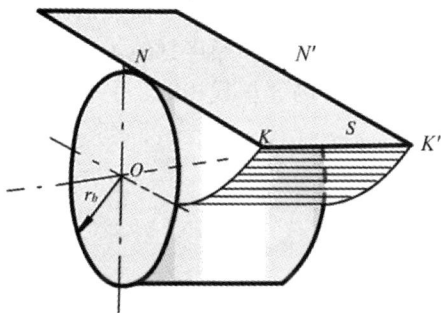

图 5-31　直齿渐开线曲面的形成　　　　　　图 5-32　斜齿渐开线曲面的形成

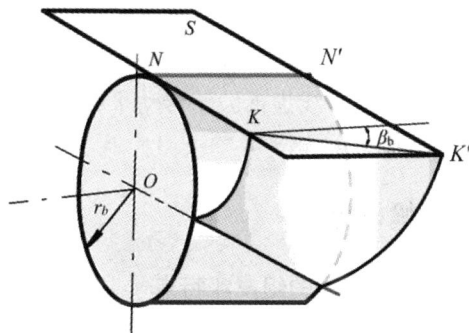

一对平行轴斜齿圆柱齿轮啮合时，斜齿轮的齿廓是逐渐进入和脱离啮合的，如图 5-33(b)所示，斜齿轮齿廓接触线的长度由零逐渐增加，又逐渐缩短，直至脱离接触，当其齿廓前端面脱离啮合时，齿廓的后端面仍在啮合中，载荷在齿宽方向上不是突然加上及卸下，其啮合过程比直齿轮长，同时啮合的齿轮对数也比直齿轮多，即其重合度较大。因此斜齿轮传动工作较平稳、承载能力较强、噪声和冲击较小，适用于高速、大功率的齿轮传动。

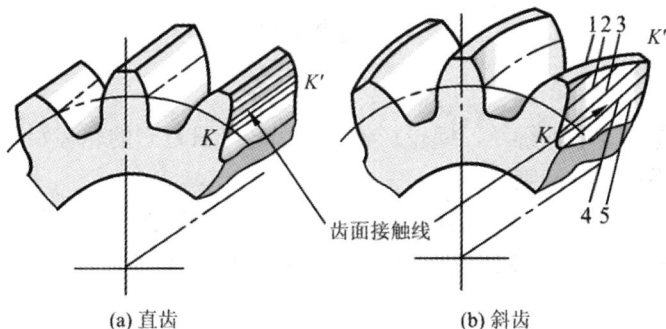

(a) 直齿　　　　　　　　　　(b) 斜齿

图 5-33　齿轮啮合的接触线

5.3.3　直齿锥齿轮传动

锥齿轮用于传递两相交轴的运动和动力,其传动可看成是两个锥顶共点的圆锥体相互做纯滚动,如图 5-34 所示。

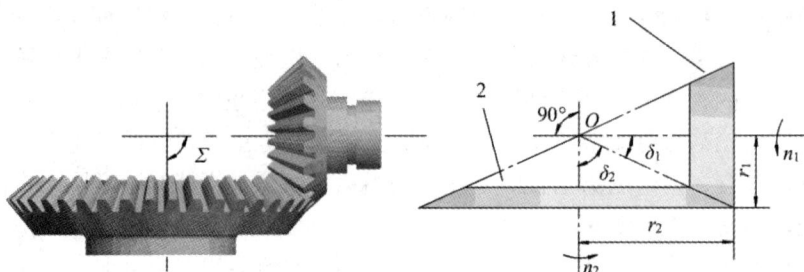

图 5-34　直齿圆锥齿轮传动

两轴交角 $\Sigma = \delta_1 + \delta_2$ 由传动要求确定,可为任意值,常用轴交角 $\Sigma = 90°$。锥齿轮有直齿、斜齿和曲线齿之分,其中直齿锥齿轮最常用,斜齿锥齿轮已逐渐被曲线齿锥齿轮代替。与圆柱齿轮相比,直齿锥齿轮的制造精度较低,工作时振动和噪声都较大,适用于低速轻载传动;曲线齿锥齿轮传动平稳,承载能力强,常用于高速重载传动,但其设计和制造较复杂。

5.3.4　蜗杆传动

1. 蜗杆传动的组成和特点

蜗杆传动用于在交错轴间传递运动和动力。如图 5-35 所示,蜗杆传动由蜗杆和蜗轮组成,一般蜗杆为主动件,通常交错角为 90°。蜗杆传动广泛用于各种机械和仪表中,常用作减速,仅少数机械,如离心机、内燃机增压器等,蜗轮为主动件,用于增速。

图 5-35　蜗杆传动

蜗杆的形状像个圆柱形螺纹,蜗轮形状像斜齿轮,只是它的轮齿沿齿长方向又弯曲成圆弧形,以便与蜗杆更好地啮合。

蜗杆传动具有以下优点:传动比大,结构紧凑,传动平稳,无噪音,具有自锁性。其主要缺点:蜗杆传动效率较低,一般效率只有 0.7~0.9;发热量大,齿面容易磨损,成本高。

2. 蜗杆传动和类型和应用

根据蜗杆形状的不同可分为圆柱蜗杆传动(图 5-36(a))、环面蜗杆传动(图 5-36(b))和锥面蜗杆传动(图 5-36(c))。

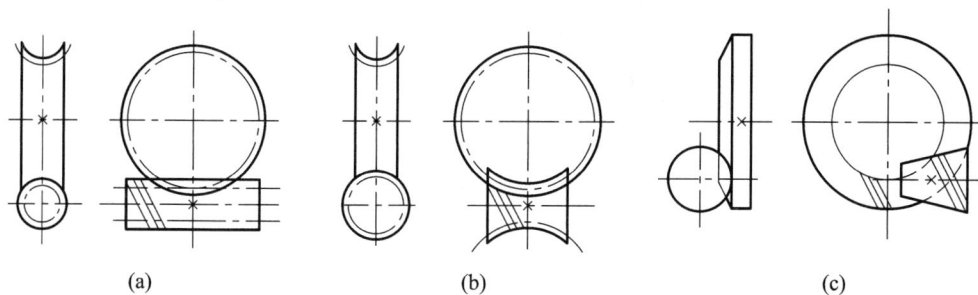

(a)   (b)   (c)

图 5-36 蜗杆传动的类型

根据螺旋面的不同可分为阿基米德圆柱蜗杆传动和渐开线圆柱蜗杆传动。阿基米德蜗杆在垂直于蜗杆轴线的截面内齿廓为阿基米德螺旋线，轴向齿廓为直线，法向齿廓为外凸曲线；一般用于头数较少，载荷较小，不太重要的传动。渐开线蜗杆齿面为渐开线螺旋面，端面齿廓为渐开线，适用于高速、大功率和较精密的传动。

5.3.5 凸轮传动机构

1. 凸轮机构的组成和特点

凸轮机构主要由凸轮(原动件)、从动件和机架组成。凸轮与从动件以点或线相接触构成高副，所以又称为高副机构。凸轮机构可以将凸轮的连续转动或移动转换为从动件连续或不连续地移动或摆动。

2. 凸轮机构的类型及应用

凸轮机构常用于传递功率不大、低速的自动机或半自动机的控制，以下列举其应用实例。图 5-37 所示为内燃机的配气机构。凸轮转动时，可推动顶杆上下移动，按给定的配气要求启闭阀门。

根据凸轮的形状分类可分为：① 盘形凸轮(图 5.37)；② 圆柱形凸轮(图 5.38)；③ 移动凸轮(图 5.39)。

图 5-37 内燃机配气机构

图 5-38 自动进刀机构

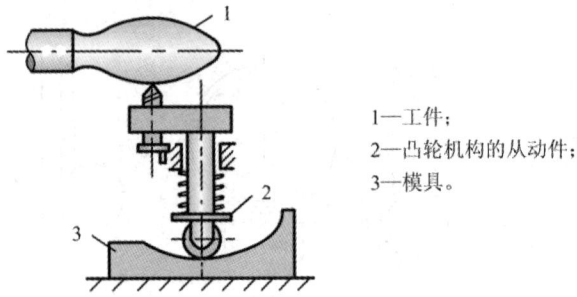

图5-39 自动车床靠模机构

1—工件；
2—凸轮机构的从动件；
3—模具。

按从动件端部型式分：

(1) 尖顶从动件(图 5-37)，其尖顶能与外凸或内凹轮廓接触，可以实现复杂的运动规律，但尖顶易磨损，用于低速、轻载场合。

(2) 滚子从动件(图 5-39)，端部的滚子与凸轮相对运动时为滚动摩擦，因此阻力、磨损均较小，可以承受较大的载荷，应用较广。

(3) 平底从动件(图 5-40)，平底从动件与凸轮轮廓接触处在一定条件下可形成油膜，利于润滑，传动效率较高，且传力性能较好，常用于高速凸轮机构中。

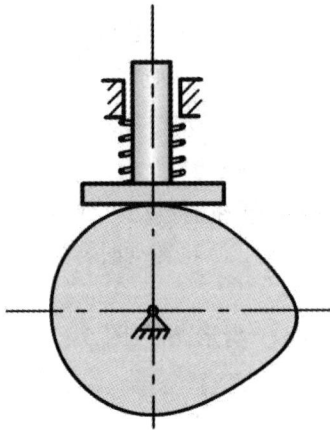

图5-40 平底从动件

5.3.6 间歇运动机构

1．棘轮机构

如图 5-41(a)所示，为常见的外啮合齿啮式的棘轮机构，主要由棘轮 1、棘爪 2、摇杆 3、止回棘爪 4 和机架组成。弹簧 5 用来使止回棘爪 4 与棘轮保持接触。当摇杆 3 顺时针方向摆动时，棘爪在棘轮齿顶滑过，棘轮静止不动；当摇杆 3 逆时针方向摆动时，棘爪插入棘轮齿间并推动棘轮转过一定角度。这样，摇杆 3 连续往复摆动，棘轮 1 即可实现单向的间歇运动。图 5-41(b)为内啮合棘轮机构。

棘轮机构结构简单、运动可靠，运动开始和终止时，速度骤变会产生冲击和噪声，所以其适用于低速和转角不大的场合，也可用作防止逆转的停止器。

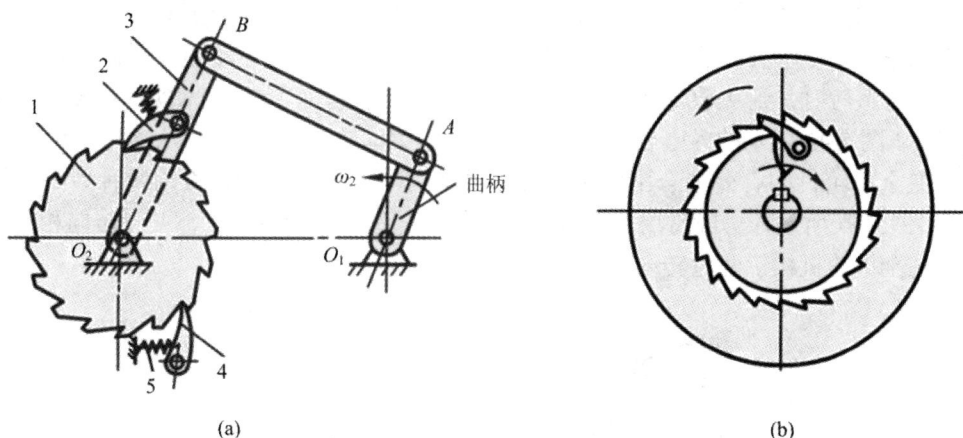

(a) (b)

图 5-41　棘轮机构

2. 槽轮机构

如图 5-42 所示为外槽轮机构，它是由具有径向槽的槽轮 2、带有圆销 A 的拨盘 1 和机架组成的。拨盘 1 做匀速转动时，驱使槽轮做时转时停的间歇运动。拨盘上的圆销尚未进入槽轮的径向槽时，由于槽轮的内凹锁止弧被拨盘的外凸锁止弧锁住，故槽轮静止不动。当圆销开始进入槽轮的径向槽时，内、外锁止弧脱开，槽轮受圆销 A 的驱动沿逆时针转动。当圆销开始脱离槽轮的径向槽时，槽轮的另一内凹锁止弧又被拨盘的外凸圆弧锁住而静止，直到圆销再一次进入槽轮的另一径向槽时，两者又重复上述运动循环，从而实现从动槽轮的单向间歇运动。

槽轮机构结构简单，转位方便，但转角大小不能调节，且有冲击性，只能用于低速自动机的转位或分度机构。

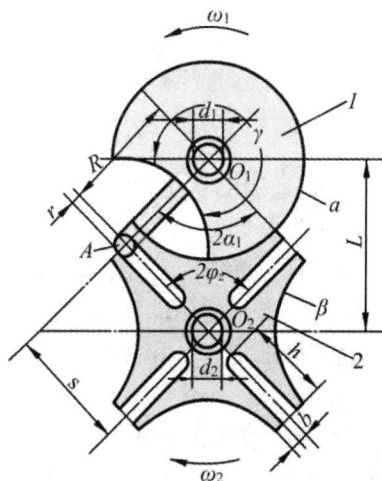

图 5-42　外槽轮机构

3. 不完全齿轮机构

图 5-43 为外啮合不完全齿轮机构，它由一个或几个齿的不完全齿轮 1、具有正常轮齿

和带锁止弧的齿轮 2 及机架组成。在轮 1 主动等速连续转动中，当主动轮 1 上的轮齿与从动轮 2 的正常齿相啮合时，主动轮 1 驱动从动轮 2 转动；当主动轮 1 的锁止弧 S_1 与从动轮 2 锁止弧 S_2 接触时，则从动轮 2 停歇不动并停止在确定的位置上，从而实现周期性的单向间歇运动。图 5-43 所示的内啮合不完全齿轮机构的主动轮 1 每转 1 周，从动轮 2 转 1/4 周。

不完全齿轮机构有外啮合不完全齿轮机构和内啮合不完全齿轮机构两种型式，如图 5-43 和图 5-44 所示，一般常用外啮合形式。外啮合不完全齿轮机构，两轮转向相反；内啮合不完全齿轮机构，两轮转向相同。

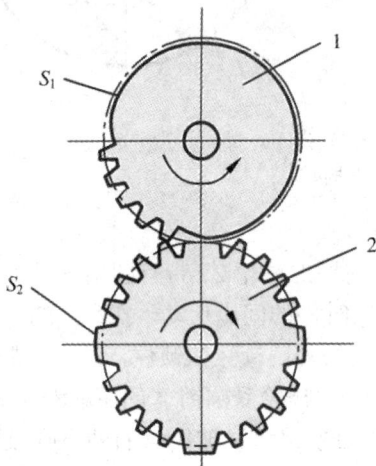

图 5-43　外啮合不完全齿轮机构　　　　图 5-44　内啮合不完全齿轮机构

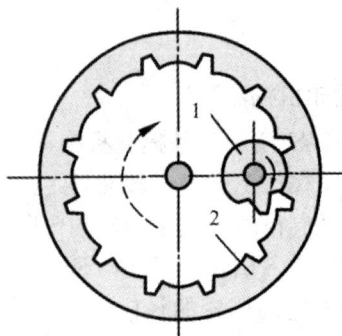

不完全齿轮机构结构简单、工作可靠、传力大，且从动轮停歇的次数、时间及转角大小的变化范围均较大，故其多用于低速、轻载的场合。

教 学 检 测

一、填空题

1. V 带传动主要依靠_____传递运动和动力。

2. 带传动打滑总是在____轮上先开始。

3. 根据传动原理不同，带传动可分为_____带传动和_____带传动。

4. 带传动正常工作时，不能保证准确的传动比是因为皮带有_____现象。

5. 渐开线直齿圆柱齿轮上具有标准_____和标准_____的圆，称为分度圆。

6. 两齿数不等的一对齿轮传动，大、小齿轮弯曲应力____等，其接触应力____等。

7. 齿轮传动中，软、硬齿面是以硬度来区分的，当齿面硬度_____HBS 时为软齿面，一般取小、大齿轮的硬度 HBS_1—HBS_2 为_____。

8. 齿轮的加工方法有_____和_____，其中_____加工时可能会发生根切现象。

9. 链传动通过链轮齿和链条链节之间的_____来传递运动和动力。

10. 链传动的瞬时传动是_____，因此在工作时会产生振动、冲击，_____用于高速传动。

11. 斜齿轮的齿廓是逐渐进入和脱离啮合的，斜齿轮齿廓接触线的长度变化规律是由____变____，而后由____变____。

12. 蜗杆传动常用于两轴_____的场合，一般情况下，_____为原动件。

13. 凸轮机构多用于传递____动力的场合。

14. 间歇运动机构就是机构的____运动具有____特性的机构。

二、单选题

1. V 带比平带传动能力大的主要原因是____。

A. V 带的强度高　　　　B. 没有接头　　　　　C. 产生的摩擦力大

2. 设计时，带速如果超出许用范围，应该采取____措施。

A. 更换带型号　　　　B. 降低对传动能力的要求　　　　C. 重选带轮直径

3. V 带传动设计中，限制小带轮的最小直径主要是为了____。

A. 使结构紧凑　　　　B. 限制弯曲应力

C. 保证带和带轮接触面有足够的摩擦力　　　　D. 限制小带轮上的包角

4. V 带轮槽角应小于带楔角的目的是____。

A. 增加带的寿命　　　　B. 便于安装

C. 可以使带与带轮间产生较大的摩擦力

5. 带传动工作时产生弹性滑动是因为____。

A. 带的预紧力不够　　　　　B. 带的紧边和松边拉力不等

C. 带绕过带轮时有离心力　　　　D. 带和带轮间摩擦力不够

6. 一般参数的闭式软齿面齿轮传动的主要失效形式是____。

A. 齿面点蚀　　　　B. 轮齿折断　　　　C. 齿面磨损　　　　D. 齿面胶合

7. 渐开线标准齿轮的根切现象发生在____。

A. 模数较大时　　　　B. 模数较小时　　　　C. 齿数较小时　　　　D. 齿数较多时

8. 在设计圆柱齿轮传动时，通常使小齿轮的宽度比大齿轮宽一些，其主要目的是____。

A. 使小齿轮和大齿轮的强度接近相等　　　　B. 为了使传动更平稳

C. 为了补偿可能的安装误差以保证接触线长度　　　　D. 传动效率高

9. 齿轮传动中，轮齿的齿面疲劳点蚀通常首先发生在____。

A. 接近齿根处　　　　B. 节线附近　　　　C. 接近齿顶处　　　　D. 分布整个齿面

10. 对于齿面硬度≤350 HBS 的闭式齿轮传动，设计时一般____。

A. 只需验算接触强度　　　　　B. 按接触强度设计，再验算弯曲强度

C. 只需验算弯曲强度　　　　　D. 按弯曲强度设计，再验算接触强度

11. 与带传动相比，链传动的主要优点是____。

A. 工作平稳，无噪声　　　　B. 传动效率高

C. 制造费用低　　　　　　　D. 能保持准确的瞬时传动比

12. 链传动中在其他条件不变的情况下，传动的平稳性随链条节距的_____。

A. 减小而提高　　　　B. 减小而降低　　　　C. 关联性不大

13. 平行轴斜齿圆柱齿轮传动适用条件是_____。

A. 低速、小功率　　　　B. 低速、大功率　　　　C. 高速、小功率　　　　D. 高速、大功率

14. 蜗杆传动中，如果蜗杆的螺旋线方向为右旋，则蜗轮的螺旋线方向应为____。

A. 左旋　　　　　　　　B. 右旋　　　　　　　　C. 左旋、右旋都可以

15. 在移动从动件盘形凸轮机构中，____端部形状的从动件传力性能最好。

A. 尖端从动件　　　　　B. 滚子从动件　　　　　C. 平底从动件

16. 在单向间歇运动机构中，棘轮机构常用于____的场合。

A. 低速、轻载　　　　B. 高速、轻载　　　　C. 低速、重载　　　　D. 高速、重载

三、判断题

1. V带的张紧轮最好布置在松边外侧靠近大带轮处。　　（　　）

2. 弹性滑动是可以避免的。　　（　　）

3. 为降低成本，V带传动通常可将新、旧带混合使用。　　（　　）

4. 为了增强传动能力，可以将带轮工作面制得粗糙些。　　（　　）

5. 为了保证V带传动具有一定的传动能力，小带轮的包角通常要求大于或等于120°。（　　）

6. 齿轮传动中，经过热处理的齿面称为硬齿面，而未经过热处理的齿面称为软齿面。（　　）

7. 安装和使用过程中，齿轮传动的中心距略有变化不会改变传动比的大小。（　　）

8. 通常一对传动齿轮的许用接触应力可能不相等，但其接触应力一定相等。（　　）

9. 直齿圆柱齿轮传动时，轮齿间同时有轴向力、圆周力和径向力作用。（　　）

10. 某齿轮传动发生断齿，判定是设计原因，如齿轮材料和制造工艺合适不变，则最有效的办法是增大模数。（　　）

11. 链传动安装时松边垂度越大越好。（　　）

12. 链传动适合用于工作条件较为恶劣的场合。（　　）

13. 斜齿圆柱齿轮传动传递功率大，但平稳性较差。（　　）

14. 阿基米德蜗杆传动一般用于高速、大功率场合。（　　）

15. 凸轮机构可使从动件做周期性时动、时停的运动。　　（　　）

16. 槽轮机构不适宜用于高速场合。（　　）

四、简答题

1. 多根V带传动时，若发现一根已坏，应如何处置？

2. 带传动的主要失效形式是什么？带传动设计的主要依据是什么？

3. 一对渐开线直齿圆柱齿轮，要满足什么条件才能相互啮合正常运转？

4. 在什么情况下会产生根切现象？齿廓的根切有什么危害？根切与被切齿轮的齿数有什么关系？

5. 何谓齿轮中的分度圆？何谓节圆？二者的直径是否一定相等或一定不相等？

6. 某滚子链"12A-2×84GB/T 1243—2006"各数字、符号的含义是什么？

五、实作题

1. 已知一个普通V带传动，主动轮基准直径 $d_{d1} = 250$ mm，从动轮基准直径 $d_{d2} = 900$ mm，$n_1 = 1440$ r/min，V带型为C型，$L_d = 4000$ mm，$z = 2$，原动机为空载启动，工作时载荷变动较小，三班制工作。试计算该V带传动所能传递的功率及作用在轴上的力。

2. 试设计一铣床电动机与主轴箱之间的普通 V 带传动。已知电动机额定功率 $P = 6$ kW，转速 $n_1 = 1440$ r/min，从动轴转速 $n_2 = 400$ r/min，两班制工作，大、小带轮安装轴直径分别为 30 mm 和 22 mm。

3. 试设计任务四教学检测实作题第 2 题的带传动机构(包括小带轮的结构设计)。注意：从原始数据和前面设计结果中找寻此设计的已知条件。

4. 为修配一个残损的标准直齿圆柱外齿轮，实测齿高为 8.96 mm，齿顶圆直径为 135.90 mm，试确定该齿轮的模数、分度圆直径、齿厚和齿槽宽。

5. 在修理机器时，有一对标准直齿圆柱齿轮，由于轮齿磨损严重，已无法测量齿顶圆直径，现测得中心距 $a = 42$ mm，齿数 $z_1 = 18$，$z_2 = 24$，试确定该对齿轮的模数、分度圆直径、齿顶圆直径和齿根圆直径。

6. 已知单级闭式标准直齿圆柱齿轮减速器，传递功率 $P = 7.4$ kW，小齿轮转速 $n_1 = 960$ r/min，传动比 $i = 4$，小齿轮由电动机驱动，单向传动，载荷受中等冲击，预期寿命为 10 年(每年按 300 天计)，单班制工作，大、小齿轮安装轴直径分别为 38 mm 和 25 mm。试设计该齿轮传动。

7. 试设计任务四教学检测实作题第 2 题的齿轮机构。注意：从原始数据和前面设计结果中找寻此设计的已知条件。

任务六　轴的选择与设计

轴类零件是机械零件中的关键零件之一，在机器中起着支承传动零件以传递运动或动力的作用，并保证装在轴上的零件能实现各自的功能。

6.1　轴的分类及其应用

1. 按轴受的载荷和功用分类

1) 心轴

如图 6-1 所示，心轴是只承受弯矩不承受扭矩的轴，主要用于支承回转零件，如车辆轴和滑轮轴。

2) 传动轴

如图 6-2 所示，传动轴是只承受扭矩不承受弯矩或承受很小弯矩的轴，主要用于传递转矩，如汽车的传动轴。

3) 转轴

如图 6-3 所示，转轴是同时承受弯矩和扭矩的轴，既支承零件又传递转矩，如减速器主动轴。

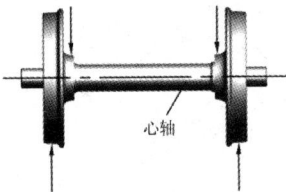 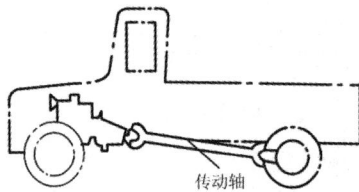 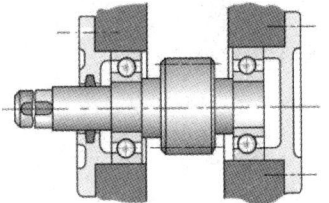

图 6-1　心轴　　　　　　　图 6-2　传动轴　　　　　　图 6-3　转轴

2. 按轴线形状分类

按轴线形状分类，轴可分为直轴(图 6-4)、曲轴(图 6-5)和挠性轴(图 6-6)。在实际应用中以直轴为主。

  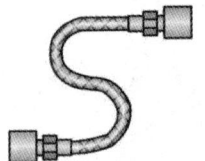

图 6-4　直轴(阶梯轴)　　　　　　图 6-5　曲轴　　　　　　图 6-6　挠性轴

直轴根据外形可分为光轴和阶梯轴(图 6-4)，为了提高刚度或减轻重量，有时可制成空心轴。本任务以应用最广的实心阶梯轴为例，讨论有关设计问题。

6.2　轴的材料及其选用

轴的失效形式是疲劳断裂，故轴的材料应具有足够的强度、韧性和耐磨性。轴的材料主要有以下几种。

1. 碳素钢

优质碳素钢具有较好的机械性能，对应力集中敏感性较低，且价格便宜，故应用较广泛，如 35、45、50 等优质碳素钢。一般轴采用 45 钢，应经过调质或正火处理；有耐磨性要求的轴段，应进行表面淬火及低温回火处理。轻载或不重要的轴，使用普通碳素钢 Q235、Q275 等。轴的常用材料及机械性能见表 6.1。

表 6.1　轴的常用材料及机械性能

材料牌号	热处理类型	毛坯直径/mm	硬度/HBS	抗拉强度 σ_b / MPa	屈服点 σ_s / MPa	应用说明
Q275				149	275	用于不重要的轴
35	正火	≤100	149～187	520	270	用于一般轴
	正火	>100～300	143～187	500	260	
	调质	≤100	156～207	560	300	
	调质	>100～300	156～207	540	280	
45	正火	≤100	170～217	600	300	用于强度高、韧性较好的且较重要的轴
	正火	>100～300	162～217	580	290	
	调质	≤200	217～255	650	360	
40Cr	调质	25	≤207	1000	800	用于强度高、耐磨性好但无很大冲击的重要轴
	调质	≤100	241～286	750	550	
	调质	>100～300	241～286	700	500	
35SiMn	调质	25	≤229	900	750	用于中小型轴
	调质	≤100	229～286	800	520	
	调质	>100～300	217～269	750	450	
40MnB	调质	25	≤207	1000	800	可代替 40Cr，用于小型轴
	调质	≤200	241～286	750	500	
38CrMnMo	调质	≤100	229～285	750	600	可代替 35CrMo
	调质	>100～300	217～269	700	550	

2. 合金钢

合金钢具有较高的机械性能，对应力集中比较敏感，淬火性较好，热处理变形小，价格较贵。多使用于要求重量轻和轴颈耐磨性高的轴。例如：汽轮发电机轴，要求在高速、高温、重载下工作，可采用 27Cr2Mo1V、38CrMoAlA 等；滑动轴承的高速轴，可采用 20Cr、20CrMnTi 等。

3. 球墨铸铁

球墨铸铁吸振性和耐磨性较好，对应力集中敏感性较低，且价格低廉，使用铸造制成外形复杂的轴，如内燃机中的曲轴。

6.3　轴的结构设计

轴的结构设计就是确定轴的形状和尺寸，这与轴上零件的安装、拆卸和零件的定位及加工工艺有着密切的关系，因此轴的结构没有统一的形式。

6.3.1　轴的结构

如图 6-7 所示，轴头是与回转零件相配合的部分，通常轴上开有键槽；轴颈是与轴承配合的部分，其上装有轴承；轴身是连接轴头和轴颈的部分。

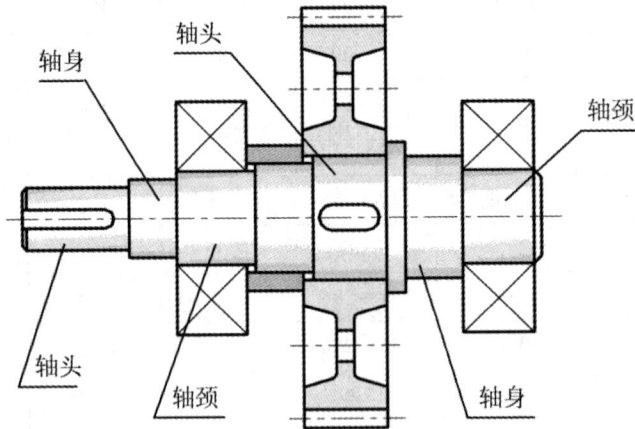

图 6-7　轴的结构

轴肩和轴环是阶梯轴截面变化的部位，对轴起轴向定位作用，其中直径尺寸两边都变化的称为轴环。例如，图 6-7 中齿轮、带轮和右端轴承是靠轴肩定位，左端轴承是靠套筒定位，两端轴承盖把轴固定在箱体上。阶梯轴可以满足轴和轴上零件有准确的工作位置，且使轴上零件便于装拆，同时各个轴段的强度基本接近。因此，阶梯轴使用较广泛。

6.3.2　轴上零件的轴向定位与固定

1. 轴肩和轴环

轴肩和轴环是阶梯轴上截面变化的部位，其特点为定位方法简单、可靠。轴肩的圆角半径 R 越大，此处的应力集中就越小；但为了使轴上零件的端面能与轴肩紧贴，轴肩的圆角半径 R 必须小于零件孔端的圆角半径 R_1 或倒角 C_1(如图 6-8 所示)，否则无法与轴肩紧贴。

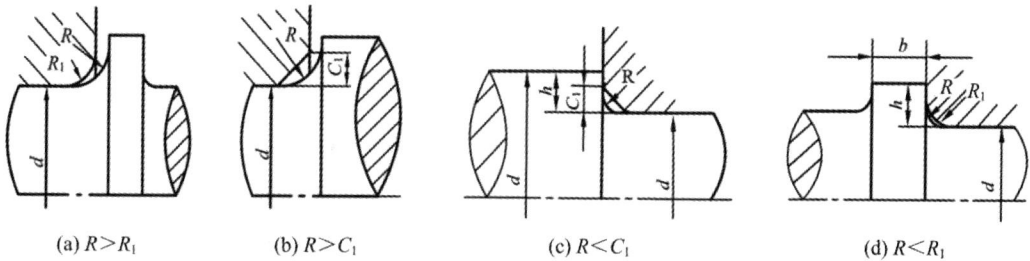

(a) $R>R_1$　　　(b) $R>C_1$　　　(c) $R<C_1$　　　(d) $R<R_1$

图 6-8　轴肩和轴环

轴环与轴肩尺寸 $h = (0.07\sim0.1)d + (1\sim2)$ mm，轴环宽度 $b \approx 1.4h$。

2. 轴端挡圈和圆锥面

如图 6-9 所示，轴端挡圈与轴肩、圆锥面与轴端挡圈联合使用，常用于轴端能起到双向固定的作用。这种方式装拆方便，多用于承受剧烈振动和冲击的场合。

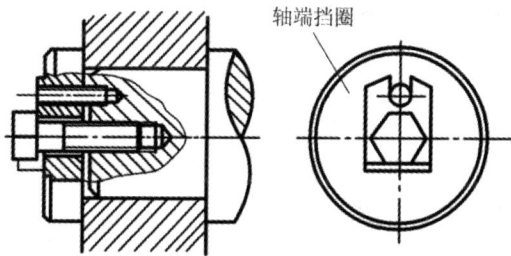

图 6-9　轴端挡圈轴肩

3. 定位套筒和圆螺母

定位套筒(图 6-10)用于轴上两零件的距离较小，结构简单，定位可靠。圆螺母(图 6-11)用于轴上两零件距离较大，需要在轴上切制螺纹，对轴的强度影响较大。

图 6-10　定位套筒

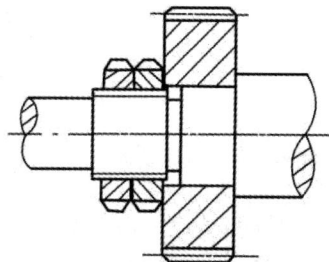

图 6-11　圆螺母

4. 弹性挡圈和紧定螺钉

弹性挡圈(图 6-12)和紧定螺钉(图 6-13)常用于轴向力较小的场合。

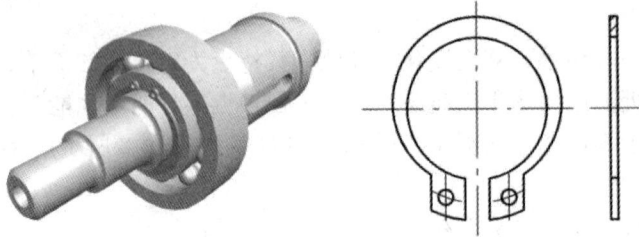

图 6-12　弹性挡圈

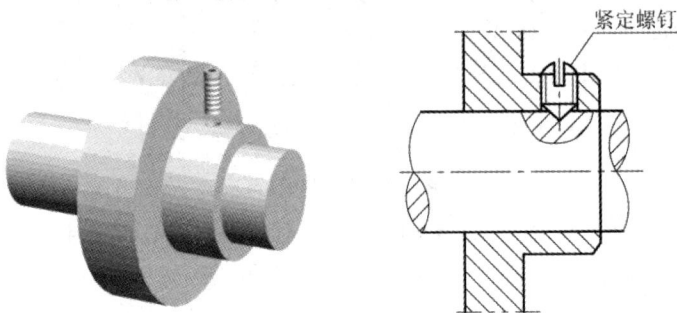

图 6-13　紧定螺钉

6.3.3　轴上零件的周向定位与固定

轴上零件的周向固定形式如图 6-14 所示,平键连接见任务八相关内容。过盈配合是利用轴和零件轮毂孔之间的配合过盈量来连接,能同时实现周向和轴向固定,结构简单,对中性好,对轴削弱小,但装拆不方便。成型连接是利用非圆柱面与相同的轮毂孔配合,对中性好,工作可靠,但制造困难,应用较少。

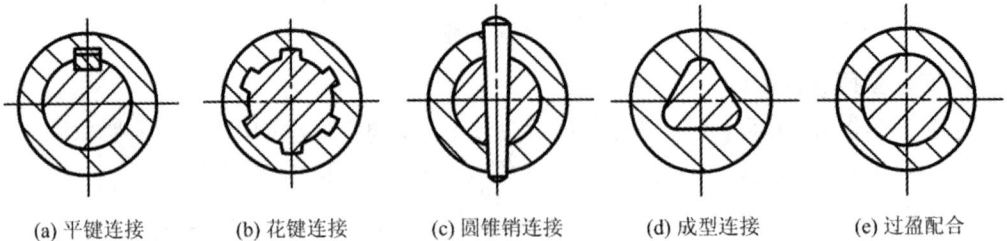

(a) 平键连接　　　(b) 花键连接　　　(c) 圆锥销连接　　　(d) 成型连接　　　(e) 过盈配合

图 6-14　周向固定的形式

6.3.4　轴的加工和装配工艺性

为方便轴的制造、轴上零件的装配和使用维修,在确定轴的结构时,会从工艺角度提出一些相应要求,即轴的加工和装配工艺性问题。

(1) 轴的形状应力求简单,阶梯轴的台阶数应尽可能少。

(2) 轴段若需磨削或切制螺纹，须留出螺纹退刀槽或砂轮越程槽，如图 6-15 所示。

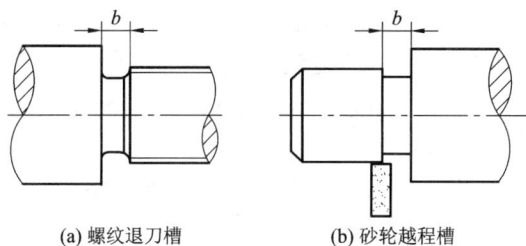

(a) 螺纹退刀槽　　　　　　(b) 砂轮越程槽

图 6-15　螺纹退刀槽或砂轮越程槽

(3) 当轴上有多个键槽时，各轴段上的键槽应布置在轴的同一素线上，键槽宽度应尽量一致。

(4) 阶梯轴的直径应中间大(图 6-16(a))，向两端依次减小，以便于轴上零件的装拆。

(5) 轴端、轴颈与轴肩的过渡部位应加工出 45°倒角(图 6-16(b))或圆角，以便于轴上零件的装配，并可减少应力集中。

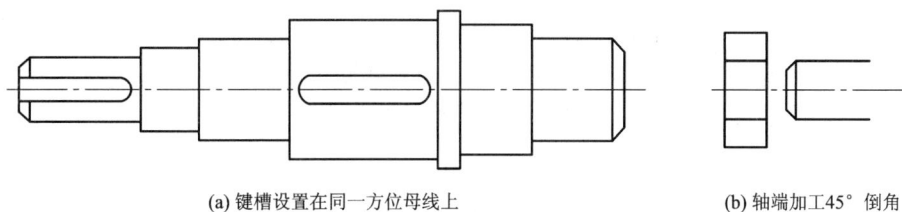

(a) 键槽设置在同一方位母线上　　　　　　　　　　(b) 轴端加工45°倒角

图 6-16　键槽设置与倒角

6.3.5　各段直径和长度的确定

1. 轴径的确定原则

轴径的确定通常是先根据传递转矩和转速的大小，按扭转强度初步估算出轴的最小直径(见式 6.2)，然后再考虑轴上零件的安装与固定等因素逐一确定各段轴的直径。

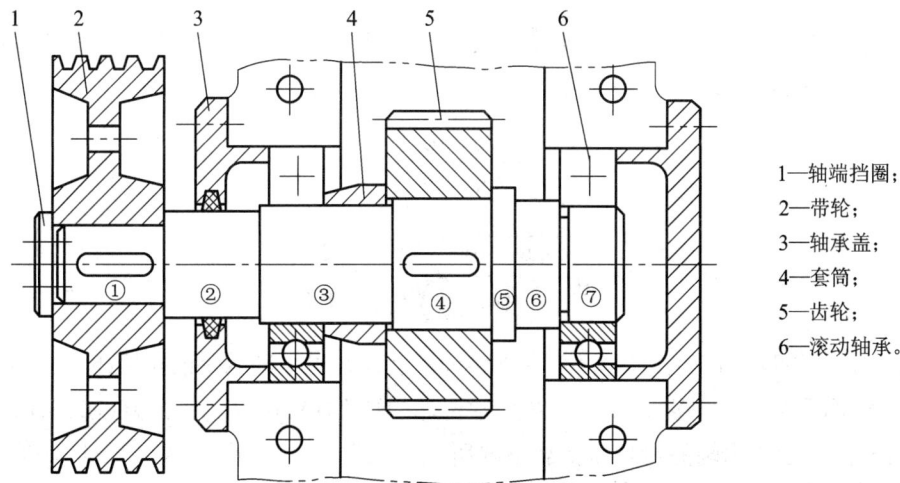

图 6-17　减速器输入轴

1—轴端挡圈；
2—带轮；
3—轴承盖；
4—套筒；
5—齿轮；
6—滚动轴承。

(1) 有配合要求的轴段(见图 6-17 中①、④段)应取标准直径，可查表 6.2。

(2) 安装标准零、部件(如轴承、联轴器等)处的轴段(见图 6-17 中③、⑦段)，其直径必须符合相应的标准尺寸系列；车削螺纹处的直径应符合螺纹标准系列。

(3) 用作定位和固定的轴肩或轴环(见图 6-17 中②、⑤、⑥段)，其高度为 $h = (0.07\sim 0.1)d + (1\sim2)$ mm；非定位轴肩的高度，一般取 $h \approx 1\sim2$ mm。

(4) 应当有利于轴上零件的装拆。

表 6.2　轴的标准直径　(摘自 GB/T 2822—2005)　单位：mm

13	14	15	16	17	18	19	20	21	22	24	25
26	28	30	32	34	36	38	40	42	45	48	50
53	56	60	63	67	71	75	80	85	90	95	100

2. 轴长度的确定

轴的各段长度主要根据轴上零件的轴向尺寸及轴系结构的总体布置来确定，设计时应满足下列要求：

(1) 轴与传动零件轮毂相配合部分(见图 6-17 中①、④段)的长度，一般应比轮毂的长度略短 2～3 mm，以保证传动零件能得到可靠的轴向固定。

(2) 其余轴上各段的长度，可根据总体结构的要求来确定。

6.4　轴的设计计算

强度计算是设计轴的重要内容之一，其目的是根据轴的受载情况及相应的强度条件来确定轴的直径或校核轴的强度。强度计算主要有两种方式：扭转强度计算和按弯扭合成强度计算，下面简述这两种方式。

6.4.1　扭转强度的计算

按照扭转强度进行计算，这种计算方法主要应用于设计传动轴，也可以初步估算轴的最小直径，在此基础上再进行轴的结构设计。

$$\tau = \frac{T}{W} = \frac{9549 \times 10^3 P}{0.2 d^3 n} \leqslant [\tau] \tag{6.1}$$

$$d \geqslant \sqrt[3]{\frac{9\,549 \times 10^3}{0.2[\tau]}} \cdot \sqrt[3]{\frac{P}{n}} = C \sqrt[3]{\frac{P}{n}} \tag{6.2}$$

式中：$[\tau]$ 为许用扭转切应力(MPa)；T 为轴传递的转矩，也是轴承受的扭矩(N·mm)；W 为轴的抗扭截面系数，$W = 0.2 d^3$(mm)；P 为轴传递的功率(kW)；d 为轴的直径(mm)；n 为轴的转速(r/min)。C 为由轴的材料和受载情况所决定的常数，可查表 6.3。

按公式计算轴的直径，当轴截面上有一个键槽时，轴径应增大 3%～5%；有两个键槽时，应增大 7%～10%。

表 6.3　轴常用材料的[τ]值和 C 值

轴的材料	35	45	40Cr，35SiMn
$[\tau_\mathrm{T}]$/MPa	20～30	30～40	40～52
C	135～118	118～106	106～98

注：当作用在轴上的弯矩比转矩小或只受转矩时，C 取较小值，否则 C 取较大值。

6.4.2　弯扭合成强度的计算

按照弯扭合成强度的计算，通常有以下几个步骤。

1. 作轴的受力简图

轴上零件所受的作用力，其作用点在轮毂宽度的中间点。而轴承处在支承反力作用点的位置，要根据轴承类型和布置方式确定(图 6-18)。如果轴上的载荷不在同一平面内，则需求出两个互相垂直平面的支承反力，即水平面和垂直面的支承反力。

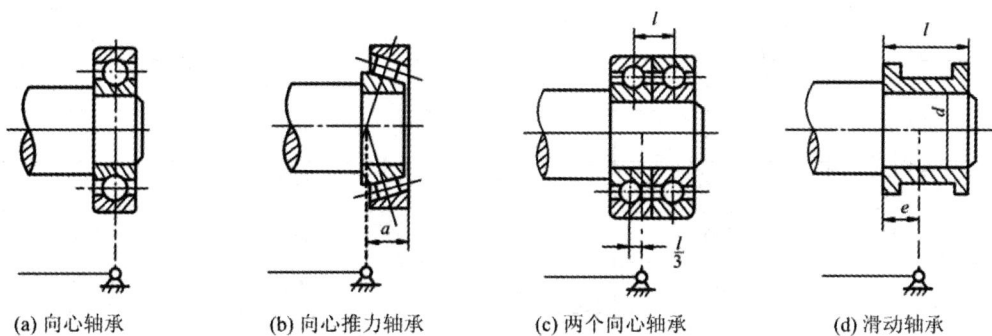

(a) 向心轴承　　　(b) 向心推力轴承　　　(c) 两个向心轴承　　　(d) 滑动轴承

图 6-18　轴承的类型和布置方式

2. 作弯矩图

根据受力简图分别作出水平面弯矩图 M_H 和垂直面的弯矩图 M_V，再求出合成弯矩 M，并作合成弯矩图。

$$M = \sqrt{M_\mathrm{H}^2 + M_\mathrm{V}^2}$$

3. 作轴的扭矩图

在轴上安装传动零件之间的轴段有一定扭矩，其他轴段扭矩为零。

4. 作当量弯矩图

根据已作出的合成弯矩图和扭矩图，按第三强度理论计算各剖面上的当量弯矩 M_d，并作出当量弯矩图。

$$M_\mathrm{d} = \sqrt{M^2 + (\alpha T)^2} \tag{6.3}$$

式中，α 为根据扭矩性质而定的校正系数。对于不变的扭矩，$\alpha = 0.3$；对于脉动循环变化的扭矩，$\alpha = 0.6$；对于对称循环变化的扭矩，$\alpha = 1$。

5. 轴的强度计算

阶梯轴的危险截面一般在最小直径过渡处和最大当量弯矩处。求出危险截面的当量弯矩后，按强度条件进行计算。

$$\sigma_e = \frac{M_d}{W} = \frac{\sqrt{M^2 + (\alpha T)^2}}{0.1 d^3} \leqslant [\sigma_{-1}]_b \tag{6.4}$$

式中：σ_e 为当量弯曲应力(MPa)；W 为轴的危险截面的抗弯截面系数，实心轴 $W = 0.1 d^3$(mm)。$[\sigma_{-1}]_b$ 为轴的材料在对称循环应力状态下的许用弯曲应力(MPa)，见表 6.4。

表 6.4　轴材料的许用弯曲应力　　　　　　　　　　　　　单位：MPa

材料	σ_b	$[\sigma_{+1}]_b$	$[\sigma_0]_b$	$[\sigma_{-1}]_b$
碳素钢	400	130	70	40
	500	170	75	45
	600	200	95	55
	700	230	110	65
合金钢	800	270	130	75
	900	300	140	80
	1000	330	150	90
	600	400	180	110
铸钢	400	100	50	30
	500	60	70	40

例 6.1　试设计用于带式运输机单级直齿圆柱齿轮减速器的低速轴。已知电动机的功率 $P = 15 \text{ kW}$，从动齿轮转速 $n = 280 \text{ r/min}$，分度圆直径 $d = 320 \text{ mm}$，轮毂长度 $l = 80 \text{ mm}$，减速器单向运转。

解　(1) 选择轴的材料并确定许用应力。

查表 6.1，选用 45 钢，并进行调质处理，$\sigma_b = 650 \text{ MPa}$；查表 6.4 可得$[\sigma_{-1}]_b = 60 \text{ MPa}$。

(2) 按扭转强度初步估算轴径。

查表 6.3 得 $C = 112$。

$$d \geqslant C \sqrt[3]{\frac{P}{n}} = 112 \times \sqrt[3]{\frac{15}{280}} = 42.2 \text{ mm}$$

考虑到轴最小直径处有一个键槽，故

$$d_1 = 42.2 \times (1 + 0.04) = 43.9 \text{ mm}$$

查附表五得 $d_1 = 45 \text{ mm}$。

(3) 轴的结构设计(轴的结构与尺寸如图 6-19 所示，轴的长度设计略)。

$$d_2 = 45 + 2 \times (0.08 \times 45) = 52.2 \text{ mm} \qquad\qquad 取 d_2 = 53 \text{ mm}$$

$d_3 = 53 + 3 = 56$ mm 取 $d_3 = d_7 = 55$ mm

$d_4 = 55 + 3 = 58$ mm 取 $d_4 = 60$ mm

$d_5 = 60 + 2 \times (0.1 \times 60) = 72$ mm 取 $d_5 = 75$ mm

$d_6 = 55 + 2 \times (0.08 \times 55) = 63.8$ mm 取 $d_6 = 65$ mm

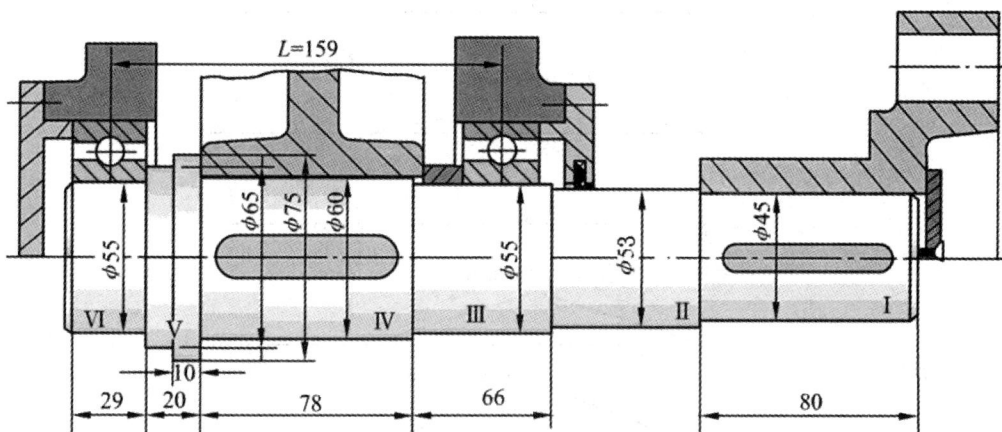

图 6-19 轴的结构与尺寸

(4) 按弯扭组合强度校核轴的强度。

① 绘制轴的受力分析图。分析轴的受力情况，画出轴的空间受力图，如图 6-20(a) 所示。

$$T = 9.55 \times 10^6 \frac{P}{n} = 9.55 \times 10^6 \times \frac{15}{280} = 511\,607 \text{ N} \cdot \text{mm}$$

$$F_t = \frac{2T}{d} = \frac{2 \times 511\,607}{320} = 3198 \text{ N}$$

$$F_r = F_t \tan\alpha = 3198 \tan20° = 1164 \text{ N}$$

求出水平面支座反力，画出水平面受力图，如图 6-20(b)所示。

$$F_{AH} = F_{BH} = \frac{F_t}{2} = \frac{3198}{2} = 1599 \text{ N}$$

求出垂直面支座反力，画出垂直面受力图，如图 6-20(d)所示。

$$F_{AV} = F_{BV} = \frac{F_r}{2} = \frac{1164}{2} = 582 \text{ N}$$

② 绘制水平面，如图 6-18(c)和垂直面弯矩图，如图 6-20(e)所示。

$$M_{CH} = F_{AH} \frac{L}{2} = 1599 \times \frac{159}{2} = 127\,121 \text{ N} \cdot \text{mm}$$

$$M_{CV} = F_{AV} \frac{L}{2} = 582 \times \frac{159}{2} = 46\,269 \text{ N} \cdot \text{mm}$$

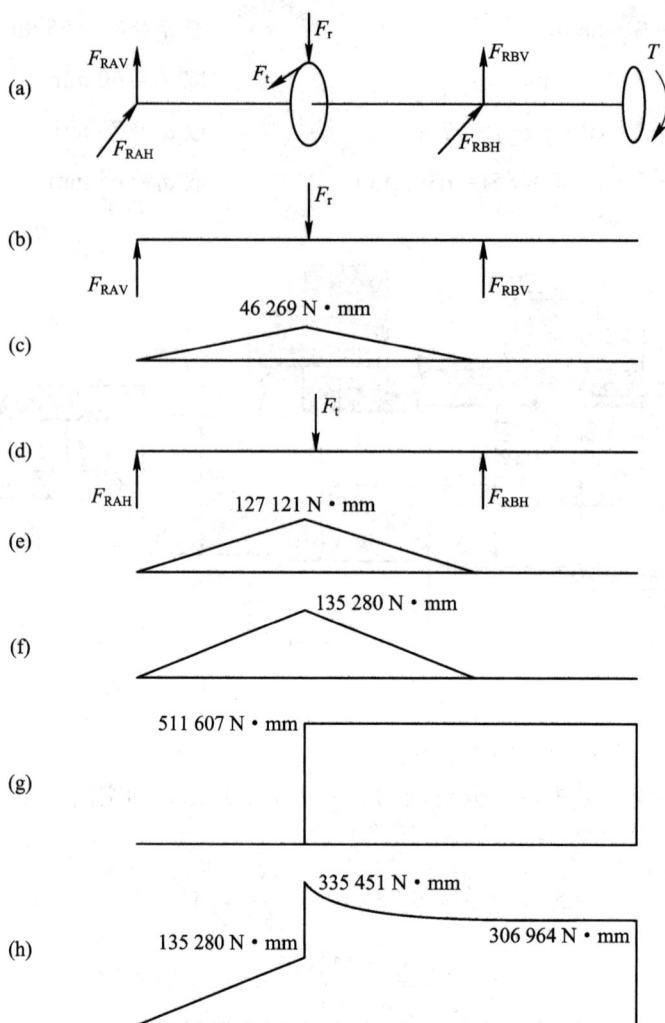

图 6-20　轴系受力、弯矩及扭矩图

③ 绘制轴的合成弯矩图，如图 6-20(f)所示。

$$M_{\mathrm{C}} = \sqrt{M_{\mathrm{CH}}^2 + M_{\mathrm{CV}}^2} = \sqrt{127\,121^2 + 46\,269^2} = 135\,280 \ \mathrm{N \cdot mm}$$

④ 绘制轴的扭矩图，如图 6-20(g)所示。

$$T = 511\,607 \ \mathrm{N \cdot m}$$

⑤ 绘制轴的当量弯矩图，如图 6-20(h)所示。

最大当量弯矩：

$$M_{\mathrm{eC}} = \sqrt{M_{\mathrm{C}}^2 + (\alpha T)^2} = \sqrt{135\,280^2 + (0.6 \times 511\,607)^2} = 335\,451 \ \mathrm{N \cdot mm}$$

右轴承右段轴：

$$M_{\mathrm{eD}} = \sqrt{M_{\mathrm{D}}^2 + (\alpha T)^2} = \sqrt{0^2 + (0.6 \times 511\,607)^2} = 306\,964 \ \mathrm{N \cdot mm}$$

⑥ 校核危险截面的强度。

最大当量弯矩处：

$$\sigma_e = \frac{M_{eC}}{0.1d_4^3} = \frac{335\,451}{0.1 \times 60^3} = 15.5 \text{ MPa} < 60 \text{ MPa}$$

最小直径过渡处：

$$\sigma_e' = \frac{M_{eD}}{0.1d_1^3} = \frac{306\,964}{0.1 \times 45^3} = 33.7 \text{ MPa} < 60 \text{ MPa}$$

由校核可知轴的强度足够。

若危险截面强度不够或强度裕度太大，则必须重新修改轴的结构后再进行强度校核。

(5) 绘制轴的零件工作图。

轴的结构尺寸全部确定后，绘出其零件工作图，如图 6-21 所示。绘图步骤略。

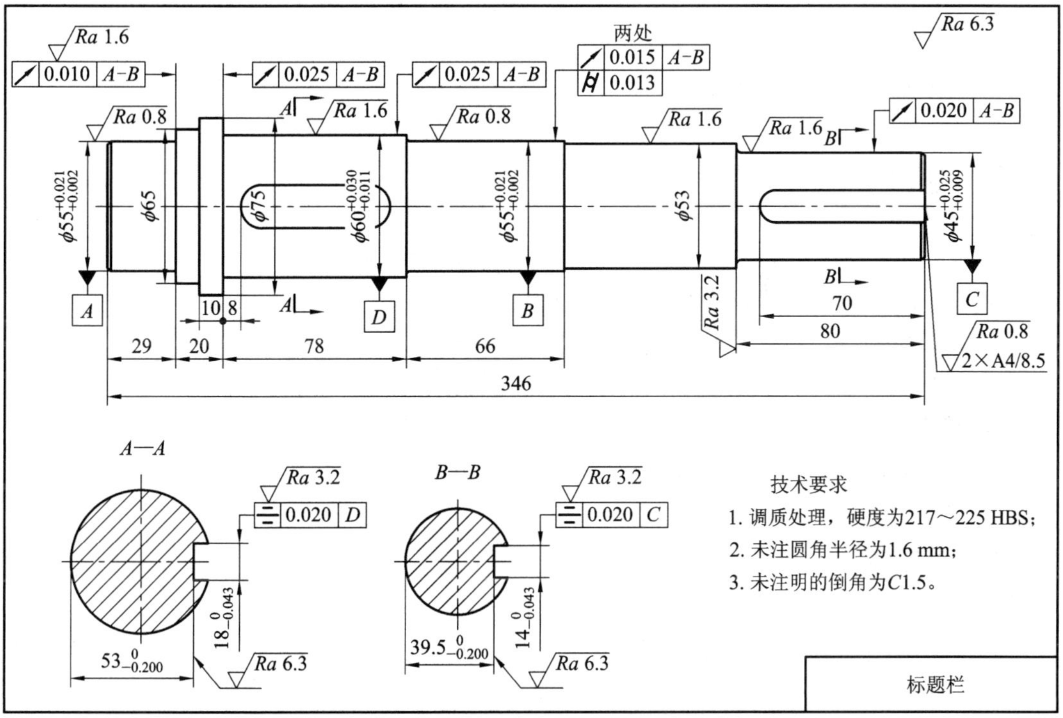

图 6-21　从动轴零件工作图

教 学 检 测

一、填空题

1. 工作中只受弯矩不传递转矩的轴称为＿＿＿＿＿＿轴；主要传递转矩的轴称为＿＿＿＿＿轴；同时承受弯矩和转矩的轴称为＿＿＿＿＿＿轴。

2. 轴肩或轴环是一种常用的＿＿＿＿＿定位方法，它具有结构简单、定位可靠和能承受较大的_____力的特点。

3. 为便于零件的装拆、定位，一般机械中的轴多设计成_____形状。

4. 在轴的初步计算中，轴的最小直径是按_____初步确定的。

5. 需切削螺纹的轴段，应留有螺纹退刀槽，其主要目的是使加工螺纹牙形_____。

二、单选题

1. 自行车的前轴、中轴和后轴_____。

A. 都是心轴　　　　　　B. 分别是心轴、转轴和心轴

C. 都是转轴　　　　　　D. 分别是转轴、心轴和心轴

2. 汽车方向盘轴是_____。

A. 心轴　　　　　B. 转轴　　　　　C. 传动轴

3. 轴环的作用是_____。

A. 加工轴时的定位面　　　B. 提高轴的强度　　　C. 使轴上零件获得轴向固定

4. 增加轴在截面变化处的过渡圆角半径，可以_____。

A. 使零件的轴向定位比较可靠

B. 使轴的加工方便

C. 降低应力集中，提高轴的疲劳强度

5. 单级齿轮减速器中的齿轮轴所承受的载荷情况是_____。

A. 转矩　　　　　B. 弯矩　　　　　C. 转矩+弯矩

6. 对于承受载荷较大的重要轴，常用的材料是_____。

A. HT200　　　　B. 40Cr 调质钢　　　C. Q235A

7. 当轴上的零件要承受较大的轴向力时，采用_____定位较好。

A. 圆螺母　　　　B. 紧定螺钉　　　　C. 弹性挡圈

8. 在齿轮减速器中，低速轴轴径一般比高速轴轴径_____。

A. 大　　　　　B. 小　　　　　C. 一样

三、判断题

1. 满足强度要求的轴，其刚度一定足够。（　　）

2. 同一轴上各键槽、退刀槽、圆角半径、倒角和中心孔等重复出现时，尺寸应尽量相同。（　　）

3. 轴的表面强化处理可以避免产生疲劳裂纹，提高轴的疲劳强度。（　　）

4. 设置轴颈处的砂轮越程槽是为了减少应力集中。（　　）

5. 轴与轴上零件通过过盈配合能传递很大的载荷。（　　）

6. 平键连接是轴上零件周向定位和固定最常用的方式。（　　）

7. 轴的危险截面只根据当量弯矩图即可找到。（　　）

四、简答题

1. 在齿轮减速器中，为什么低速轴的直径要比高速轴大？

2. 轴上最常用的轴向定位结构是什么？轴肩与轴环有何异同？

3. 轴上零件的周向和轴向定位方式有哪些？各适用什么场合？

五、实作题

1. 一传动轴的材料为 45 钢调质处理。轴传递的功率 $P = 2$ kW，转速 $n = 450$ r/min，试按纯扭转估算该轴的直径。

2. 试设计单级直齿圆柱齿轮减速器中的输出轴。已知输入轴转速 $n = 980$ r/min，输出轴传递的功率 $P = 13$ kW，齿轮的齿数分别为 $z_1 = 18$，$z_2 = 72$，模数 $m = 5$ mm，采用深沟球轴承，齿轮在箱体内对称布置，从动轴的结构如图 6-22 所示，滚动轴承安装在左起第三、七段直径处。

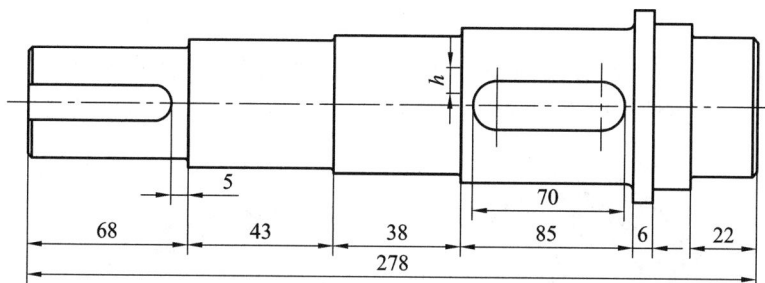

图 6-22　从动轴结构图

3. 试设计任务四教学检测实作题第 2 题减速器中两轴的各段直径。注意：从原始数据和前面设计结果中找寻此题的已知条件。

4. 试设计任务四教学检测实作题第 2 题的大带轮、小齿轮和大齿轮的结构。注意：从原始数据和前面设计结果中找寻此题的已知条件。

任务七　滚动轴承及其选择

　　轴承的功用是支撑轴及轴上零件，减少轴与支承之间的摩擦和磨损，保证轴的旋转精度。根据工作面摩擦性质的不同，轴承可分为滑动轴承(图7-2)和滚动轴承(图7-1)。

图 7-1　滚动轴承　　　　　　　　　图 7-2　滑动轴承

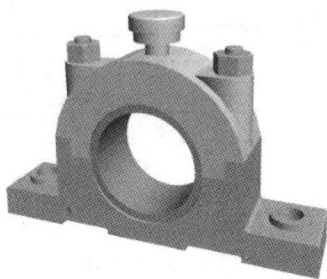

　　滚动轴承具有摩擦和磨损较小，易启动，适用范围广，已标准化，设计、使用、润滑和维护均较方便等一系列优点，所以广泛应用于各种机械上。这里主要介绍滚动轴承。

7.1　滚动轴承的结构、类型和应用特点

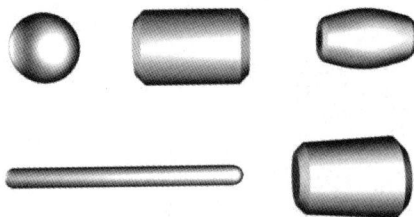

1. 滚动轴承的组成

　　滚动轴承的结构如图7-3所示，它是由内圈1、外圈2、滚动体3和保持架4组成的。内圈装在轴径上，与轴一起转动。外圈装在机座的轴承孔内，一般不转动。内、外圈上设置有滚道，当内、外圈之间相对旋转时，滚动体沿着滚道滚动，保持架使滚动体均匀分布在滚道上，减少了滚动体之间的碰撞和磨损。滚动体的形状多种多样，常见的滚动体形状如图7-4所示，有球形滚子、圆柱滚子、滚针、圆锥滚子、球面滚子等。

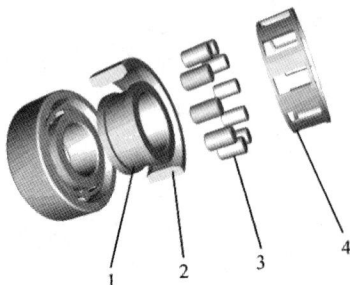

图 7-3　滚动轴承的结构　　　　　　　图 7-4　滚动体形状

2. 滚动轴承的基本类型

1) 按轴承所能承受载荷的方向或公称接触角的大小分类

(1) 向心轴承：当公称接触角 $\alpha = 0°$ 时，称为径向接触轴承，主要承受径向载荷，有些可承受较小的轴向载荷。当公称接触角 $\alpha = 0°\sim45°$ 时，称为向心角接触轴承，可同时承受径向载荷和轴向载荷。

(2) 推力轴承：当公称接触角 $\alpha = 45°\sim90°$ 时，称为推力角接触轴承，主要承受轴向载荷，可承受较小的径向载荷。当公称接触角 $\alpha = 90°$ 时，称为轴向接触轴承，只能承受轴向载荷。

如图 7-5 所示，α 为滚动体与外圈接触点的法线与垂直于轴承轴心线的径向平面之间的夹角，称为滚动轴承的公称接触角。它的数值越大，轴承承受轴向载荷的能力越强，因此，它是滚动轴承的一个重要参数。

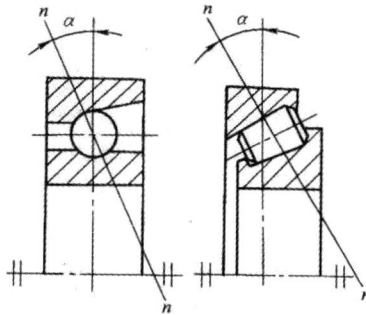

图 7-5　轴承的公称接触角

2) 按滚动体类型分类

滚动体为球体的轴承为球轴承。除了球轴承以外，其他的滚动轴承均为滚子轴承。

3) 按轴承在工作中能否调心分类

调心轴承允许内圈对外圈的轴线偏位角大，非调心轴承则相对较小。

常用滚动轴承的类型和主要特性见表 7.1。

表 7.1　常用滚动轴承的部分类型、代号及特性简表

轴承名称	结构简图	承载方向	轴承代号			基本额定动载荷比	极限转速	主要特性和应用
			类型代号	尺寸系列代号	轴承基本代号			
调心球轴承			1 (1) 1 (1)	(0)2 22 (0)3 23	1200 2200 1300 2300	0.6～0.9	中	主要承受径向载荷，能承受较小的轴向载荷，外圈滚道以轴承中心为中心的球面，可自动调心。适用于轴承轴心线难以对中的支承，常成对使用

续表

轴承名称	结构简图	承载方向	轴承代号			基本额定动载荷比	极限转速	主要特性和应用
			类型代号	尺寸系列代号	轴承基本代号			
圆锥滚子轴承			3 3 3 3	02 20 29 31	30200 32000 32900 33100	1.5～2.5	中	能同时承受径向载荷和轴向载荷，内、外圈可分离，装拆方便，成对使用。适用于转速不太高，轴的刚度较好的场合
推力球轴承			5 5 5 5	11 12 13 14	51100 51200 51300 51400	1	低	只承受单向轴向载荷，高速时离心力大，故用于低速、轴向载荷大的场合
深沟球轴承			16 6 6 6 6	(0)0 (1)0 (0)2 (0)3 (0)4	16000 6000 6200 6300 6400	1	高	应用广泛，主要承受径向载荷，同时也可承受一定的轴向载荷。高速时，可用来承受纯轴向载荷
角接触球轴承			7 7 7 7	(1)0 (0)2 (0)3 (0)4	7000 7200 7300 7400	1.1～1.4	高	可同时承受径向载荷和轴向载荷，公称接触角愈大，承受轴向载荷愈大，应成对使用，极限转速较高
圆柱滚子轴承			N N N N N N	10 (0)2 22 (0)3 23 (0)4	N1000 N200 N2200 N300 N2300 N400	1.5～3	高	只承受径向载荷，承载能力大，抗冲击能力强。内、外圈可分离，极限转速用于径向载荷较大场合

3. 滚动轴承的应用特点

滚动轴承具有摩擦阻力小，启动灵敏，效率高，可用预紧的方法提高轴承的支承刚度与旋转精度，润滑简便且具有互换性等优点。其主要缺点是抗冲击能力较差，高速时会出现噪声和轴承径向尺寸较大。

7.2　滚动轴承代号

如图 7-6 所示，滚动轴承的代号由前置代号、基本代号和后置代号三部分组成。其中，基本代号是滚动轴承代号的核心；前置代号和后置代号只有在轴承的尺寸、技术要求等有所改变时才使用，一般情况下可部分或全部省略，故本内容只介绍基本代号。

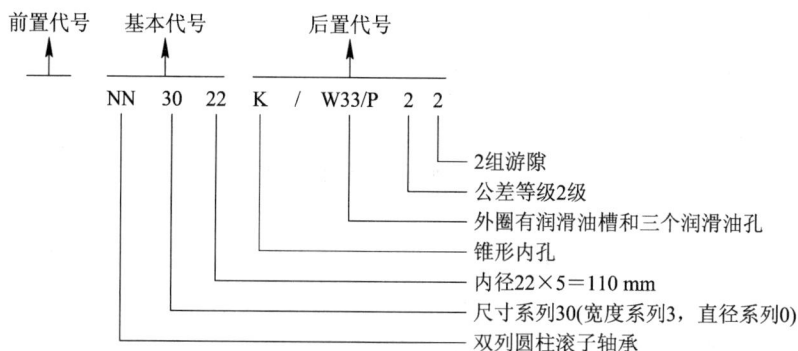

图 7-6　滚动轴承的代号示例

基本代号表示轴承的基本类型、结构和尺寸，是轴承代号的基础，它由类型代号、尺寸系列代号和内径代号三部分组成。

1. 类型代号

基本代号中右起第五位数字或字母为类型代号，见表 7.1。

2. 尺寸系列代号

尺寸系列代号包括轴承的宽(高)度系列和直径系列代号。直径系列代号为右起第三位数字，表示同一内径不同的外径系列，见表 7.2，用两位数字表示。宽(高)度系列代号为右起第四位数字，表示轴承的内径、外径相同，宽(高)度不同的系列，见表 7.3。

表 7.2　直径系列代号

直径系列代号	0、1	2	3	4
系列	特轻	轻	中	重

表 7.3　宽(高)度系列代号

向心轴承宽度代号	0	1	2	3
系列	窄	正常	宽	特宽
推力轴承高度代号	7	9	1	2
系列	特低	低	正常	正常

3. 内径代号

基本代号中右起第一、二位数字表示内径代号，用以表示轴承的内径，轴承内径代号与其内径对应关系见表7.4。

表7.4　常用轴承的内径代号

内径代号	00	01	02	03	04～96
轴承内径/mm	10	12	15	17	数字×5

7.3　滚动轴承的选择

滚动轴承的选择包括类型选择和尺寸选择。

1. 类型选择

(1) 当转速较高，载荷较小时选择球轴承；转速较低，载荷较大或有冲击载荷时，选择滚子轴承。

(2) 若以径向载荷为主，则选择深沟球轴承；若以轴向载荷为主，则选择推力轴承；当径向、轴向载荷相差不多时，选择角接触轴承。

(3) 当跨度较大，或难以保证轴承孔的同轴度时，可选择调心轴承。

(4) 为了便于安装或经常拆卸，可选用内、外圈能分离的圆锥滚子轴承。

2. 尺寸选择

1) 类比法选择

轴承内径根据轴颈直径选取，轴承外廓系列根据空间位置用类比法选取。这种方法较简便，适用于一般机械的轴承。

2) 计算法选择

(1) 对于低速轴承($n<1$ r/min)，其主要失效形式为塑性变形，适合于静强度计算，这种情况应用较少，本节不作介绍。

(2) 对于一般转速的轴承(10 r/min $< n <n_{\text{lim}}$)，其主要失效形式为疲劳点蚀，应该用寿命计算，设计公式如下：

$$C \geqslant \frac{f_{\text{p}}P}{f_{\text{t}}}\left(\frac{60nL_{\text{h}}'}{10^6}\right)^{\frac{1}{\varepsilon}} \tag{7.1}$$

式中，C——所选轴承的基本额定动载荷(N)，见附表一～附表三。

f_{p}——载荷系数(表7.5)。

P——当量动载荷(N)，$P=f_{\text{p}}(XF_{\text{r}}+YF_{\text{a}})$，其中 X、Y 为分别为径向、轴向载荷系数，见附表一～附表三。对于只承受径向载荷的向心轴承：$P=f_{\text{p}}F_{\text{r}}$；对于只承受轴向载荷的推力轴承：$P=f_{\text{p}}F_{\text{a}}$。

ε——寿命指数，球轴承 $\varepsilon=3$，滚子轴承 $\varepsilon=10/3$。

f_{t}——温度系数，见表7.6。

L_{h}——轴承的预期寿命(h)，见表7.7。

n——轴承转速(r/min)。

设计公式的意义是所选轴承的基本额定动载荷 C，应略大于工作所要求基本额定动载荷的计算值。

表7.5　载荷系数 f_p

载荷性质	机 器 举 例	f_p
无冲击或轻微冲击	电机、汽轮机、水泵、通风机	1.0～1.2
中等冲击振动	车辆、机床、传动装置、起重机、内燃机	1.2～1.8
强大冲击振动	破碎机、轧钢机、振动筛、石油钻探机	1.8～3.0

表7.6　温度系数表

轴承工作温度/℃	≤120	125	150	175	200	225	250	300
f_t	1	0.95	0.90	0.85	0.80	0.75	0.70	0.60

表7.7　轴承预期寿命的参考值

机器种类	L_h'/h
不经常使用的仪器和设备	300～3 000
短时间或间断使用，中断使用时不致引起严重后果	3 000～8 000
间断使用，中断使用会引起严重后果	8 000～12 000
每天8 h工作的机器	10 000～20 000
24 h连续工作的机器	40 000～50 000

例 7.1　一鼓风机选用深沟球轴承，已知轴的直径 $d = 50$ mm，转速 $n = 1450$ r/min，轴承所受的径向载荷 $F_r = 1700$ N，工作温度正常，要求轴承预期寿命为 12 000 h，试选择轴承型号。

解　查表 7.5 得 $f_p = 1.1$；查表 7.6 得 $f_t = 1$。根据轴径预选轴承 6010。根据题意 $P = F_r = 1700$ N。

由式(7.1)确定所需轴承的基本额定动载荷为

$$C \geqslant \frac{f_p P}{f_t}\left(\frac{60nL_h'}{10^6}\right)^{\frac{1}{\varepsilon}} = \frac{1.1 \times 1700}{1}\left(\frac{60 \times 1450 \times 12\,000}{10^6}\right)^{\frac{1}{3}} = 18\,970 \text{ N}$$

查附表一得：轴承型号6010的基本额定动载荷为 $C_r = 22\,000$ N，因 $C_r = 22\,000$ N $> 18\,970$ N，故轴承6010可用。

例 7.2　一水泵选用深沟球轴承，已知轴的直径 $d = 35$ mm，转速 $n = 2900$ r/min，轴承所受的径向载荷 $F_r = 2300$ N，轴向载荷 $F_a = 540$ N，工作温度正常，要求轴承预期寿命为5000 h，试选择轴承型号。

解　深沟球轴承同时承受径向和轴向载荷，须先求出当量动载荷。但因轴承型号未定，e 等值无法确定，因此必须要进行试算。

根据轴径预选轴承6207。

查附表一得 $C_r = 25\,500$ N，$C_{or} = 15\,200$ N，则

$$\frac{F_a}{C_{or}} = \frac{540}{15\,200} = 0.0355$$

查附表一，用内插法求得 $e = 0.231$。

$$\frac{0.056 - 0.028}{0.26 - 0.22} = \frac{0.0355 - 0.028}{e - 0.22}$$

$$\frac{F_a}{F_r} = \frac{540}{2300} = 0.235 > e$$

查附表一得 $X = 0.56$，$Y = 1.91$(用内插法)。

$$P = XF_r + YF_a = 0.56 \times 2300 + 1.91 \times 540 = 2319.4 \text{ N}$$

查表 7.5 得 $f_p = 1.1$；查表 7.6 得 $f_t = 1$。

确定所需轴承基本额定动载荷为

$$C \geqslant \frac{f_p P}{f_t} \left(\frac{60 n L_h'}{10^6} \right)^{\frac{1}{\varepsilon}} = \frac{1.1 \times 2319.4}{1} \left(\frac{60 \times 2900 \times 5000}{10^6} \right)^{\frac{1}{3}} = 24\,356 \text{ N}$$

因 $C_r = 25\,500 \text{ N} > 24\,356 \text{ N}$，故轴承 6207 可用。

注：若试算结果不可用，则应把预选轴承型号进行调整，重新选择轴承型号，再进行计算。

7.4　滚动轴承组合设计

轴承安装在机械上，与轴、轴承座(或箱体)、密封件等组成一个有机的整体，称为轴承组合。经过寿命计算选定了轴承型号后，如果没有合理的结构保证，轴承也不能在预期寿命内正常工作，甚至会提前失效。本节将分析和讨论轴承的固定、支承结构的形式、配合和装拆等问题。

1. 轴承组合的轴向固定

1) 轴承内圈的轴向固定

图 7-7(a)为利用轴肩作单向固定，它能承受较大的轴向力；图 7-7(b)为利用轴肩和轴用弹性挡圈作双向固定，挡圈能承受的轴向力较小；图 7-7(c)为利用轴肩和轴端挡板作双向固定，挡板能承受中等的轴向力；图 7-7(d)为利用轴肩和圆螺母，能承受较大的轴向力。

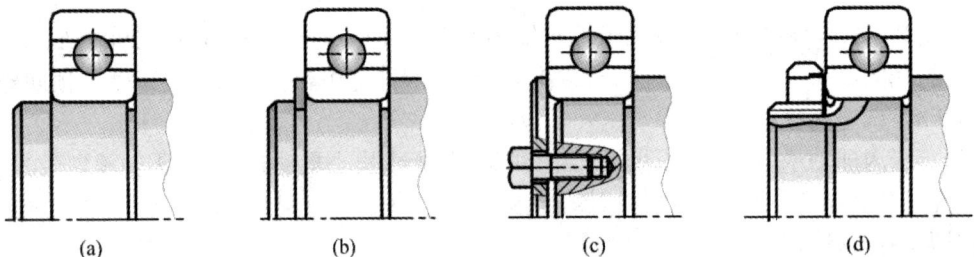

|　(a)　|　(b)　|　(c)　|　(d)　|

图 7-7　轴承内圈的轴向固定

2) 轴承外圈的轴向固定

图 7-8(a)为利用轴承盖作单向固定，能承受较大的轴向力；图 7-8(b)为利用孔内凸肩和孔用弹性挡圈作双向固定，挡圈能承受的轴向力较小；图 7-8(c)为利用孔内凸肩和轴承盖作双向固定，能承受较大的轴向力。

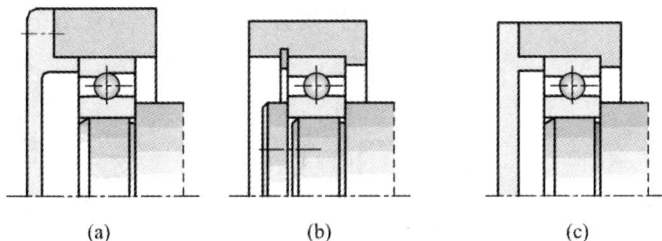

(a)　　　　　　　　(b)　　　　　　　　(c)

图 7-8 轴承外圈的轴向固定

2. 支承结构的基本形式

1) 两端单向固定

如图 7-9 所示，考虑到轴受热伸长，对于深沟球轴承可在轴承盖与外圈端面之间留出热补偿间隙 0.2~0.4 mm。间隙量的大小可用一组垫片来调整。这种支承结构简单，安装调整方便，它适用于工作温度变化不大的短轴。

2) 一端双向固定，一端游动

如图 7-10 所示，双向固定端的轴承可承受双向轴向载荷，游动端的轴承端面与轴承盖之间留有较大的间隙(3~8 mm)，以适应轴的伸缩量。这种支承结构适用于轴的温度变化大且跨距较大的场合。

除了前面两种基本形式外，还有一种两端游动式，因其应用较少，故不再介绍。

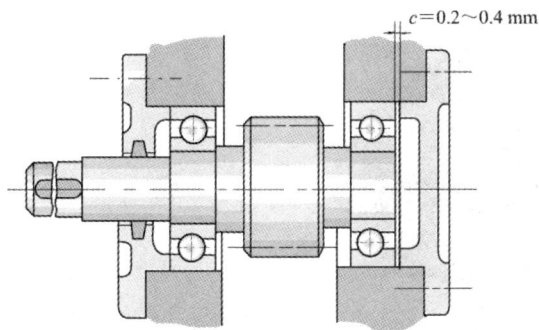

图 7-9 两端单向固定

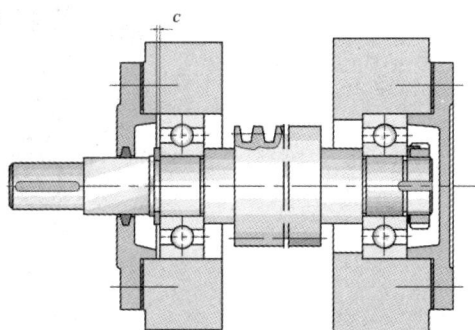

图 7-10 一端双向固定，一端游动

3. 滚动轴承的配合和装拆

1) 滚动轴承的配合

滚动轴承是标准件，因此，轴承内圈与轴颈的配合采用基孔制，轴承外圈与座孔的配合采用基轴制。为了防止轴颈与内圈在旋转时有相对运动，轴承内圈与轴颈一般选用 m5、m6、n6、p6、r6、js6 等较紧的配合。轴承外圈与座孔一般选用 J7、K7、M7、H7 等较松的配合。

2) 滚动轴承的装拆

轴承的内圈与轴颈配合较紧，对于小尺寸的轴承，一般可用压力直接将轴承的内圈压入轴颈，如图 7-11 所示。对于尺寸较大的轴承，可先将轴承放在温度为 80～100℃ 的热油中加热，使内孔胀大，然后用压力机装在轴颈上。拆卸轴承时应使用专用工具。为便于拆卸，设计时轴肩高度不能大于内圈高度，具体内容见附表一～附表三中的安装尺寸。

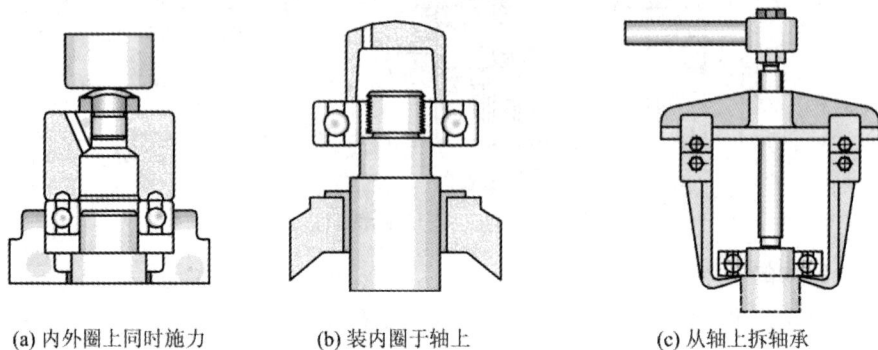

(a) 内外圈上同时施力   (b) 装内圈于轴上   (c) 从轴上拆轴承

图 7-11　轴承的装拆

4. 提高支撑系统的刚度和同轴度

与轴承配合的轴和轴承支座孔应具有足够的刚度，为保证轴承支座孔的刚度，可采用加强筋和增加轴承座孔的厚度，如图 7-12 所示减速器箱体上加强筋。同一根轴上的轴承座孔应保证同心，应使两轴承座孔直径相同，以便加工时能一次定位镗孔，如减速器高速轴两端的轴孔。

图 7-12　减速器外形

教 学 检 测

一、填空题

1. 在一般转速条件下，滚动轴承的主要失效形式是_____。

2. 深沟球轴承内径 100 mm，宽度系列 0，直径系列 2，其代号为_____。

3. 轴承内圈轴向固定的常用方法有_____、_____和_____等。

4. 滚动轴承的内圈与轴的配合采用_____制配合。

5. 滚动轴承一般由_____、_____、_____和_____组成。

二、单选题

1. 轴承的功用不包括_____。

A. 轴向定位　　　　　　　　　B. 支承轴及轴上零件

C. 保持轴的旋转精度　　　　　D. 减少轴与支承间的摩擦和磨损

2. 轴承的公称接触角越大，其能承受的轴向力_____。

A. 与公称接触角无关　　　B. 越小　　C. 越大

3. 滚动轴承代号中的直径系列，表达了不同直径系列的轴承，区别在于_____。

A. 外径相同，内径不同　　　　B. 内径相同，外径不同

C. 内、外径均相同，滚动体大小不同

4. 直齿圆柱齿轮减速器，当载荷平稳、转速较高时，应选用_____。

A. 深沟球轴承　　　　B. 推力球轴承　　　　C. 角接触球轴承

5. 轴承在基本额定动载荷的作用下，运转 10^6 转而不发生点蚀的寿命可靠度为_____。

A. 10%　　　　　　B. 90%　　　　　　C. 100%

6. 除承受径向载荷外，还能承受不大的双向轴向载荷的是_____。

A. 圆锥滚子轴承　　B. 角接触球轴承　　C. 深沟球轴承　　D. 圆柱滚子轴承

7. 一个滚动轴承的基本额定动载荷是指_____。

A. 该轴承的使用寿命为 10^6 转时，所承受的载荷

B. 该轴承的使用寿命为 10^6 h 时，所承受的载荷

C. 该型号轴承平均寿命为 10^6 转时，所承受的载荷

D. 该型号轴承基本额定寿命为 10^6 转时，所承受的最大载荷

8. 轴承中，既能承受径向力，又能承受较大轴向力的轴承为_____。

A. 3 类　　　　　　B. 1 类　　　　　　C. 6 类

三、判断题

1. 轴承承受载荷较大时宜选用滚子轴承。(　　)

2. 一批在同样载荷和同样工作条件下运转的同型号滚动轴承，其寿命相同。(　　)

3. 球轴承比滚子轴承承受冲击载荷的能力强。(　　)

4. 滚动轴承的基本额定动载荷是指轴承的基本额定寿命为 100 万转时所能承受的最大载荷。(　　)

5. 滚动轴承的当量动载荷是指轴承所受径向力与轴向力的代数和。(　　)

6. 滚动轴承的外圈与箱体的配合采用基轴制。(　　)

7. 工作温度较高的长轴宜采用一端固定、一端游动的固定方式。(　　)

8. 对于刚度较差的轴组件宜选用调心轴承。(　　)

四、简答题

1. 滚动轴承的主要失效形式有哪些？其设计计算准则是什么？

2. 按承受载荷方向的不同，滚动轴承可为分为哪几类？各有何特点？

3. 滚动轴承安装时常采用哪些方法？

五、实作题

1. 查书末附录确定下列轴承的内径、外径、宽度和额定动载荷。

6003、6006、6206、30208、32208、7011C

2. 一深沟球轴承所受的径向载荷 $F_r = 7000$ N，载荷比较稳定，其转速 $n = 970$ r/min，要求使用寿命 $L_h = 8000$ h，计算此轴承所要求的额定动载荷。

3. 找出图 7-13 中的错误，并作简单的说明。

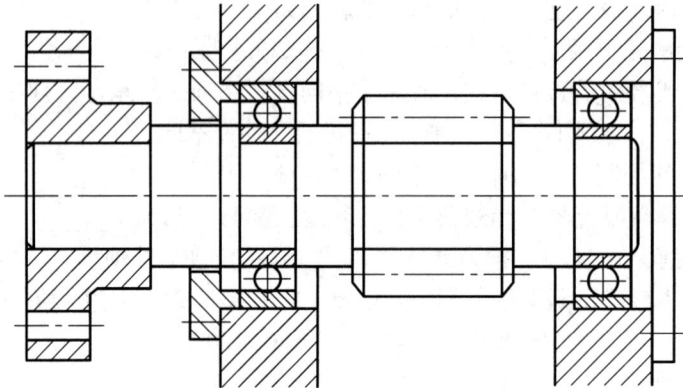

图 7-13　题 5.3 图

4. 一直齿轮轴系用一对深沟球轴承支承，已知轴颈均为 $d = 30$ mm，各轴承所承受的径向载荷分别为 $F_{r1} = 1500$ N 及 $F_{r2} = 1200$ N，其转速 $n = 730$ r/min，载荷平稳，在常温下工作，要求使用寿命 $L_h \geqslant 10\ 000$ h，试选择此轴承型号。

5. 一直齿轮轴系用一对深沟球轴承支承，轴颈直径 $d = 40$ mm，转速 $n = 1450$ r/min，每个轴承承受的径向载荷 $F_r = 2200$ N，承受的轴向载荷分别为 $F_{a1} = 138$ N，$F_{a2} = 366$ N，载荷平稳，预期寿命为 8000 h，试选择轴承型号。

6. 试选择任务四教学检测实作题第 2 题中减速器从动轴轴承的型号。注意：从原始数据和前面设计结果中找寻此选择的已知条件。

任务八　各种连接的选择与计算

由于使用、制造、装配、维修及运输等原因，机器中有较多的零件需要彼此连接。所谓连接，就是指被连接件与连接件的组合结构。起连接作用的零件，如螺栓、螺母、键以及铆钉等，称为连接件；需要连接起来的零件，如齿轮与轴、箱盖与箱体等，称为被连接件。有些连接没有连接件，如成形连接等。

连接可以分为可拆连接和不可拆连接。可拆连接是指连接拆开时，不会损坏连接件和被连接件，如图 8-1(a)所示的螺纹连接等。不可拆连接是指连接拆开时，会损坏连接件或被连接件，如铆接、焊接和黏接等。机械连接还可分为动连接和静连接。在机器工作时，被连接零件间可以有相对运动的称为动连接，如各种运动副、变速器中滑移齿轮的连接。反之，称为静连接，如图 8-1(b)所示轴与零件的连接。

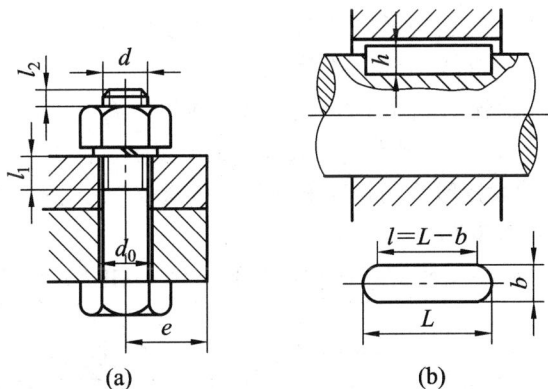

(a)　　　　　　　　　　(b)

图 8-1　连接示例

8.1　键　连　接

键连接主要用于轴与轴上零件(如齿轮、带轮)之间的周向固定，用以传递转矩，其中有的键连接也兼有轴向固定或轴向导向的作用。键是标准件，它可以分为平键、半圆键、楔键和切向键等几类。平键连接和半圆销键连接构成松键连接，楔键和切向键连接构成紧连接。

8.1.1　松键连接

松键连接依靠两侧面传递转矩。键的上表面与轮毂键槽底面有间隙(见图 8.2)，不影响轴与轮毂的同心精度，装拆方便。

1. 平键连接

如图 8-2(a)所示，这种平键连接结构简单，装拆方便，对中性好，应用较广泛。但它不能承受轴向力，故对轴上零件不能起到轴向固定作用。按用途不同，平键可以分为普通平键、导向平键和滑键三种。普通平键用于静连接，导向平键和滑键用于动连接。

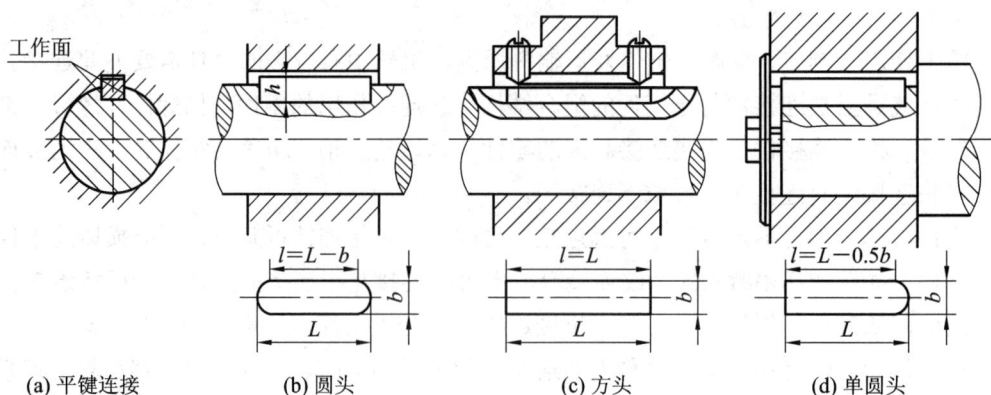

(a) 平键连接	(b) 圆头	(c) 方头	(d) 单圆头

图 8-2　普通平键连接

(1) 普通平键。普通平键应用最广。按键的端部形状可分为圆头(A 型)、方头(B 型)和单圆头(C 型)三种，如图 8-2(b)、(c)、(d)所示。平键连接和键槽尺寸见表 8.1。

如图 8-2(b)所示，采用圆头平键时，键在轴的键槽中固定良好，但轴上键槽端部的应力集中较大。采用方头平键时，键槽两端的应力集中较小，但键在轴上的轴向固定不好；当键的尺寸较大时，需用紧定螺钉将键压紧在轴上的键槽中(见图 8-2(c))。单圆头平键常用于轴端与轮毂的连接(见图 8-2(d))。

表 8.1　平键连接和键槽的尺寸　(GB1095—2003，GB1096—2003)

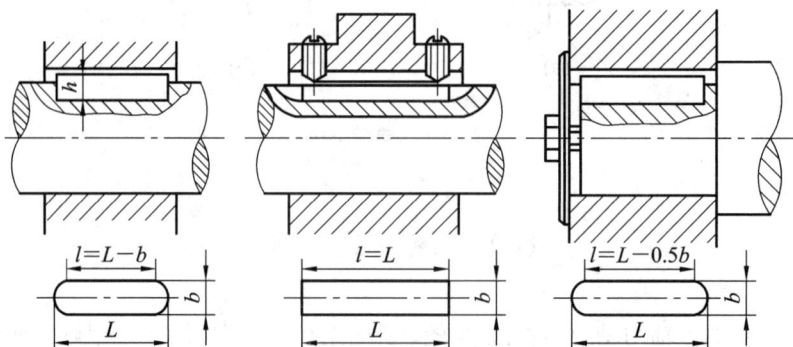

标记示例：键 16 × 100　　GB1096—2003(圆头普通平键 A 型，$b = 16$，$h = 10$，$L = 100$)

键 B16 × 100　GB1096—2003(平头普通平键 B 型，$b = 16$，$h = 10$，$L = 100$)

键 C16 × 100　GB1096—2003(单圆头普通平键 C 型，$b = 16$，$h = 10$，$L = 100$)

续表

轴 公称直径 d	键 公称尺寸 b×h	键槽											
		宽度						深度				半径 r	
		公称尺寸 b	极限偏差					轴 t		毂 t₁			
			较松键连接		一般键连接		较紧键						
			轴 H9	毂 D10	轴 N9	毂 Js9	轴和毂 P9	公称尺寸	极限偏差	公称尺寸	极限偏差	最小	最大
>10~12	4×4	4	+0.030 0	+0.078 +0.030	0 −0.030	±0.015	−0.012 −0.042	2.5	+0.1 0	1.8	+0.1 0	0.08	0.16
>12~17	5×5	5						3.0		2.3		0.16	0.25
>17~22	6×6	6						3.5		2.8			
>22~30	8×7	8	+0.036 0	+0.098 +0.040	0 −0.036	±0.018	−0.015 −0.051	4.0		3.3			
>30~38	10×8	10						5.0		3.3			
>38~44	12×8	12	+0.043 0	+0.120 +0.050	0 −0.043	±0.0215	−0.018 −0.061	5.0		3.3		0.25	0.40
>44~50	14×9	14						5.5		3.8			
>50~58	16×10	16						6.0	+0.2 0	4.3	+0.2 0		
>58~65	18×11	18						7.0		4.4			
>65~75	20×12	20	+0.052 0	+0.149 +0.065	0 −0.052	±0.026	−0.022 −0.074	7.5		4.9		0.40	0.60
>75~85	22×14	22						9.0		5.4			
>85~95	25×14	25						9.0		5.4			
>95~110	28×16	28						10		6.4			
键的长度系列	6、8、10、12、18、20、22、25、28、32、36、40、50、56、63、70、80、90、100、110、125、140、160、180、200、220、250、280、320、360												

注：(1) 在工作图中，轴槽深用 t 或(d−t)标注，轮毂槽深用(d+t₁)标注。

(2) (d−t)和(d+t₁)两组组合尺寸的极限偏差按相应的 t 和 t₁ 极限偏差选取，但(d−t)极限偏差值应取负号。

(2) 导向平键。导向平键是一种较长的平键，用螺钉固定在轴槽中，为了便于拆装，在键上制有起键螺孔，见图 8-3。键与轮毂采用间隙配合，轮毂可沿键做轴向滑移，常用于变速器中的滑移齿轮与轴的连接。

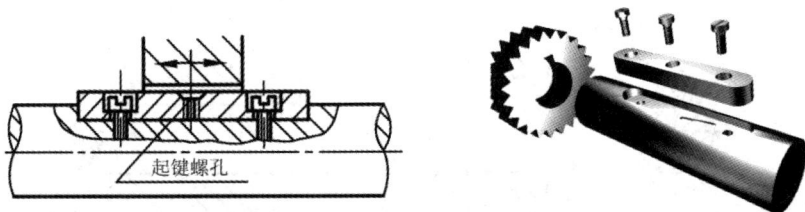

图 8-3　导向平键连接

(3) 滑键。当轴上滑移距离较大时(如台钻主轴与带轮的连接等)，因为当滑移距离较大时，用过长的平键，制造困难。滑键(见图 8-4)固定在轮毂上，轮毂带动滑键在轴槽中做轴向移动，因而需要在轴上加工长的键槽。

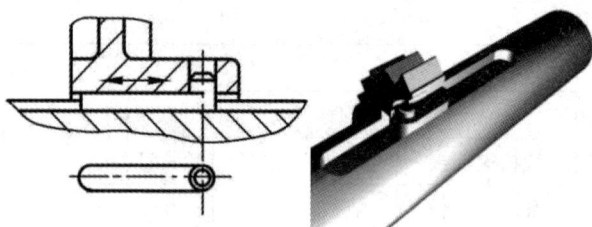

图 8-4　滑键连接

2. 半圆键连接

如图 8-5 所示，半圆键用于静连接，它靠键的两个侧面传递转矩。键在轴槽中能绕其几何中心摆动，以适应轮毂槽由于加工误差所造成的斜度。半圆键连接的优点是轴槽的加工工艺性较好，装配方便；半圆键连接的缺点是轴上键槽较深，对轴的强度削弱较大，一般只宜用于轻载，尤其适用于锥形轴端的连接。

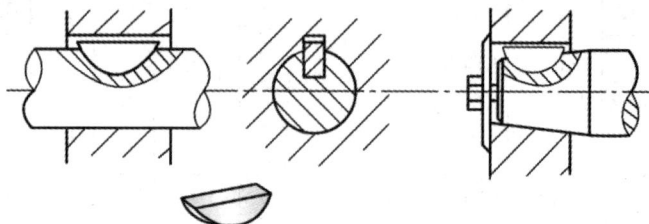

图 8-5　半圆键连接

8.1.2　紧键连接

1. 楔键连接

楔键连接用于静连接，如图 8-6 所示。楔键的上表面和与它配合的轮毂槽底面均有 1∶100 的斜度。装配后，键的上、下表面与毂和轴上键槽的底面压紧，因此，键的上下表面为工作面，键的两侧面与键槽都留有间隙。工作时，靠键楔紧的摩擦力来传递转矩，同时还能承受单向轴向载荷。楔键由于装配楔键时破坏了轴与轮毂的对中性；另外，在冲击、振动和承受变载荷时易产生松动。因此楔键连接仅适用于对传动精度要求不高、低速和载荷平稳的场合。

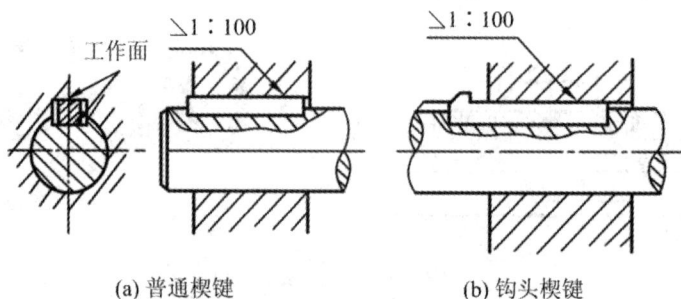

(a) 普通楔键　　　　　　　　(b) 钩头楔键

图 8-6　楔键连接

楔键分为普通楔键和钩头楔键，普通楔键又分圆头和方头两类。钩头楔键便于拆装，当其用于轴端时，为了防止其工作时被甩出，应加防护罩。

2. 切向键连接

切向键是由一对普通楔键组成，如图 8-7 所示。装配后两键的斜面相互贴合，共同楔紧在轴毂和轴之间，键的上、下两平行窄面是工作面，依靠其与轴和轮毂的挤压传递单向转矩。当要传递双向转矩时，须用两对互成 120°～130° 的切向键。切向键连接主要用于对中要求不高，轴径大于 100 mm 而载荷很大的重型机械。

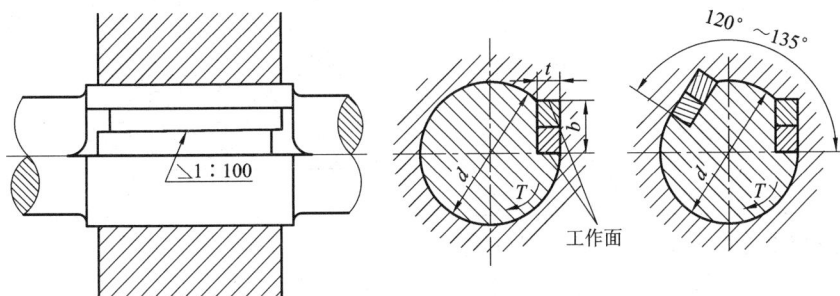

图 8-7　切向键连接

8.1.3　平键连接的选用和强度计算

1. 键类型的选择

选择键的类型时应考虑的因素有：对中性要求；传递转矩的大小；轮毂是否需要沿轴向滑移及滑移距离的大小；键在轴的中部或端部等。

2. 键尺寸的选择

平键的主要尺寸为键宽 b、键高 h 和键长 L。设计时，根据轴的直径从标准中(见表 8.1)选取平键的宽度 b 和高度 h；键长 L 略短于轮毂的宽度(一般比轮毂宽度短 5～10 mm)，并须符合标准中规定的长度系列。

3. 平键的强度校核

平键连接工件时的受力情况如图 8-8 所示，键受到剪切和挤压的作用。实践证明，标准平键连接，其主要失效形式是键、轴和轮毂中强度较弱的工作表面被压溃(对静连接) 或磨损(对动连接)。因此，通常只需校核挤压强度(对静连接)或压强(对动连接)即可。

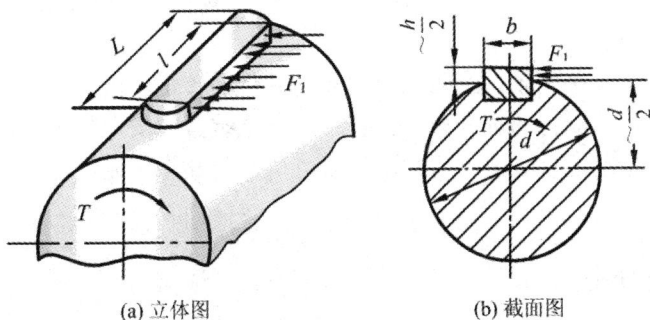

(a) 立体图　　　　　　(b) 截面图

图 8-8　平键连接的受力分析

设载荷沿键长均匀分布，则挤压强度条件为

$$\sigma_p = \frac{4T}{dhl} \leqslant [\sigma_p] \tag{8.1}$$

式中，l 为平键的轴向工作长度：A 型 $l = L - b$，B 型 $l = L$，C 型 $l = L - b/2$；T 为轴上传递的转矩($N \cdot mm$)；d 为轴的直径(mm)；h 为键的高度(mm)；$[\sigma_p]$ 为键、轴和轮毂中挤压强度最低的材料的许用应力(MPa)，见表 8.2。

表 8.2　材料的许用应力　　　　　　　　　　　　单位：MPa

许用值	连接方式	轮毂材料	载荷性质		
			静载荷	轻微冲击	冲击
$[\sigma_p]$	静连接	钢	125～150	100～120	60～90
		铸铁	70～80	50～60	30～45
	动连接	钢	50	40	30

如校核结果连接的强度不够，则可采取以下措施：

(1) 适当增加轮毂和键的长度，但键长不宜超过 $2.5d$。

(2) 用两个键按相隔 180° 布置，考虑到载荷在两个键上分布的不均匀性，在进行强度计算时，只按 1.5 个键计算。

例 8.1　已知齿轮减速器输出轴与齿轮之间键连接，传递的转矩 $T = 700 N \cdot m$，轴的直径 $d = 60 mm$，轮毂宽 $B = 85 mm$，载荷有轻微冲击，齿轮材料为铸钢。试设计该键连接。

解　(1) 类型选择：为保证齿轮传动啮合良好，要求轴毂对中性好，故选用 A 型普通平键。

(2) 尺寸选择：按轴径 $d = 60 mm$，查表 8.1 选择键的尺寸 $b \times h = 18 \times 11$；根据轮毂宽 $B = 85 mm$，取键长 $L = 80 mm$。

(3) 强度校核：查表 8.2 得 $[\sigma_p] = 100～120 MPa$。

$$\sigma_p = \frac{4T}{dhl} = \frac{4 \times 700 \times 10^3}{60 \times 11 \times (80 - 18)} = 68.4 \ MPa < [\sigma_p]$$

故所选键连接的强度足够。

标记为：键 18 × 80 GB/T 1096—2003。

8.2　联　轴　器

联轴器主要用于连接两轴，使两轴一起转动并传递转矩。这种连接形式，只有当机器停车后拆开联轴器，才能将两轴分离。也有用作安全装置的安全联轴器，其作用是：在机器工作时，如果转矩超过规定值，这种联轴器可自行断开，保证机器中的主要零件不致过载而损坏。

8.2.1　联轴器的分类

联轴器所连接的两轴，由于制造和安装误差以及承载后变形、受热变形和基础下沉等一系列原因，都可能使两轴的轴线不重合而产生某种形式的相对位移，如图 8-9 所示。这就要求联轴器在结构上具有补偿轴线一定位移量的能力。

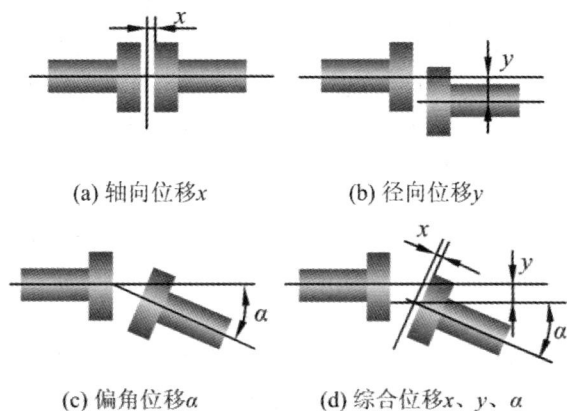

(a) 轴向位移x　　　　　(b) 径向位移y

(c) 偏角位移α　　　　　(d) 综合位移x、y、α

图 8-9　轴的偏移

联轴器的类型较多，其中大多数已标准化了，设计时需查阅有关手册来选用。联轴器根据对各种相对位移有无补偿能力，可分刚性联轴器和挠性联轴器两大类。

下面介绍几种常用的联轴器。

8.2.2　常用联轴器的结构、特点及其应用

1. 套筒联轴器

套筒联轴器是用一个套筒，通过键或销等零件使两轴相连接，如图 8-10 所示。其结构简单，径向尺寸小；但传递转矩较小，不能缓冲、吸振，两轴线要求严格对中，装拆时必须做轴向移动。它适用于工作平稳，无冲击载荷的低速、轻载、小尺寸轴，常用于机床传动系统中。另外，如果销的尺寸设计恰当，过载时销就会被剪断，因此也可用作安全联轴器。

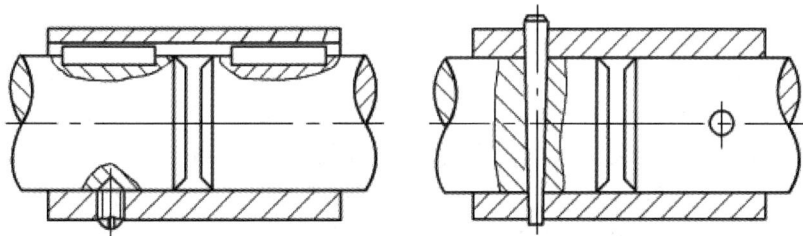

图 8-10　套筒联轴器

2. 凸缘联轴器

凸缘联轴器由两个带有凸缘的半联轴器用键及连接螺栓组成。它有两种对中方法：一种是用一个半联轴器上的凸肩与另一个半联轴器上的凹槽相嵌合而对中，见图 8-11(a)；另一种是用铰制孔用螺栓对中，见图 8-11(b)。前一种方法对中精度高。当要求两轴分离时，后者只要卸下螺栓即可，不用移轴，因此装卸比前者简便。其规格尺寸可按附表四查取。

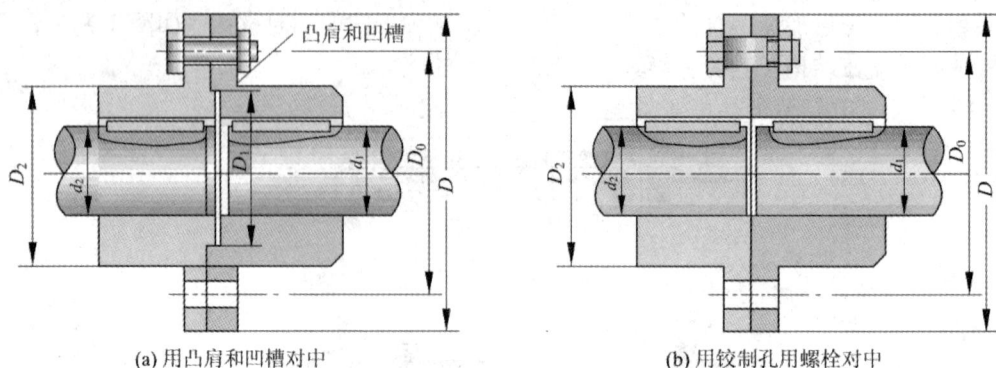

(a) 用凸肩和凹槽对中　　　　　　　　　　　(b) 用铰制孔用螺栓对中

图 8-11　凸缘联轴器

　　凸缘联轴器结构简单，成本低，能传递较大的转矩，但它对两轴的对中性要求很高，不能缓冲减振。因此主要用于连接的两轴能严格对中，转矩较大，载荷平稳的场合。

3. 弹性套柱销联轴器

　　这种联轴器的构造与凸缘联轴器相似，不同之处是用带有弹性套的柱销代替了连接螺栓，如图 8-12 所示。弹性套柱销联轴器已经标准化了，其规格尺寸可按附表五查取。

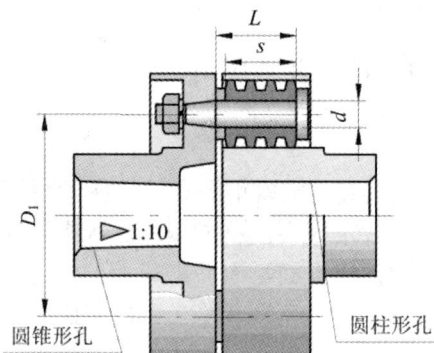

图 8-12　弹性套柱销联轴器

　　弹性套常用耐油橡胶制成，剖面形状为梯形以提高弹性。弹性套的变形可以补偿两轴的径向位移和角位移，并有缓冲吸振作用。为了补偿轴向位移，安装时应注意在两半联轴器之间，留出相应大小的间隙。其半联轴器与轴配合孔可制成圆柱形或圆锥形。

　　联轴器与轴一般采用键连接，有平键单键(A 型)和平键双键(B 型 120℃布置；C 型 180℃布置)。轴孔又分为圆柱形长孔(Y 型)、短孔(J 型有沉孔；J_1 无沉孔)和圆锥孔(Z 型有沉孔；Z_1 型无沉孔)，联轴器标记中 Y 型孔和 A 型键槽代号省略不标。

　　弹性套柱销联轴器制造简单，装拆方便，但弹性套易磨损，寿命较短。它适用于载荷平稳，经常正反转动、启动频繁和中小功率的两轴连接，多用于电动机的输出与工作机械的连接上。

4. 弹性柱销联轴器

　　弹性柱销联轴器的结构(见图 8-13)与弹性套柱销联轴器相似，差别主要在于用尼龙销代替了橡胶套柱销，它利用弹性柱销将两个半联轴器连接起来，使其传递转矩的能力增大。为防止柱销滑出，两侧装有挡板。柱销的材料用尼龙 6，也可用酚醛布棒等其他材料制造。

其规格尺寸可按附表六查取。

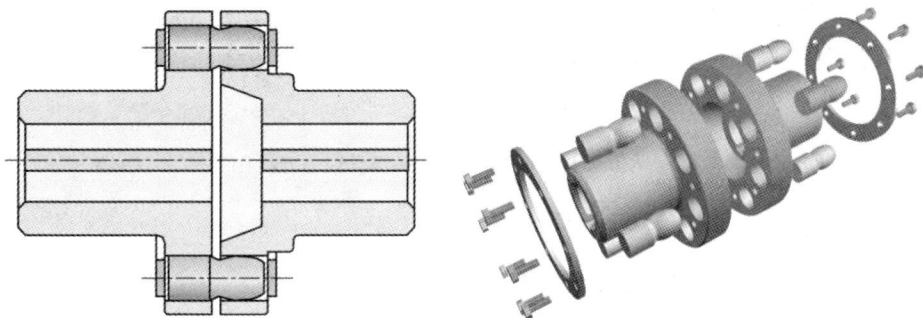

图 8-13　弹性柱销联轴器

这种联轴器的结构更加简单，制造、安装方便，寿命长，具有缓冲吸振和补偿较大轴向位移的能力，但允许径向和角位移量较小。它适用于轴向窜动量大，经常正反转、启动频繁和转速较高的场合。由于尼龙柱销对温度较敏感，在使用弹性柱销联轴器时，其工作温度可限制在 −20～70℃ 的范围内。

8.2.3　联轴器的选用

联轴器大多已标准化，其主要性能参数为：额定转矩 T、许用转矩$[T]$、许用转速$[n]$、位移补偿量和被连接轴的直径范围等。选用联轴器时，通常先根据使用要求和工作条件确定合适的类型，再按转矩$(T_c \leqslant [T])$、轴径和转速$(n \leqslant [n])$选择联轴器的型号，必要时应校核其薄弱件的承载能力。

考虑工作机启动、制动、变速时的惯性力和冲击载荷等因素，应按计算转矩 T_c 选择联轴器。计算转矩 T_c 和工作转矩 T 之间的关系为

$$T_c = KT \tag{8.2}$$

式中，K 为工况系数，见表 8.3；T 为额定转矩。

表 8.3　工作情况系数 K

原动机	工 作 机	K
电动机	带式输送机、鼓风机、连续运动的金属切削机床	1.25～1.5
	链式输送机、刮板输送机、螺旋输送机、离心式泵、木工机床	1.5～2.0
	往复运动的金属切削机床	1.5～2.5
	往复式泵、往复式压缩机、球磨机、破碎机、冲剪机、锤	2.0～3.0
	起重、升降机、轧钢机、压延机	3.0～4.0
涡轮机	发电机、离心泵、鼓风机	1.2～1.5
往复式发动机	发电机	1.5～2.0
	离心泵	3～4
	往复式工作机，如压缩机、泵	4～5

注：(1) 固定式、刚性可移式联轴器选用较大的 K 值；弹性联轴器选用较小的 K 值。

(2) 啮合式离合器 $K = 2～3$；摩擦式离合器 $K = 2～15$；安全联轴器取 $K = 1.25$。

(3) 被带动的转动惯量小，载荷平稳 K 取较小值。

例 8.2 一电动机与油泵之间由联轴器相联，外载荷有中等冲击，已知电动机功率 $P = 17 \text{ kW}$，转速 $n = 1460 \text{ r/min}$，轴径 $d = 42 \text{ mm}$，油泵轴径 $d = 45 \text{ mm}$。试选择此联轴器。

解 (1) 类型选择：根据载荷有中等冲击，传递功率不大，故选择弹性套柱销联轴器。

(2) 型号选择：查表 8.3 得 $K = 1.9$。

$$T_c = KT = 1.9 \times 9549 \times \frac{17}{1460} = 211.3 \text{ N·m}$$

查附表五得

故选择：LT7 联轴器 $\dfrac{\text{JB}42 \times 84}{\text{ZC}45 \times 112}$ GB/T 4323 — 2017

注：联轴器标记中分式第一个字母表示孔型，第二个字母表示键型，第一个数字表示孔径，第二个数字表示孔、轴的配合长度；分式上方表示主动端，下方表示从动端。

8.3　其他连接简介

8.3.1　螺纹连接

螺纹连接是利用螺纹零件构成的可拆连接，其结构简单，装拆方便，成本低，广泛用于各类机械设备中。

连接螺纹采用自锁性较好的普通螺纹。最常用的普通螺纹，其牙型角 $\alpha = 60°$，根据螺距不同有粗牙和细牙之分。一般连接采用粗牙螺纹，因细牙螺纹经常拆装容易产生滑牙。

1. 螺纹连接的基本类型、结构尺寸及应用

(1) 螺栓连接。螺栓连接有普通螺栓连接(图 8-14(a))和铰制孔螺栓连接(图 8-14(b))两种，用于被连接件能够做成通孔，且能够在被连接件两边装配的场合，无需在被连接件上切制螺纹。

(2) 双头螺栓连接。如图 8-15 所示，当被连接件之一较厚而不宜制成通孔又需经常拆卸时，可采用双头螺柱连接。

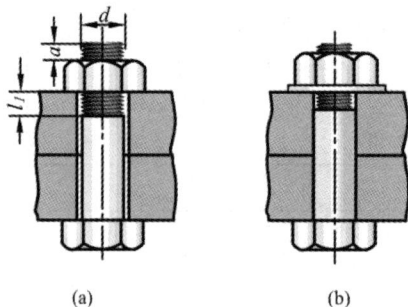

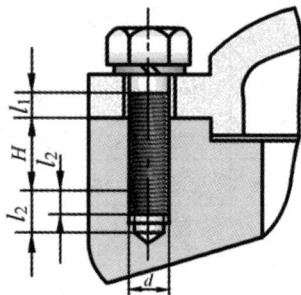

图 8-14　螺栓连接　　　　　图 8-15　双头螺柱连接

(3) 螺钉连接。如图 8-16 所示，这种连接的特点是不用螺母，其用途和双头螺柱连接相似，多用于不需经常拆卸的场合。

(4) 紧定螺钉连接。如图 8-17 所示，固定两个零件的相对位置并传递不大的力或扭矩。

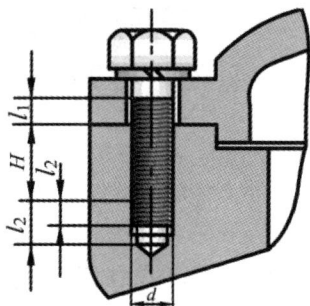

图 8-16　螺钉连接

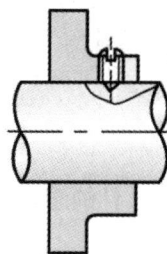

图 8-17　紧定螺钉连接

2. 螺纹连接件

螺纹连接件的类型很多，其中常用的有螺栓、双头螺柱、螺钉、紧定螺钉、螺母、垫圈以及防松零件等，其结构形式和尺寸均已标准化。它们的公称尺寸均为螺纹的大径，设计时可根据标准选用。

图 8-18 所示为六角头螺栓和六角头铰制孔用螺栓，图 8-19 所示为双头螺柱，图 8-20 所示为各种螺钉，图 8-21 所示为紧定螺钉头部和末端形状，图 8-22 所示为各种六角螺母和圆螺母。

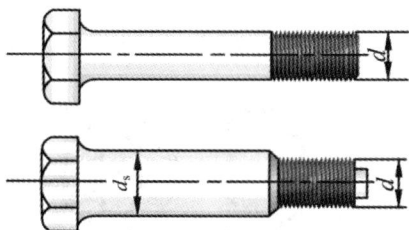

图 8-18　螺栓

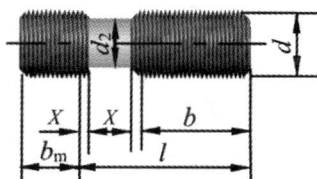

图 8-19　双头螺柱

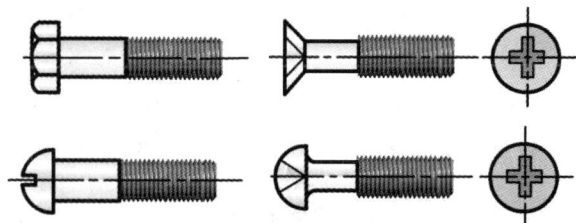

图 8-20　螺钉的结构型式

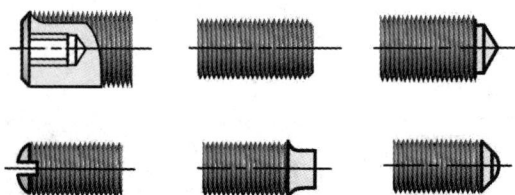

图 8-21　紧定螺钉的头部和末端

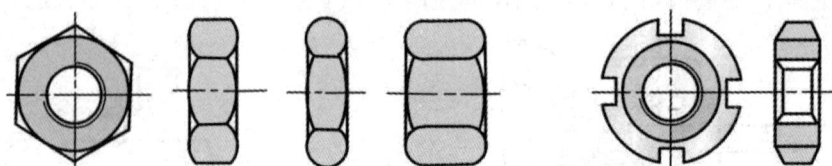

图 8-22　螺母

3. 螺纹连接件的防松

连接螺纹都能满足自锁条件，且螺母和螺栓头部支承面处的摩擦也能起防松作用，故在静载荷下，螺纹连接不会自动松脱，但在冲击、振动或变载荷的作用下，或当温度变化较大时，螺纹副间的摩擦力可能减小或瞬时消失。这种现象多次重复，连接就会松开，从而影响连接的牢固和紧密，甚至会引起严重事故。因此在设计螺纹连接时，必须考虑防松措施。

防松的根本问题是防止螺母与螺栓杆的相对转动。防松的方法很多，按其工作原理可分为摩擦防松、机械防松和不可拆卸连接三大类。

1) 摩擦防松

摩擦防松是在螺纹副中产生正压力，以形成阻止螺纹副相对转动的摩擦力。摩擦防松的主要方式有弹簧垫圈、对顶螺母和自锁螺母防松，如图 8-23～图 8-25 所示。

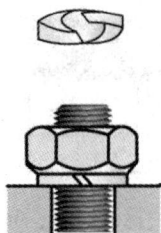

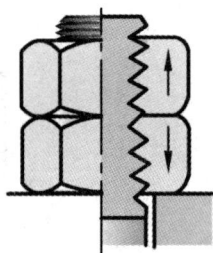

图 8-23　弹簧垫圈　　　图 8-24　对顶螺母　　　　图 8-25　锥圆口自锁螺母

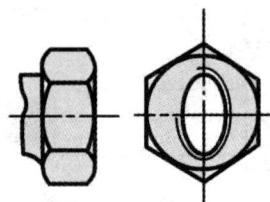

2) 机械防松

机械防松是采用各种专用的止动元件来限制螺纹副的相对转动。机械防松的主要方式有开口销与槽形螺母、止动垫片和圆螺母用带翅垫片，见图 8-26～图 8-28。

图 8-26　开口销与槽形螺母　　　图 8-27　止动垫片　　　图 8-28　圆螺母用带翅垫片

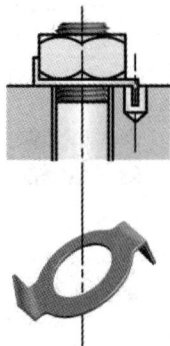

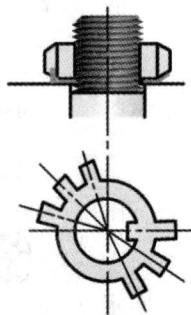

3) 不可拆卸连接

不可拆卸连接是采用各种措施使得螺纹副变为非螺纹副而成为不可拆连接的一种防松方法。它的主要方式有焊点法、串联钢丝和冲点法等，见图 8-29～图 8-31。

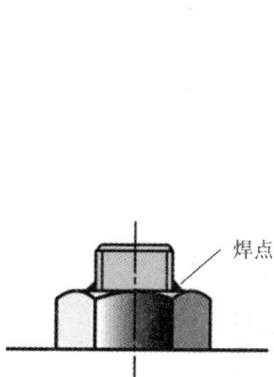

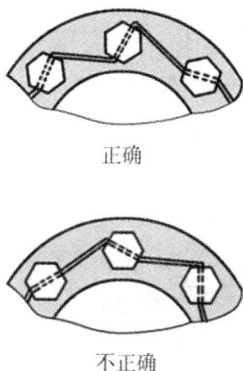

图 8-29　焊点法　　　　　　图 8-30　串联钢丝　　　　　　图 8-31　冲点法

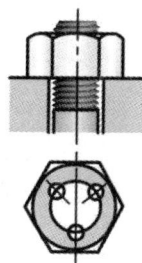

8.3.2　离合器

离合器可分为操纵离合器和自动离合器两大类。操纵离合器根据工作原理的不同又分为嵌入式和摩擦式两种类型，它们分别利用牙(齿或键等)的啮合、工作表面间的摩擦力来传递转矩。

1. 牙嵌离合器

牙嵌离合器是一种啮合式离合器，如图 8-32 所示。半联轴器 1 用平键与主动轴连接，另一半联轴器 3 用导向平键(或花键)与从动轴连接，并用滑环 4 操纵离合器分离和接合，对中环 2 用来保证两轴线同心。

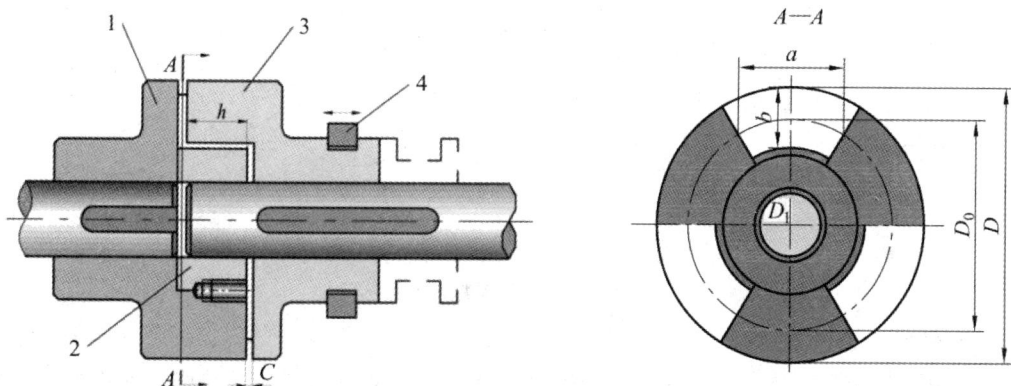

图 8-32　牙嵌离合器

牙嵌离合器的接合，应在两轴不回转或两轴转速差较小时进行，否则齿与齿会发生较大的冲击，影响齿的寿命。

2. 摩擦离合器

依靠主、从动半离合器接触表面之间的摩擦力来传递转矩的离合器统称为摩擦离合器。

1) 单片摩擦离合器

如图 8-33 所示，圆盘 1 紧固在主动轴上，圆盘 2 可以沿导向平键在从动轴上移动，移动滑环 3 可使两圆盘接合或分离。在轴向压力作用下，两圆盘工作表面产生摩擦力，从而传递转矩。单片摩擦离合器多用于传递转矩较小的轻型机械。

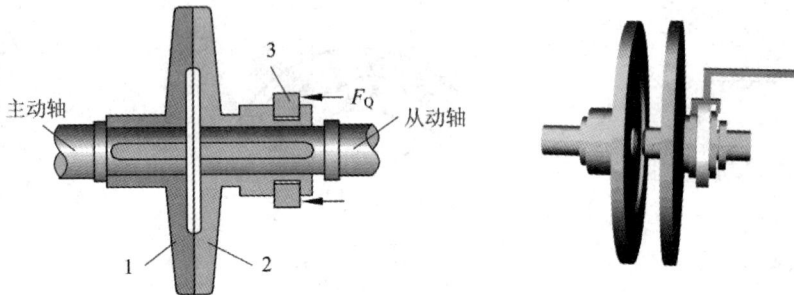

图 8-33　单片摩擦离合器

2) 多片摩擦离合器

为了提高摩擦离合器传递转矩的能力，通常采用多片摩擦离合器。如图 8-34 所示，它有两组交错排列的摩擦片，外摩擦片 2 通过外圆周上的花键与鼓轮 1 相联(鼓轮与轴固联)，内摩擦片 3 利用内圆周上的花键与套筒 5 相联(套筒与另一轴固联)，移动滑环 6 可使压块 4 压紧(或放松)摩擦片，从而使离合器处于接合(或分离)状态。多片摩擦离合器由于摩擦面较多，故传递的转矩大，径向尺寸小，但结构比较复杂。

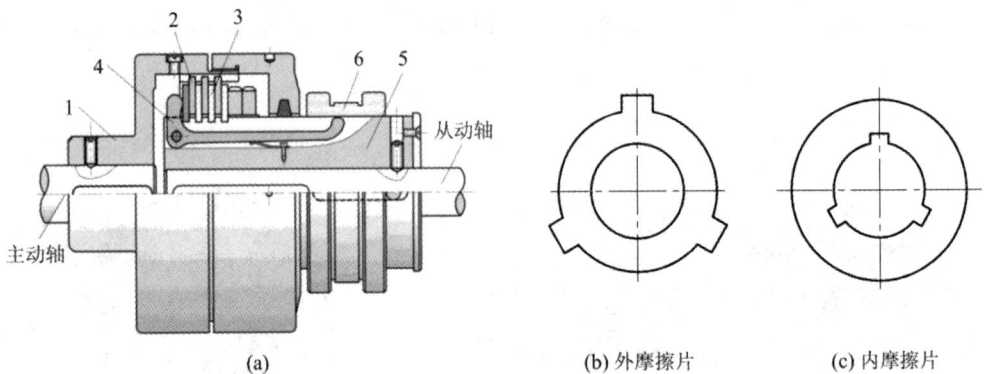

(a)　　　　　　　　　　　　　　(b) 外摩擦片　　　　　　(c) 内摩擦片

图 8-34　多片摩擦离合器

3) 超越离合器(定向离合器)

如图 8-35 所示，它是由星轮 1、外圈 2、滚柱 3、弹簧顶杆 4 等组成。如果星轮 1 为主动轮，且按图中箭头所示方向(顺时针)转动，这时的滚柱受摩擦力作用将被楔紧在槽内，因而外圈 2 将随星轮一同回转，离合器即处于接合状态。但当星轮反方向旋转时，滚柱因受摩擦力的作用，被推到槽中较宽的部分，不再楔紧在槽内，这时离合器处于分离状态。超越离合器同时有定向和超越作用，可实现在高速运转中接合，因而广泛应用于车辆、飞机、机床及轻工机械中。

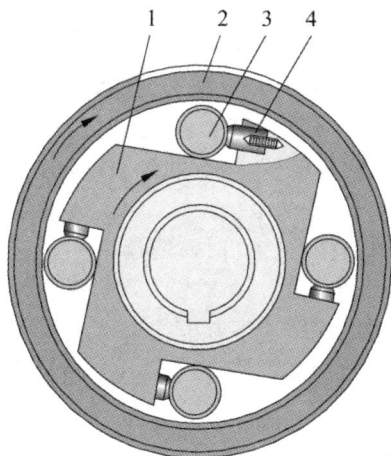

图 8-35　超越离合器

教 学 检 测

一、填空题

1. 在机器工作时，被连接零件间_____相对运动的连接称为静连接。

2. 楔键的工作面是_____，平键的工作面是_____。

3. 普通平键连接的主要失效形式是键、轴和轮毂中强度较___的工作表面被压溃。

4. 导向平键和滑键应用上的不同在于_____。

5. 根据联轴器补偿两轴偏移能力可分为_____联轴器和_____联轴器两类。

6. 凸缘联轴器是由两个半联轴器用_____连接成的。

7. 套筒联轴器是用_____、___或___把两轴连接起来的。

8. 在经常启动和正反转、载荷平稳、转速较高的工作条件下，应选用_____联轴器。

9. 圆盘摩擦式离合器有单片式和多片式两种，其中_____应用最广。

10. 螺纹连接的防松，其根本问题在于防止螺纹副_____。

11. 圆柱普通螺纹的公称直径是指____径。

二、单选题

1. 键连接的主要作用是使轴与轮毂之间_____。

A. 沿轴向固定并传递轴向力　　B. 沿轴向可做相对滑动并具有导向作用

C. 沿周向固定并传递扭矩　　　D. 安装与拆卸方便

2. 当正常工作时，轴与轮毂之间有较长距离的相对移动，以采用_____连接为宜。

A. 普通平键　　　　　B. 导向平键　　　　　C. 滑键

3. 楔键和切向键通常不宜用于_____的连接。

A. 传递较大转矩   B. 要求准确对中   C. 要求轴向固定

4. _____ 连接定心性差。

A. 普通平键   B. 切向键   C. 滑键   D. 导向平键

5. 不能补偿两轴间相对位移的联轴器是 _____ 联轴器。

A. 刚性   B. 无弹性元件   C. 弹性

6. 传递功率较大且两轴间同轴度要求较高时，宜选用 _____ 联轴器。

A. 弹性柱销   B. 凸缘   C. 弹性套柱销

7. 两轴在工作中仅需要单向接合传动时，应选用 _____ 离合器。

A. 牙嵌   B. 超越式   C. 摩擦

8. 某机器的两轴，要求在任何转速下都能接合，应选择 _____ 。

A. 摩擦离合器   B. 联轴器   C. 超越离合器   D. 牙嵌离合器

9. 螺栓连接是一种 _____ 。

A. 可拆连接   B. 不可拆连接

C. 具有防松装置的为不可拆连接，否则为可拆连接

D. 具有自锁性能的为不可拆连接，否则为可拆连接

10. 当两个被连接件之一太厚，不宜制成通孔，且连接不需要经常拆装时，往往采用 _____ 。

A. 螺栓连接   B. 螺钉连接

C. 双头螺柱连接   D. 紧定螺钉连接

三、判断题

1. 平键连接可承受单方向轴向力。（　　）

2. 单圆头普通平键多用于轴的端部。（　　）

3. 普通平键连接能够使轴上零件周向固定和轴向固定。（　　）

4. 普通平键用于静连接，导向平键和滑键用于动连接。（　　）

5. 紧键连接中，键的两侧面是工作面。（　　）

6. 半圆键连接，由于轴上的键槽较深，故对轴的强度削弱较大。（　　）

7. 用联轴器连接的两根轴，可以在机器运转的过程中随时进行分离或接合。（　　）

8. 当两轴能保证严格对中时，可采用刚性联轴器。（　　）

9. 对于启动频繁，经常正反转，转矩较大的传动中，可选用套筒联轴器。（　　）

10. 牙嵌式离合器应在两轴静止或转速差很小时接合或分离。（　　）

11. 一般连接多用细牙螺纹。（　　）

12. 双头螺柱连接适用于被连接件厚度不大的连接。（　　）

四、简答题

1. 常用的键连接有哪些类型？各用在什么场合？

2. 联轴器和离合器的功用是什么？它们之间有何相同之处？

3. 螺纹的主要参数有哪些？螺距与导程有什么不同？

五、实作题

1. 在直径 $d = 80$ mm 的轴端安装一钢制的直齿圆柱齿轮，如图 8-36 所示。已知轮毂长

度为 $L' = 1.5d$，工作时有轻微冲击，试选择普通平键连接的类型和尺寸，并计算其所能够传递的最大转矩 T。

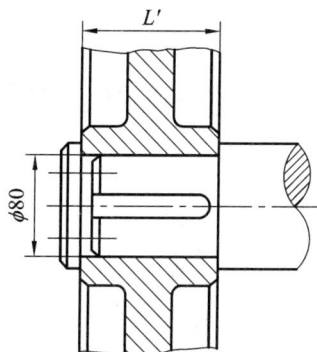

图 8-36　题 5.1 图

2. 试选择某机床中电动机与带轮间普通平键连接。已知：功率 $P = 7.5 \text{ kW}$，转速 $n = 1440 \text{ r/min}$，轴径 $d = 38 \text{ mm}$，铸铁带轮轮毂长 85 mm，载荷有轻微冲击。

3. 有一离心式水泵用凸缘联轴器与电动机相连。已知电动机功率 $P = 22 \text{ kW}$，转速 $n = 970 \text{ r/min}$，电动机轴端直径 $d_1 = 48 \text{ mm}$，水泵外伸轴直径 $d_2 = 42 \text{ mm}$，试选择联轴器的型号。

4. 试设计任务四教学检测实作题第 2 题带式输送机各个位置的键连接。注意：从原始数据和前面设计结果中找寻此设计的已知条件。

5. 试选择任务四教学检测实作题第 2 题带式输送机中联轴器的型号。注意：从原始数据和前面设计结果中找寻此选择的已知条件。

任务九　减速器箱体尺寸和附件的选择

箱体是减速器的一个重要零件，它用于支持和固定减速器中的各种零件和部件，并保证传动件的啮合精度，使箱内零件和部件具有良好的润滑和密封。减速器附件是指为减速器正常工作或起吊运输而设置的一些零件，有些安装在箱体上(如油塞和油标等)，有些则直接在箱体上制造出来(如吊钩等)。因此，在选择前了解减速器的结构和附件功能是很有必要的。

9.1　减速器的结构及箱体尺寸的选择

9.1.1　减速器的结构

减速器结构因其类型、用途不同而异。但无论何种类型的减速器，其结构都是由箱体、轴系部件及附件组成的。图 9-1 为单级圆柱齿轮减速器的立体示意图。

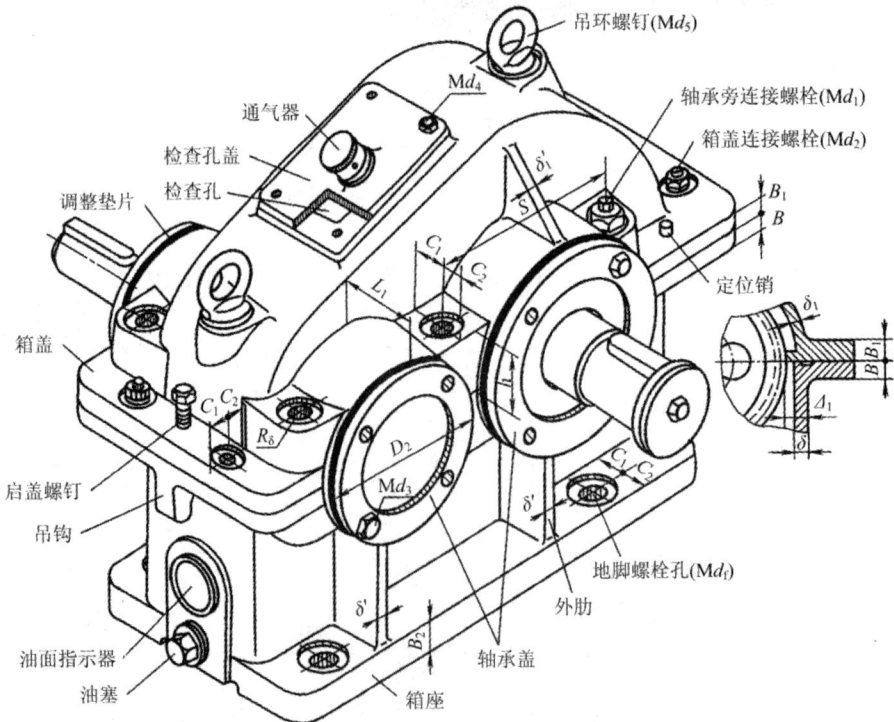

图 9-1　单级圆柱齿轮减速器立体示意图

1. 箱体结构

箱体是减速器的一个重要零件，用来支承和固定轴系部件，保证传动零件正确安装和正确啮合，使箱体内零件得到较好的润滑。

减速器箱体按毛坯制造工艺和材料种类可以分为铸造箱体和焊接箱体两种。铸造箱体(见图 9-1)刚性好、易加工、一次成形且变形较小，并能获得较复杂的形状。一般情况下均采用铸造箱体，常用材料为 HT150 或 HT200。

2. 轴系部件

轴系部件是指轴、轴上传动件和轴承组合等。

(1) 传动件：箱体内有圆柱齿轮、锥齿轮及蜗杆蜗轮等，传动件决定了减速器的技术特性，通常减速器的名称也是按传动件的种类来命名的。

(2) 轴：减速器普遍采用阶梯轴，便于零件的安装与定位，也能满足等强度的要求。

(3) 轴承组合：轴承组合包括轴承、轴承盖、密封装置以及调整垫片。

3. 减速器附件

(1) 起吊装置：为了便于搬运，需在箱体上设置起吊装置。一般箱盖上用吊环螺钉，箱座上用吊钩。

(2) 定位销：在精加工轴承座孔前，在箱盖和箱座连接凸缘上配装定位销定位，以保证箱盖和箱座的装配精度，同时也保证了轴承座孔的精度。

(3) 启盖螺钉：减速器在装配时，为增加密封性，防止灰尘等进入箱体，常在箱盖和箱座的结合面上涂上密封胶，但启盖时比较麻烦。为了启盖方便，在箱盖凸缘上设置螺纹孔，并拧入螺钉，因相应的箱座凸缘上无孔，利用相对运动，不断拧入启盖螺钉，箱盖就被顶起。

(4) 油标：为保证减速器箱体内油池有适量的油，一般在箱体便于观察和油面较稳定的部位设置油标，以观察或检查油池中的油面高度。

(5) 油塞：为了排除箱内污油，常在箱体底部开设放油孔，平时用油塞、垫片将其封闭。

(6) 检查孔：为了检查齿轮安装和啮合情况、润滑情况、接触斑点及齿侧间隙等，会在箱盖上齿轮啮合部位的对应位置开设检查孔，检查完毕正常工作时，检查孔用检查孔盖密封。

(7) 通气器：减速器工作时，因发热使箱体内温度升高，压力上升。为保证箱体内压力接近大气压，在检查孔盖上安装通气器，便于箱内热气逸出。

9.1.2 减速器箱体尺寸的选择

减速器箱体支承和固定着轴系零件，保证了传动零件的正确啮合及箱内零件的良好润滑和可靠密封。设计铸造箱体结构时，应考虑箱体的刚度、结构工艺性等几方面的要求。图 9-2 所示为单级圆柱齿轮减速器铸造箱体的结构，减速器铸铁箱体主要结构尺寸关系见表 9.1。

表 9.1　减速器铸铁箱体主要结构尺寸关系

名　称	符号	尺　寸　关　系			
箱座壁厚	δ	一级传动：$0.025a+1 \geqslant 8$			
		二级传动：$0.025a+3 \geqslant 8$			
		三级传动：$0.025a+5 \geqslant 8$			
箱盖壁厚	δ_1	$(0.8 \sim 0.85)\delta \geqslant 3.8$			
箱座凸缘厚度	b	1.5δ			
箱盖凸缘厚度	b_1	$1.5\delta_1$			
箱座底凸缘厚度	b_2	2.5δ			
地脚螺栓 Md_f 的直径	d_f	a	$\leqslant 100$	$>100 \sim 200$	>200
		d_f	12	$0.04a+8$	$0.047a+8$
地脚螺栓数量	n	$n=\dfrac{L_0+B_0}{(200 \sim 300)} \geqslant 4$，$L_0$ 和 B_0 分别为箱座底面的长和宽，估算时可取 $L_0 \approx 2.5a$，B_0 可取为 2.5 倍齿轮宽度			
轴承旁连接螺栓 Md_1 的直径	d_1	$0.75d_f$			
箱座与箱盖连接螺栓 Md_2 的直径	d_2	$(0.5 \sim 0.6)d_f$			
箱座与箱盖连接螺栓间距	l	$150 \sim 200$			
轴承端盖螺钉 Md_3 的直径	d_3	轴承座孔(端盖)直径 D	$30 \sim 60$	$62 \sim 100$	$110 \sim 130$ $\vert$ $140 \sim 280$
		d_3	$6 \sim 8$	$8 \sim 10$	$10 \sim 12$ $\vert$ $12 \sim 16$
		螺钉数目	4	4	6 $\vert$ 6
窥视孔盖螺钉 Md_4 的直径	d_4	单级减速器：$d_4=6$；双级减速器：$d_4=8$			
定位销直径	d	$(0.7 \sim 0.8)d_2$			
轴承旁凸台半径	R_1	c_2			
凸台高度	h	应保证大轴承座旁凸台的扳手空间			
机箱外壁与轴承座端面的距离	l_1	$c_1+c_2+(5 \sim 10)$			
大齿轮齿顶圆与机箱内壁的距离	Δ_1	$>1.2\delta$			
齿轮端面与机箱内壁的距离	Δ_2	$>\delta$			
箱盖肋板厚度	m_1	$0.85\,\delta_1$			
箱座肋板厚度	m	$0.85\,\delta$			
轴承端盖外径	D_2	$D+(5 \sim 5.5)d_3$（D 为轴承外圈直径）			
轴承旁连接螺栓距离	s	尽量靠近轴承，以 Md_1 和 Md_3 不干涉为准，一般取 $s=D_2$			

注：对于多级传动，a 取低速级中心距。

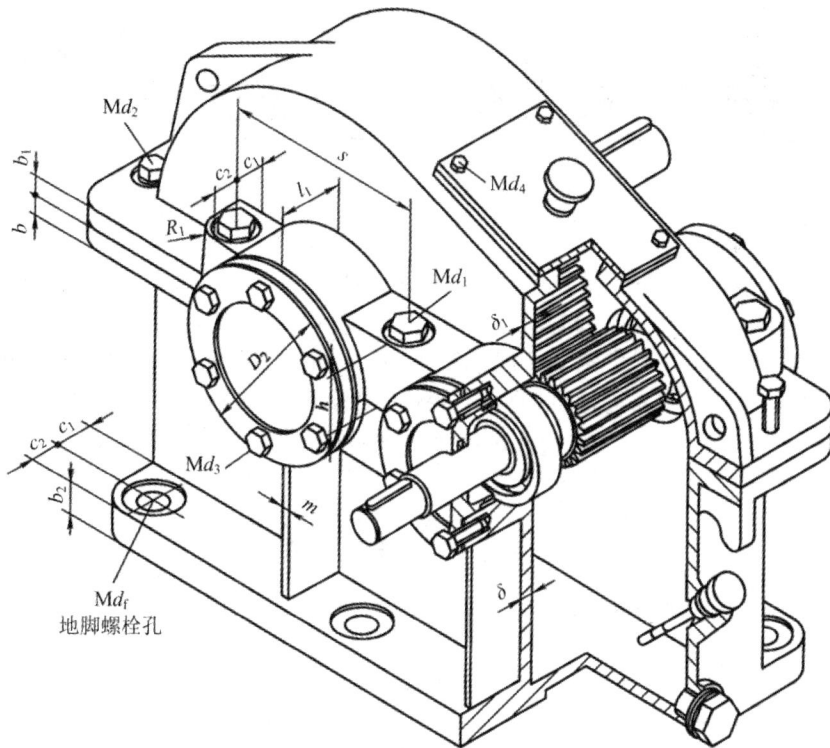

图 9-2　单级圆柱齿轮减速器铸造箱体的结构形状

图 9-2 中 c_1、c_2 数值见表 9.2。

表 9.2　铸造箱体螺栓连接处扳手空间尺寸 c_1、c_2 和沉头座坑直径 D_0

尺寸符号	螺栓直径 d											
	M6	M8	M10	M12	M14	M16	M18	M20	M22	M24	M27	M30
$c_{1\,min}$	12	14	16	18	20	22	24	26	30	34	38	40
$c_{2\,min}$	10	12	14	16	18	20	22	24	26	28	32	35
D_0	15	20	24	28	32	34	38	42	44	50	55	62
R_{0max}	5				8				10			
r_{max}	3				5				8			

9.2　减速器附件的选择

为了检查传动件啮合情况，方便注油、排油、指示油面、通气、加工及装配时的定位、拆卸和吊运等，需要在减速器上安装以下附件。

1. 检查孔和检查孔盖

检查孔应设在箱盖顶部能够看到啮合区的位置，其大小以手能伸入箱体进行检查操作为宜。检查孔和检查孔盖连接处应设计凸台以便于加工，检查孔盖用螺钉紧固在凸台上。

(a) 钢板制   (b) 铸铁制

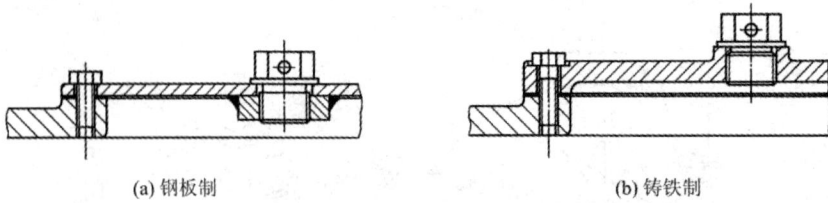

图 9-3 检查孔盖

检查孔盖可用轧制钢板或铸铁制成,它和箱体连接处应加纸质密封垫片,以防止漏油。轧制钢板检查孔盖材料一般用 Q235,孔盖厚度为 6 mm,如图 9-3(a)所示,其结构简单、轻便,上下面无需加工,单件生产和成批生产均常采用;铸铁检查孔盖如图 9-3(b)所示,需制木模,且有较多部位需进行机械加工,故应用较少。

表9.3 检查孔盖的尺寸   单位:mm

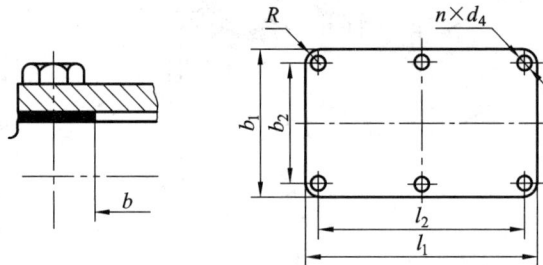

减速器中心距 a	检查孔尺寸		检查孔尺寸						
	b	L	b_1	l_1	b_2	L_2	R	孔径 d_4	孔数
100~150	50~60	90~110	80~90	120~140					
150~250	60~75	110~130	90~105	140~160	$\dfrac{1}{2}(b+b_1)$	$\dfrac{1}{2}(L+l_1)$	5	6.5 9	4 6
250~400	75~110	130~180	105~140	160~210					

2. 通气器

通气器多安装在检查孔盖或箱盖上。在钢板制或铸铁制检查孔盖上的通气器如图 9-3 所示。其中钢板制的通气器形式简单,应用广泛。通气器的结构和尺寸见表9.4。

表9.4 通 气 器   单位:mm

注:S—螺母扳手宽度
通气器1

d	D	D_1	S	L	l	a	d_1
M12 × 1.25	18	16.5	14	19	10	2	4
M16 × 1.5	22	19.6	17	23	12	2	5
M20 × 1.5	30	25.4	22	28	15	4	6
M22 × 1.5	32	25.4	22	29	15	4	7
M27 × 1.5	38	31.2	27	34	18	4	8
M30 × 2	42	36.9	32	36	18	4	8

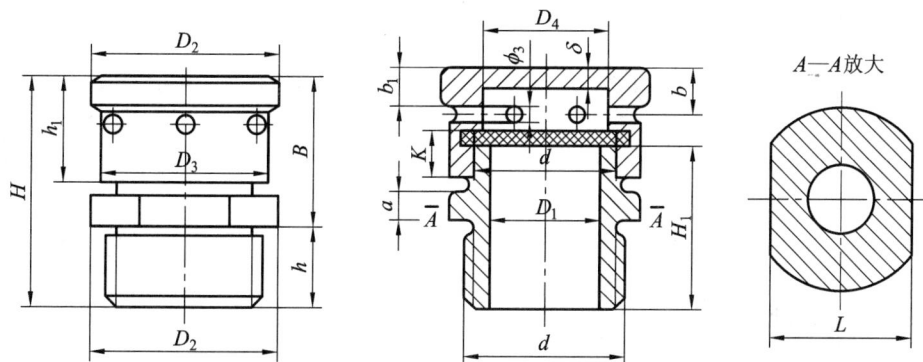

通气器2

d	D_1	B	h	H	D_2	H_1	a	δ	K	b	h_1	b_1	D_3	D_4	L	孔数
M27×1.5	15	30	15	45	36	32	6	4	10	8	22	6	32	18	32	6
M36×2	20	40	20	60	48	42	8	4	12	11	29	8	42	24	41	6
M48×3	30	45	25	70	62	52	10	5	15	13	32	10	56	36	55	8

3. 油标装置

(1) 油标尺：结构简单，在减速器中应用广泛，见表9.5。油标尺在减速器上安装，可采用螺纹连接，也可采用 H9/h8 配合装入。检查油面高度时，拔出油标尺，以杆上的油痕来判断油面高度。油标尺上两条刻度线的位置，分别对应最高和最低油面，如图9-4所示。

表9.5　油　标　尺　　　　　　　　单位：mm

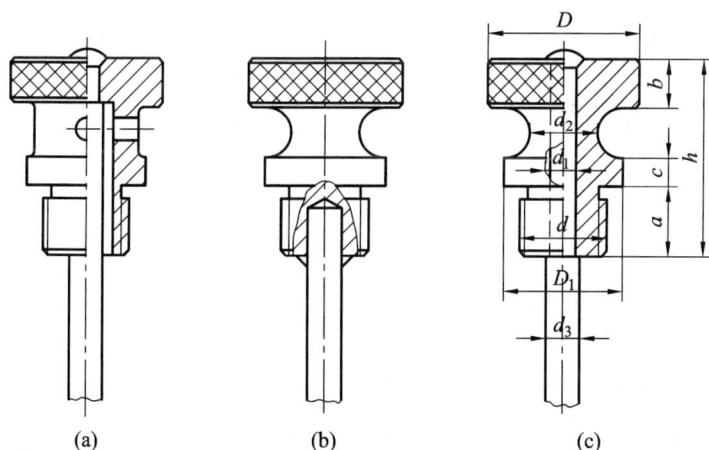

d	d_1	d_2	d_3	h	a	b	c	D	D_1
M12	4	12	6	23	10	6	4	20	16
M16	4	16	6	35	12	8	5	26	22
M20	6	20	8	42	15	10	6	32	26

　　油标尺多安装在箱体侧面，设计时应合理确定油标尺插孔的位置及倾斜角度，既要避免箱体内的润滑油溢出，又要便于油标尺的插取和油标尺插孔的加工，如图 9-5 所示。

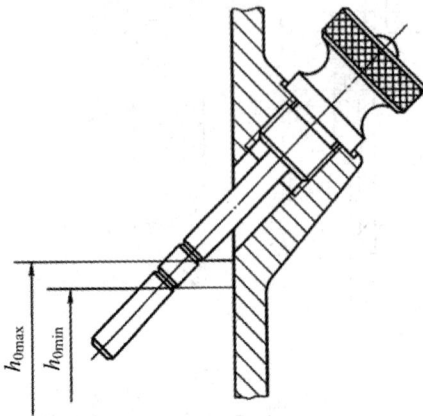

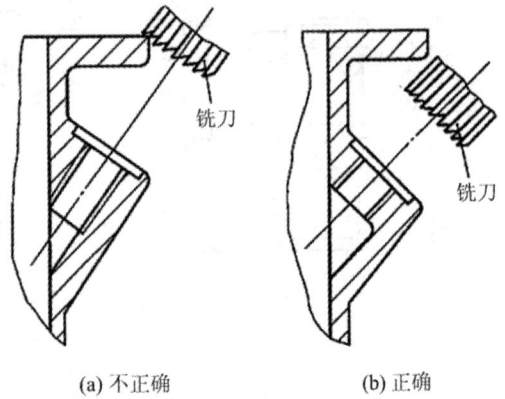

图 9-4　油标尺的标线　　　　　　　　图 9-5　油尺座孔的倾斜位置

　　(2) 圆形、长形油标：直接观察式油标，可随时观察油面的高度，其结构和尺寸见标准 JB/T 7941.1—1995 和 JB/T 7941.3—1995。

4. 放油孔和螺塞

　　为了将箱体内的油污排放干净，应在油池的最低位置处设置放油孔，如图 9-6 所示，并将其安置在减速器不与其他部件靠近的一侧。螺栓及封油垫圈的结构及尺寸见表 9.6。

表 9.6　螺塞及封油垫圈　　　　　　　　　单位：mm

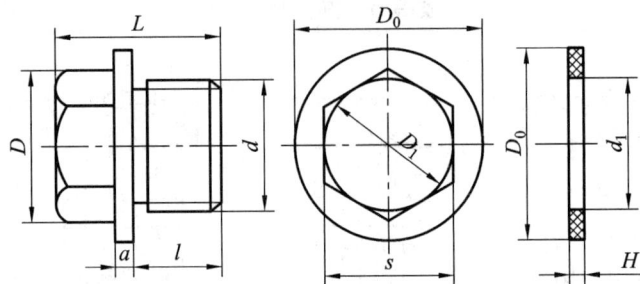

d	D_0	L	l	a	D	s	d_1	H
M14 × 1.5	22	22	12	3	19.6	17	15	2
M16 × 1.5	26	23	12	3	19.6	17	17	2
M20 × L5	30	28	15	4	25.4	22	22	2
M24 × 2	34	31	16	4	25.4	22	26	2.5
M27 × 2	38	34	18	4	31.2	27	29	2.5

　　注：(1) 螺塞材料：Q235。

　　　　(2) 封油垫圈材料：耐油橡胶、工业用革、石棉橡胶纸。

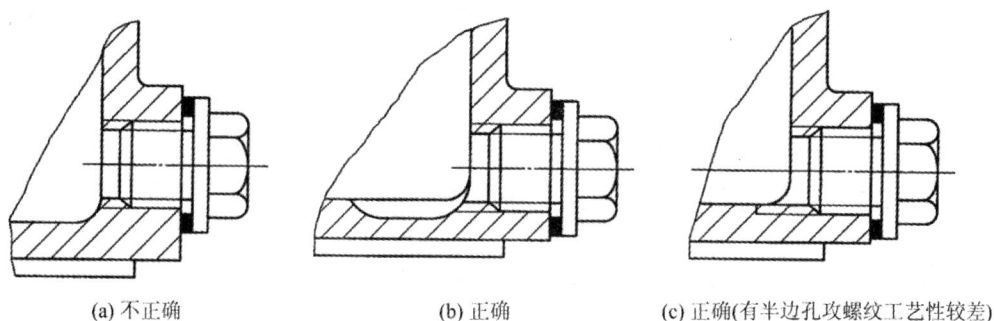

| (a) 不正确 | (b) 正确 | (c) 正确(有半边孔攻螺纹工艺性较差) |

图 9-6　放油孔的位置

5. 启盖螺钉

为便于开启箱盖，可在箱盖凸缘上设置 1～2 个启盖螺钉。启盖螺钉的直径一般等于凸缘连接螺栓直径，螺纹有效长度要大于凸缘厚度。钉杆端部要做成圆形并光滑倒角或制成半球形，以免损坏螺纹，如图 9-7 所示。

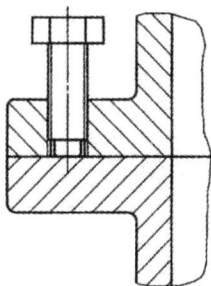

图 9-7　启盖螺钉

6. 定位销

为了保证箱体轴承座孔的镗孔精度和装配精度，需在上下箱体连接凸缘长度方向的两端安置两个定位销，一般为对角布置，以提高定位精度。

定位销常采用圆锥销，一般定位销直径 $d = (0.7～0.8)d_2$，d_2 为上下箱凸缘连接处螺栓直径。其长度应大于上下箱连接凸缘的总厚度，并且装配后上、下两端应具有一定长度的外伸量，以便装拆，如图 9-8 所示。圆锥销的结构和尺寸见表 9.7。

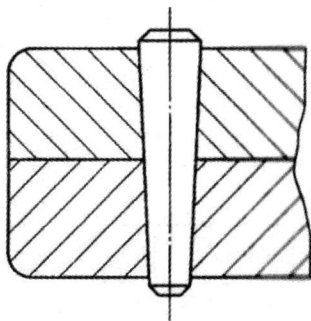

图 9.8　定位销

表9.7　圆　锥　销　　　　　　　　　　　单位：mm

其余 $\sqrt{Ra\,6.3}$

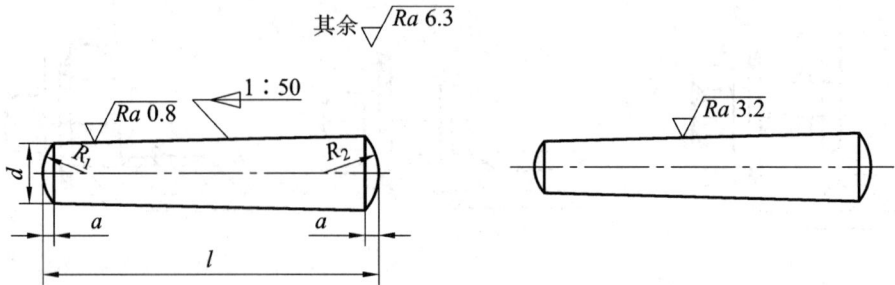

标注示例：公称直径 $d = 10$ mm，长度 $l = 60$ mm 的 A 型圆锥销的标记为；销 A 10 × 60 GB/T 117—2000

	公称	5	6	8	10	12	16	20
d	min	4.95	5.95	7.94	9.94	11.93	15.93	19.92
	max	5	6	8	10	12	16	20
$a \approx$		0.63	0.8	1	1.2	1.6	2	2.5
l		18~60	22~90	22~120	26~160	32~180	40~200	45~200

长度尺寸系列：18，20，22，24，26，28，30，32，35，40，45，50，55，60，65，70，75，80，85，90，95，100

注：$R_1 \approx d$；$R_2 \approx d + (1 - 2a)/50$。

7. 起吊装置

(1) 吊环螺钉：常用于吊运箱盖或小型减速器，设计时可按起吊重量进行选择，见表9.8。箱盖安装吊环螺钉处应设置凸台，以使吊环螺钉有足够的深度，如图9-9所示。吊环螺钉的结构与尺寸见表9.9。

表9.8　减速器的毛重

一级圆柱齿轮减速器(a—中心距)						二级圆柱齿轮减速器					
a/mm	100	150	200	250	300	a/mm	100 × 150	150 × 200	175 × 250	200 × 300	250 × 350	250 × 400
W/kg	32	85	155	260	350	W/kg	135	230	305	490	425	980
锥齿轮减速与 R—锥距						蜗杆减速器					
R/mm	100	150	200	250	300	a/mm	100	120	150	180	210	250
W/kg	50	60	100	190	290	W/kg	65	80	160	330	350	540

表9.9　吊环螺钉

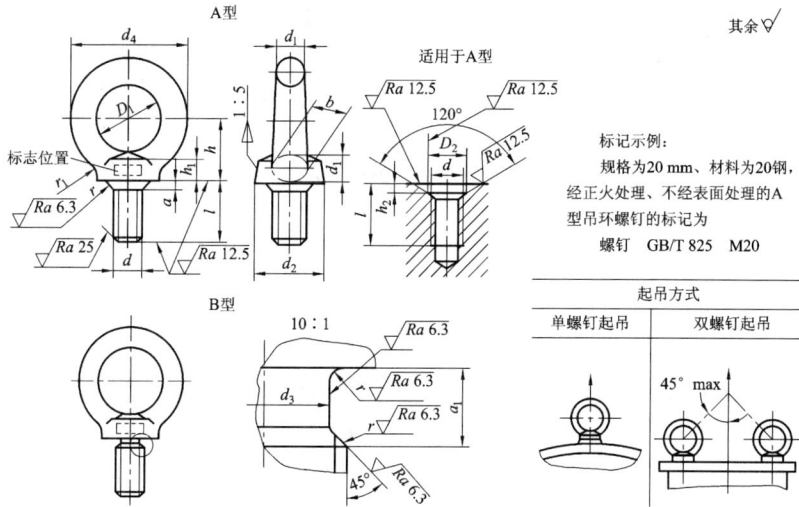

A型

适用于A型

其余 ✓

标志位置

B型

10:1

起吊方式

标记示例：

规格为20 mm、材料为20钢，经正火处理、不经表面处理的A型吊环螺钉的标记为

螺钉　GB/T 825　M20

起吊方式	
单螺钉起吊	双螺钉起吊
	45° max

螺纹规格(d)		M8	M10	M12	M16	M20	M24	M30	M36	M42	M48
d_1	max	9.1	11.1	13.1	15.2	17.4	21.4	25.7	30	34.4	40.7
D_1	公称	20	24	28	34	40	48	56	67	80	95
d_2	max	21.1	25.1	29.1	35.2	41.4	49.4	57.7	69	82.4	97.7
h_1	max	7	9	11	13	15.1	19.1	23.2	27.4	31.7	36.9
l	公称	16	20	22	28	35	40	45	55	65	70
d_4	参考	36	44	52	62	72	88	104	123	144	171
h		18	22	26	31	36	44	53	63	74	87
r_1		4	4	6	6	8	12	15	18	20	22
r	min	1	1	1	1	1	2	2	3	3	3
a_1	max	3.75	4.5	5.25	6	7.5	9	10.5	12	13.5	15
d_3	公称(max)	6	7.7	9.4	13	16.4	19.6	25	30.8	35.6	41
a	max	2.5	3	3.5	4	5	6	7	8	9	10
b		10	12	14	16	19	24	28	32	38	46
D_2	公称(min)	13	15	17	22	28	32	38	45	52	60
h_2	公称(min)	2.5	3	3.5	4.5	5	7	8	9.5	10.5	11.5
最大起吊重量 /t	单螺钉起吊	0.16	0.25	0.4	0.63	1	1.6	2.5	4	6.3	8
	双螺钉起吊	0.08	0.125	0.2	0.32	0.5	0.8	1.25	2	3.2	4

（单螺钉起吊、双螺钉起吊参见右上图）

减速器类型	一级圆柱齿轮减速器						二级圆柱齿轮减速器				
中心距 a	100	125	160	200	250	315	100 × 140	140 × 200	180 × 250	200 × 280	250 × 355
重量 W/kN	0.26	0.52	1.05	2.1	4	8	1	2.6	4.8	6.8	12.5

注：减速器相关内容非 GB/T 825—1988 内容，仅供选用参考。

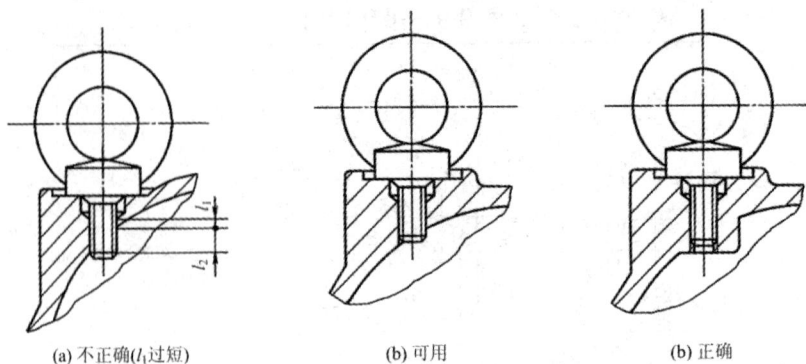

(a) 不正确(l_1过短)　　　　　(b) 可用　　　　　(b) 正确

图 9-9　吊环螺钉螺孔尾部的结构

(2) 铸造吊钩或吊耳：常用于重量较大的箱盖或减速器，其结构和尺寸如图 9-10 所示。箱座吊钩在两端凸缘的下面，是用来吊运整台减速器或箱座零件的，其宽度一般与箱壁凸缘宽度相等。

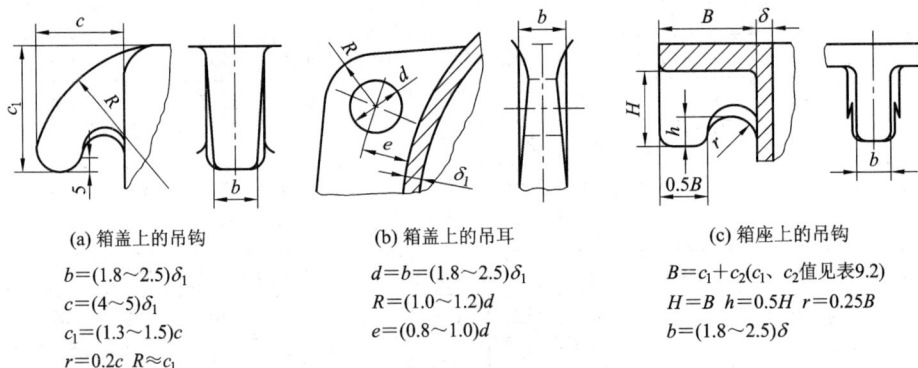

(a) 箱盖上的吊钩

$b = (1.8\sim2.5)\delta_1$
$c = (4\sim5)\delta_1$
$c_1 = (1.3\sim1.5)c$
$r = 0.2c$　$R \approx c_1$

(b) 箱盖上的吊耳

$d = b = (1.8\sim2.5)\delta_1$
$R = (1.0\sim1.2)d$
$e = (0.8\sim1.0)d$

(c) 箱座上的吊钩

$B = c_1 + c_2(c_1, c_2$值见表9.2)
$H = B$　$h = 0.5H$　$r = 0.25B$
$b = (1.8\sim2.5)\delta$

图 9-10　起吊装置

教 学 检 测

一、填空题

1. 减速器主要由＿＿＿＿、＿＿＿＿、＿＿＿＿＿和＿＿＿＿四大部分组成。

2. 减速器附件中的＿＿＿＿可以确定箱盖和箱座的相对位置。

3. 为了将减速器箱体内的油污排放干净，应在箱体的＿＿＿＿设置放油孔。

4. 减速器箱体支承和固定着轴系零件，保证了＿＿＿＿的正确啮合及＿＿＿＿的良好润滑和可靠密封。

二、单选题

1. 减速器附件中＿＿＿＿是在拆卸减速器时需要用到的。

A. 油标尺　　　　B. 启盖螺钉　　　　C. 通气器　　　　D. 定位销

2. 设计＿＿＿＿时应考虑密封问题。

A. 油标尺　　　　B. 启盖螺钉　　　　C. 通气器　　　　D. 定位销

3. 减速器箱体上加强肋的作用是_____。

A. 美观　　　　B. 便于吊装　　　C. 便于定位　　D. 加强刚度

4. 减速器中的_____决定了减速器的技术特性。

A. 箱体　　　　B. 轴　　　　　　C. 传动件　　　D. 轴承组合

5. 向减速器中加注油时应注意附件中的_____。

A. 油标尺　　　B. 启盖螺钉　　　C. 通气器　　　D. 定位销

6. 减速器的_____可以平衡箱体内外的压力。

A. 起吊装置　　B. 启盖螺钉　　　C. 通气器　　　D. 油塞

三、判断题

1. 减速器箱盖和箱座的壁厚都是不相等的。(　　)

2. 减速器箱体上必须设计起吊装置。(　　)

3. 减速器箱体一般用铸铁制成。(　　)

4. 可以在减速器的检查孔向内加注润滑油。(　　)

5. 在减速器上应设计 3 个定位销。(　　)

6. 减速器的级数是由其中传动件的对数决定的。(　　)

四、简答题

1. 仔细观察减速器箱体结构，它由哪些部分组成？各自的作用是什么？

2. 列出减速器的四种附件，并指出它们各自的作用。

五、实作题

1. 减速器拆装练习

(1) 物品准备：① 大工作台；② 拆装工具；③ 若干台减速器。

(2) 减速器的拆卸：① 仔细观察减速器外部各部分的结构。② 用扳手拆下检查孔盖板。③ 用扳手拆卸上、下箱体之间的连接螺栓，拆下定位销，然后拧动启盖螺钉，使上、下箱体分离，卸下箱盖。④ 仔细观察箱体内各零部件的结构和位置。⑤ 卸下轴承盖，将轴和轴上零件一起从箱内取出，按合理顺序拆卸轴上零件。

(3) 减速器的装配：装配减速器时，按先内部后外部的合理顺序进行。装配轴套和滚动轴承时，应注意方向，注意滚动轴承的合理装配方法，注意退回启盖螺钉，并在装配上、下箱盖之间的螺栓前先安装好定位销，最后拧紧各个螺栓。

(4) 要求：① 记录拆卸、安装顺序；② 工具有序排列；③ 拆卸下来的零件、部件分类(编号)、有序排放；④ 注意台面、工具和零件、部件的保护；⑤ 在减速器中找出：课程中学过的零件、部件并写出名称。

2. 试设计任务四教学检测实作题第 2 题中减速器的结构尺寸。注意：从原始数据和前面设计结果中找寻此设计的已知条件。

3. 试选择任务四教学检测实作题第 2 题中减速器的附件。注意：从原始数据和前面设计结果中找寻此选择的已知条件。

任务十 减速器润滑和密封方式的选择

减速器传动件和轴承都需要良好的润滑，其目的是减少摩擦、磨损，提高效率，另外还有防锈、冷却和散热的作用。减速器的密封主要是防止润滑剂的泄漏，同时防止外界灰尘、水分进入箱体。

10.1 减速器的润滑

10.1.1 传动件的润滑

1. 浸油润滑

浸油润滑的使用条件是齿轮的圆周速度 $v < 12$ m/s 或蜗杆的圆周速度 $v < 10$ m/s。箱体内应有足够的润滑油，以保证润滑及散热的需要。为了避免油搅动时沉渣泛起，齿顶到油池底面的距离应大于 30~50 mm(见图 10-1)。合适的浸油深度 h 值见表 10.1。

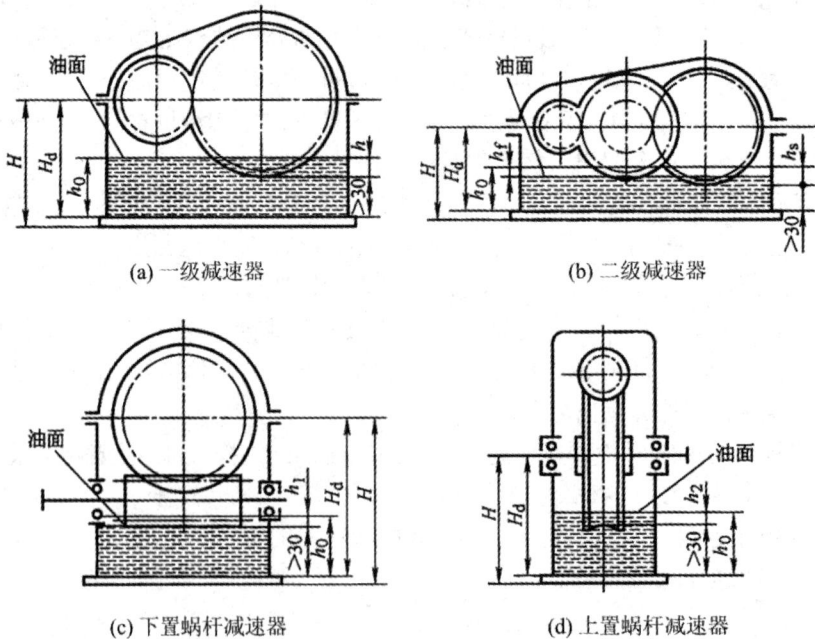

(a) 一级减速器　　　　　　　　　　(b) 二级减速器

(c) 下置蜗杆减速器　　　　　　　　(d) 上置蜗杆减速器

图 10-1　浸油润滑及浸油深度

表 10.1 传动件浸油深度推荐值

减速器类型		传动件浸油深度
一级圆柱齿轮减速器(图10-1(a))		$m < 20$ mm，h 约为 1 个齿高，但不小于 10 mm
		$m > 20$ mm，h 约为 0.5 个齿高
两级或多级圆柱齿轮减速器 (图 10-1(b))		高速级大齿轮，h_f 约为 0.7 个齿高，但不小于 10 mm
		低速级大齿轮，h_s 按圆周速度的大小而定，速度大取小值
		当 $v = 0.8 \sim 1.2$ m/s 时，h_s 约为 1 个齿高(但不小于 10 mm)～1/6 个齿轮半径
		当 $v \leqslant 0.5 \sim 0.8$ m/s 时，$h_s \leqslant \left(\dfrac{1}{6} \sim \dfrac{1}{3}\right)$ 齿轮半径
蜗杆 减速器	下置式(图 10-1(c))	$h_1 = (0.75 \sim 1)h$，h 为蜗杆齿高，但油面不应高于蜗杆轴承最低一个滚动体中心
	上置式(图 10-1(d))	h_2 同低速级圆柱大齿轮浸油深度 h_s

设计二级齿轮减速器时，应选择适宜的传动比，使各级大齿轮浸油深度适当。如果低速级大齿轮浸油过深，超过表 10.1 的浸油范围，则可采用油轮润滑，如图 10-2 所示。

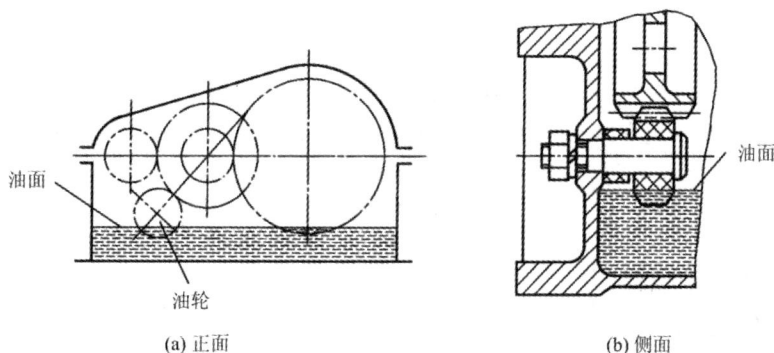

(a) 正面   (b) 侧面

图 10-2 油轮润滑

2. 喷油润滑

当齿轮的圆周速度 $v > 12$ m/s，蜗杆的圆周速度 $v > 10$ m/s 时，传动件的润滑采用喷油润滑(见图10-3)。这种润滑方式需要专门的油路、过滤器、油量调节装置等，故费用较高。

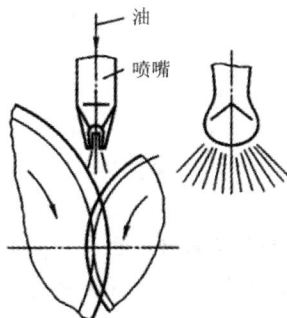

图 10-3 喷油润滑

10.1.2　滚动轴承的润滑

　　齿轮减速器滚动轴承的润滑可分为脂润滑和飞溅润滑两种。当浸油齿轮的圆周速度 $v < 1.5\sim2$ m/s 时，采用脂润滑；当齿轮的圆周速度 $v > 1.5\sim2$ m/s 时，则应采用油润滑。

1. 脂润滑

　　采用脂润滑方式时，在装配期间就要将润滑脂填入轴承室，润滑脂的填入量为轴承室的 1/2～2/3，以后每年添 1～2 次。填润滑脂时，可拆去轴承盖直接添加，也可用旋盖式油杯加注，如图 10-4 所示；或采用压注油杯，用压力枪加注，如图 10-5 所示。

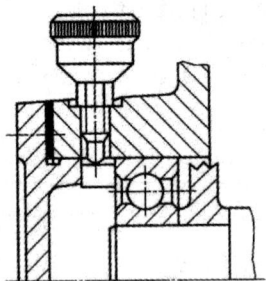

图 10-4　旋盖式油杯　　　　　　　　　图 10-5　压注油杯

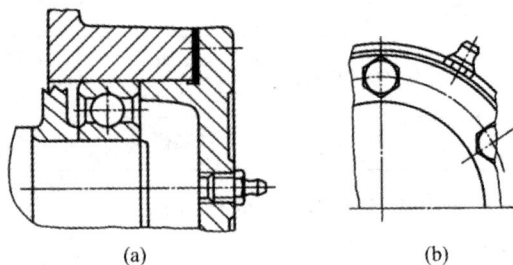

　　当轴承采用脂润滑时，为防止箱内润滑油进入轴承，造成润滑脂稀释而流出，通常在箱体轴承座内端面一侧安装挡油环。其结构尺寸和安装位置如图 10-6、图 10-7 所示。

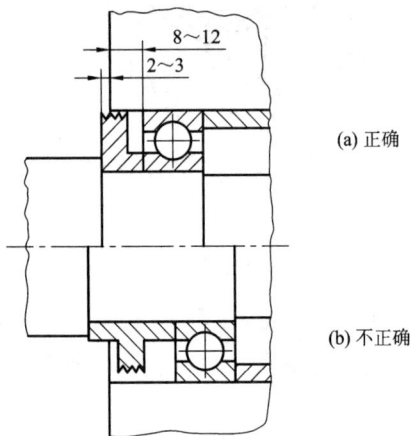

$a = 6\sim9$ mm；$b = 2\sim3$ mm

图 10-6　脂润滑时挡油环和轴承的位置　　　　　　　图 10-7　挡油环

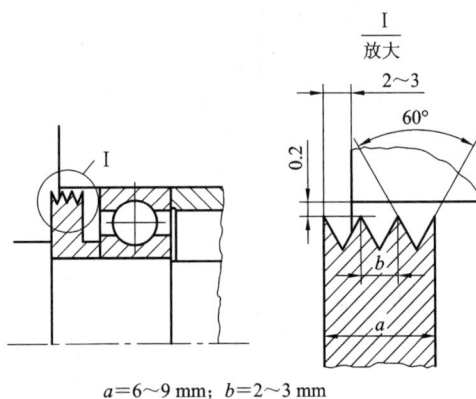

2. 飞溅润滑

　　减速器中只要有一个浸入油池的旋转零件的圆周速度 $v > 1.5\sim2$ m/s，就需采用飞溅润滑。

　　当利用箱内零件激起来的油润滑轴承时，通常箱盖凸缘面在箱盖接合面与内壁相接的边缘处制出倒棱，以便于油流入输油沟，如图 10-8 所示。分箱面上输油沟的断面尺寸如图 10-9 所示。

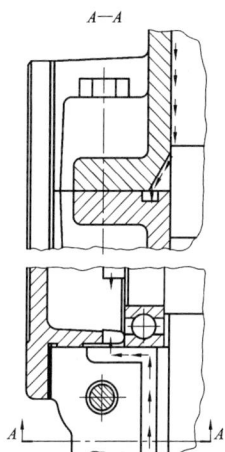

图 10-8　飞溅润滑的油路

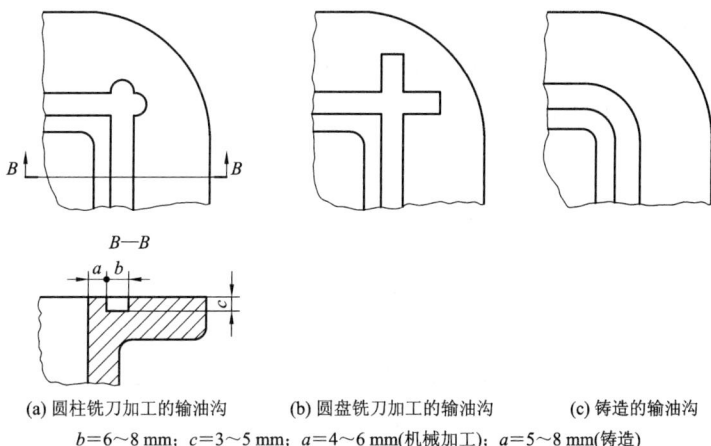

(a) 圆柱铣刀加工的输油沟　　　(b) 圆盘铣刀加工的输油沟　　　(c) 铸造的输油沟

$b=6\sim8$ mm；$c=3\sim5$ mm；　　　$a=4\sim6$ mm(机械加工)；$a=5\sim8$ mm(铸造)

图 10-9　输油沟结构和尺寸

　　轴承采用油润滑，当小齿轮布置在轴承近旁，而且小齿轮直径小于轴承座孔直径时，为防止齿轮啮合过程中挤出的润滑油大量进入轴承，或直接冲击轴承，应在小齿轮与轴承之间装挡油盘，如图 10-10 所示。图 10-10(a)所示的挡油盘为冲压件，适用于批量生产，课程设计时尺寸选择的原则是：挡油盘的厚度为 2～3 mm，直径等于或略小于轴承外径。图 10-10(b)所示的挡油盘由车削加工制成，适用于单件或小批量生产，尺寸选择原则与前者相同，厚度一般取 3～5 mm。

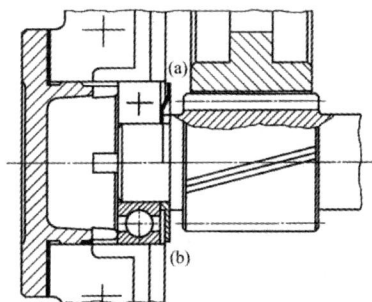

图 10-10　挡油盘

3. 油浴润滑

　　下置式蜗杆的轴承，由于轴承位置较低，可以采用油浴润滑，但油面不应高于轴承最低滚动体的中心线，以免搅油损失过大引起轴承发热，如图 10-1(c)所示。

10.2　减速器的密封

10.2.1　静密封

　　静密封主要是保证两结合面间有一个连续的压力区，以防止泄漏，常用在凸缘、容器或箱盖等的接合处。

1. 研合面密封

被密封的结合面需经过研磨加工，在螺栓的预紧力作用下相互贴紧而起到密封作用，如图 10-11(a)所示。为了保证密封的效果，应使结合面间的间隙控制在 3～5 μm。

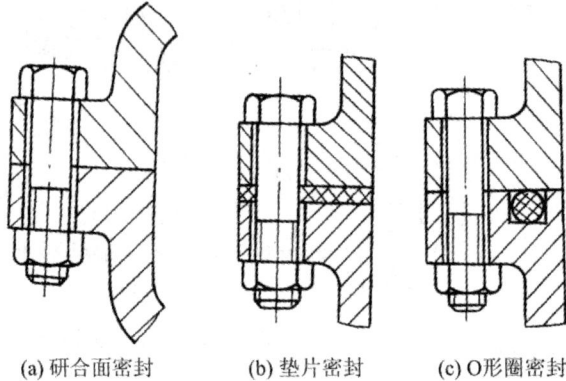

(a) 研合面密封　　　　　(b) 垫片密封　　　　　(c) O形圈密封

图 10-11　静密封

2. 垫片密封

垫片密封是在结合面间加垫片，用螺栓压紧使垫片产生弹塑性变形填满结合面上的不平处，从而消除间隙达到密封的目的，如图 10-11(b)所示。在常温、低压、普通工作介质场合，可用工业纸和橡胶垫片；在高压、特殊高温或低温场合，可用聚四氟乙烯垫片；在高温、高压场合可用金属垫片。

3. O 形圈密封

如图 10-11(c)所示，O 形圈密封是在结合面上的密封圈槽内装入 O 形密封圈，利用其在结合面向形成严密的压力区来达到密封的目的。

4. 密封胶密封

密封胶密封的接合面间隙应小于 0.1 mm。密封胶有一定的流动性，容易充满结合面的间隙，黏附在金属表面上起到密封的作用。即使在比较粗糙的结合面上，其密封效果也很好。若结合面间隙大于 0.2 mm，则密封胶容易流失，可考虑垫片与密封胶组合使用，此时垫片主要填充结合面的间隙，而密封胶则充满结合面间的凹坑，形成不易泄漏的压力区。密封胶的种类很多，应用也越来越广。

10.2.2　动密封

旋转轴的动密封装置常用接触式密封和非接触式密封。常见的密封结构有以下几种。

1. 接触式密封

(1) 毡圈密封：将矩形截面的毡圈压入轴承盖的梯形槽中，使之产生对轴的压紧作用，实现密封，如图 10-12 所示。其特点是结构简单、价廉、安装方便，但接触面的摩擦、擦损较大，毡圈寿命短，一般用于轴颈圆周速度 v 小于 5 m/s 的脂润滑轴承。

图 10-12(b)所示的结构，便于定期更换毡圈及调整径向密封力，以保证密封性及延长使用寿命；图 10-12(c)所示的结构有密封性和调整能力。毡圈和槽的尺寸见表 10.2。

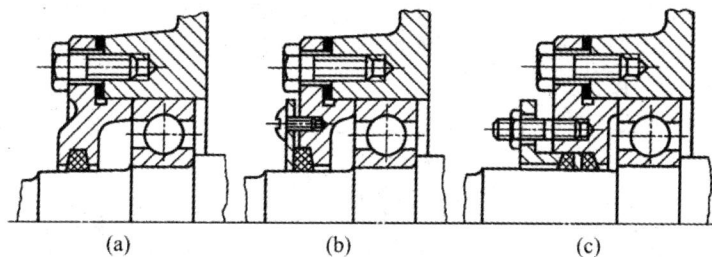

图 10-12 毡圈式密封装置

表 10.2 毡圈密封形式和尺寸 单位：mm

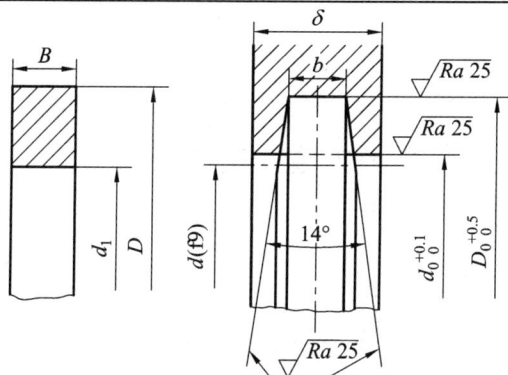

标记示例：

$d=50$ mm 的毡圈油封；

毡圈 50 JB/ZQ 4606—1986

轴径 d	毡 圈				槽				
	D	d_1	B	重量 /kg	D_0	d_0	b	δ_{min}	
								用于钢	用于铸铁
15	29	14	6	0.0010	28	16	5	10	12
20	33	19		0.00I2	32	21			
25	39	24	7	0.0018	38	26	6	12	15
30	45	29		0.0023	44	31			
35	49	34		0.0023	48	36			
40	53	39		0.0026	52	41			
45	61	44	8	0.0040	60	46	7		
50	69	49		0.0054	68	51			
55	74	53		0.0060	72	56			
60	80	58		0.0069	78	61			
65	84	63		0.0070	82	66			
70	90	68		0.0079	88	71			
75	94	73		0.0080	92	77			
80	102	78	9	0.011	100	82	8	15	18

(2) 唇形橡胶密封圈密封。这种密封利用弹簧圈将唇形部分紧压在轴上，由于唇部密封接触面宽度很窄(0.13～0.5 mm)，回弹力很大，又有弹簧箍紧，使唇部对轴具有较好的追随补偿作用，如图 10-13 所示。

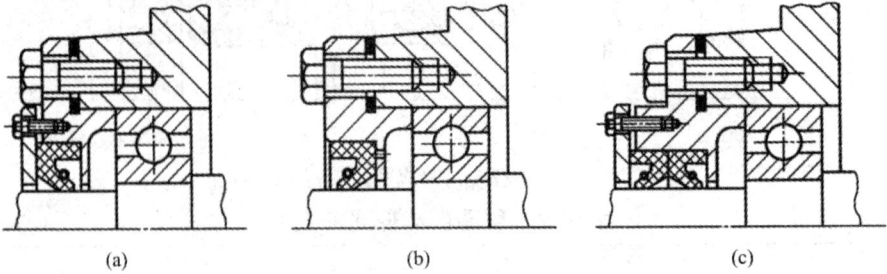

(a)　　　　　　　　(b)　　　　　　　　(c)

图 10-13　唇形橡胶密封圈

唇形橡胶密封圈的结构和尺寸见表 10.3，允许轴颈的圆周速度 $v < 8$ m/s。

表 10.3　内含骨架旋转轴唇形橡胶密封圈　　　　　　　　单位：mm

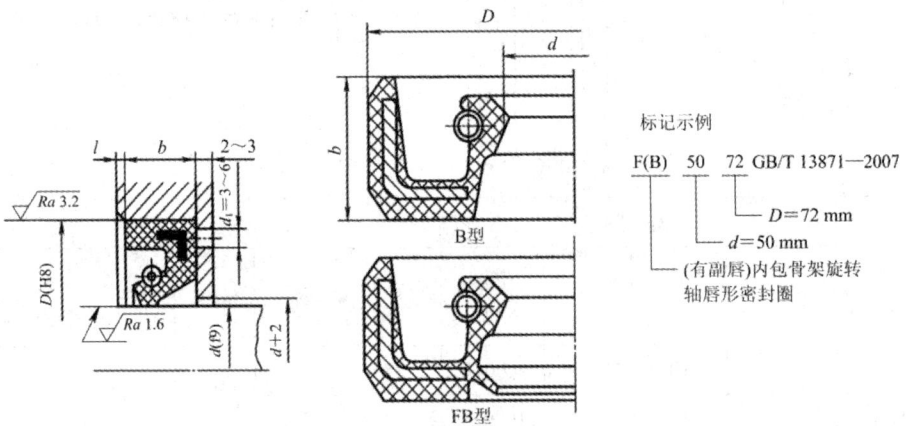

基本内径 d	外径 D	宽度 b	基本内径 d	外径 D	宽度 b	基本内径 d	外径 D	宽度 b
16	30, (35)		38	55, 58, 62		75	95, 100	10
18	30, 35		40	55, (60), 62		80	100, 110	
20	35, 40		42	55, 62		85	110, 120	
22	35, 40, 47	7	45	62, 65	8	90	(115), 120	
25	40, 47, 52		50	68, (70), 72		95	120	
28	40, 47, 52		55	72, (75), 80		100	125	12
30	42, 47, (50), 52		60	80, 85		(105)	130	
32	45, 47, 52		65	85, 90	10	110	140	
35	50, 52, 55	8	70	90, 95		120	150	

注：(1) 括弧内尺寸尽量不采用。

　　(2) 为便于拆卸密封圈，在壳体上应有 d_1 孔 3～4 个。

　　(3) B 型为单唇，FB 型为双唇。

设计时密封唇方向应朝向密封方向。封油结构如图 10-13(a)所示；为防止外界灰尘、杂质渗入，如图 10-13(b)所示；双向密封如图 10-13(c)所示。

2. 非接触式密封

(1) 油沟式密封：利用轴与轴承盖之间的油沟和微小间隙充满润滑脂实现密封，其结构简单，主要适用于脂润滑，但密封不够可靠，且轴承工作温度不能高于润滑脂的熔化温度，如图 10-14 所示。油沟式密封槽的结构尺寸见表 10.4。

表 10.4　油沟式密封槽　　　　　　　　　　　　单位：mm

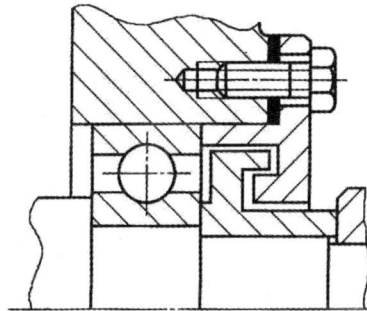

轴径 d	25～80	>80～120	>120～180	油沟数 n
R	1	2	2.5	2～4 个(使用最多的是 3 个)
t	4.5	6	7.5	
b	4	5	6	
d_1	$d+1$			
a_{min}	$a_{min}=nt+R$			

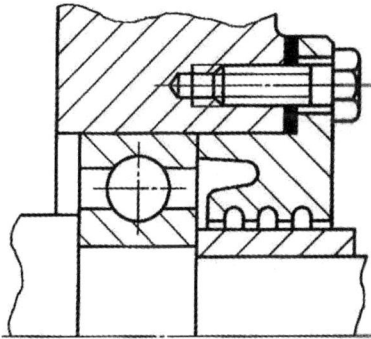

图 10-14　油沟式密封　　　　　　　　图 10-15　迷宫式密封

(2) 迷宫式密封：利用固定在轴上的转动零件与轴承盖间构成的曲折而狭窄的缝隙中充满润滑脂来实现密封。迷宫式密封既适用于油润滑，也适用于脂润滑。与其他密封方式相比，迷宫式密封具有密封可靠、无摩擦磨损的优点，且具有防尘、防漏作用，是一种比较理想的密封方式，如图 10-15 所示。迷宫式密封的结构尺寸见表 10.5。

表 10.5　迷宫式密封　　　　　　　　　　　　单位：mm

轴径 d	10～50	50～80	80～110	110～180
e	0.2	0.3	0.4	0.5
f	1	1.5	2	2.5

教 学 检 测

一、填空题

1. 减速器的润滑主要是为了减少_____，另外还有防锈、冷却和散热的作用。

2. 减速器密封是为了防止外界环境中的灰尘、杂质及水汽渗入箱体，并防止箱体内的_____外漏。

3. 当轴承采用脂润滑时，为防止箱内润滑油进入轴承，通常在箱体轴承座内端面一侧安装_____。

二、单选题

1. 减速器传动件的润滑可用_____。

A. 浸油润滑　　　　　B. 脂润滑　　　　C. 飞溅润滑

2. 减速器箱盖与箱座接合面的密封可选用_____。

A. 研合面密封　　　　B. 毡圈密封　　　　C. 油沟式密封　　　　D. 迷宫式密封

3. 减速器输入(出)轴与轴承盖接合处的密封可选用_____。

A. 研合面密封　　　　B. 毡圈密封　　　　C. O 形圈密封　　　　D. 密封胶密封

4. 减速器中滚动轴承的润滑可用_____。

A. 浸油润滑　　　　　B. 喷油润滑　　　　C. 飞溅润滑

三、判断题

1. 大多数减速器传动件的润滑选用浸油润滑。(　　　)

2. 选用润滑和密封的原则是结构越复杂，成本越高，效果越好。(　　　)

3. 减速器轴承盖与箱体结合面的密封常采用垫片密封。(　　　)

4. O 型圈密封为动密封。(　　　)

5. 工作时密封毡圈与传动轴接触，故需定期更换。(　　　)

四、简答题

1. 减速器的润滑条件是什么？

2. 减速器需要密封的位置有哪些？

3. 齿轮传动采用浸油润滑时，其大齿轮浸油深度不宜超过 1~2 个齿高，为什么？

五、实作题

1. 试选择任务四教学检测实作题第 2 题中减速器各个位置的润滑方式。注意：从原始数据和前面设计结果中找寻此选择的已知条件。

2. 试选择任务四教学检测实作题第 2 题中减速器各个位置的密封方式。注意：从原始数据和前面设计结果中找寻此选择的已知条件。

附　录

附表一　深沟球轴承　(GB/T 276－2013 摘录)

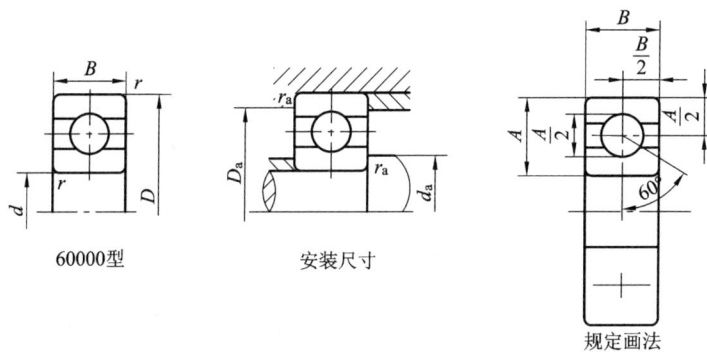

60000型　　　　　安装尺寸　　　　　规定画法

标记示例：滚动轴承 6210　GB/T 276－2013 摘录

F_a/C_{0r}	e	Y	径向当量动载荷	径向当量静载荷
0.014	0.19	2.30		
0.028	0.22	1.99		
0.056	0.26	1.71		$P_{0r} = F_r$
0.084	0.28	1.55	当 $\dfrac{F_a}{F_r} \leqslant e$ 时，$P_r = F_r$	
0.11	0.30	1.45		$P_{0r} = 0.6F_r + 0.5F_a$
0.17	0.34	1.31	当 $\dfrac{F_a}{F_r} > e$ 时，$P_r = 0.56F_r + YF_a$	
0.28	0.38	1.15		取上列两式计算结果的较大值
0.42	0.42	1.04		
0.56	0.44	1.00		

轴承代号	基本尺寸/mm				安装尺寸/mm			基本额定动载荷 C_r	基本额定静载荷 C_{0r}	极限转速/(r/min)		原轴承代号
	d	D	B	r_s min	d_a min	D_a max	r_{as} max	/kN		脂润滑	油润滑	
(1) 0 尺寸系列												
6000	10	26	8	0.3	12.4	23.6	0.3	4.58	1.98	28 000	28 000	100
6001	12	28	8	0.3	14.4	25.6	0.3	5.10	2.38	26 000	26 000	101
6002	15	32	9	0.3	17.4	29.6	0.3	5.58	2.85	24 000	24 000	102
6003	17	35	10	0.3	19.4	32.6	0.3	6.00	3.25	22 000	22 000	103
6004	20	42	12	0.6	25	37	0.6	9.38	5.02	19 000	19 000	104
6005	25	47	12	0.6	30	42	0.6	10.0	5.85	17 000	17 000	105
6006	30	55	13	1	36	49	1	13.2	8.30	10 000	14 000	106
6007	35	62	14	1	41	56	1	16.2	10.5	9 000	12 000	107
6008	40	68	15	1	46	62	1	17.0	11.8	8 500	11 000	108
6009	45	75	16	1	51	69	1	21.0	14.8	8 000	10 000	109
6010	50	80	16	1	56	74	1	22.0	16.2	7 000	9 000	110

续表一

轴承代号	基本尺寸/mm				安装尺寸/mm			基本额定动载荷 C_r	基本额定静载荷 C_{0r}	极限转速/(r/min)		原轴承代号
	d	D	B	r_s min	d_a min	D_a max	r_{as} max	/kN		脂润滑	油润滑	
6011	55	90	18	1.1	62	83	1	30.2	21.8	6 300	8 000	111
6012	60	95	18	1.1	67	88	1	31.5	24.2	6 000	7 500	112
6013	65	100	18	1.1	72	93	1	32.0	24.8	5 600	7 000	113
6014	70	110	20	1.1	77	103	1	38.5	30.5	5 300	6 700	114
6015	75	115	20	1.1	82	108	1	40.2	33.2	5 000	6 300	115
6016	80	125	22	1.1	87	118	1	47.5	39.8	4 800	6 000	116
6017	85	130	22	1.1	92	123	1	50.8	42.8	4 500	5 600	117
6018	90	140	24	1.5	99	131	1.5	58.0	49.8	4 300	5 300	118
6019	95	145	24	1.5	104	136	1.5	57.8	50.0	4 000	5 000	119
6020	100	150	24	1.5	109	141	1.5	64.5	56.2	3 800	4 800	120

(0) 2 尺寸系列

轴承代号	d	D	B	r_s min	d_a min	D_a max	r_{as} max	C_r /kN	C_{0r} /kN	脂润滑	油润滑	原轴承代号
6200	10	30	9	0.6	15	25	0.6	5.10	2.38	19 000	26 000	200
6201	12	32	10	0.6	17	27	0.6	6.82	3.05	18 000	24 000	201
6202	15	35	11	0.6	20	30	0.6	7.65	3.72	17 000	22 000	202
6203	17	40	12	0.6	22	35	0.6	9.58	4.78	16 000	20 000	203
6204	20	47	14	1	26	41	1	12.8	6.65	14 000	18 000	204
6205	25	52	15	1	31	46	1	14.0	7.88	12 000	16 000	205
6206	30	62	16	1	36	56	1	19.5	11.5	9 500	13 000	206
6207	35	72	17	1.1	45	65	1	25.5	15.2	8 500	11 000	207
6208	40	80	18	1.1	47	73	1	29.5	18.0	8 000	10 000	208
6209	45	85	19	1.1	52	78	1	31.5	20.5	7 000	9 000	209
6210	50	90	20	1.1	57	83	1	35.0	23.2	6 700	8 500	210
6211	55	100	21	1.5	64	91	1.5	43.2	29.2	6 000	7 500	211
6212	60	110	22	1.5	69	101	1.5	47.8	32.8	5 600	7 000	212
6213	65	120	23	1.5	74	111	1.5	57.2	40.0	5 000	6 300	213
6214	70	125	24	1.5	79	116	1.5	60.8	45.0	4 800	6 000	214
6215	75	130	25	1.5	84	121	1.5	66.0	49.5	4 500	5 600	215
6216	80	140	26	2	90	130	2	71.5	54.2	4 300	5 300	216
6217	85	150	28	2	95	140	2	83.2	63.8	4 000	5 000	217
6218	90	160	30	2	100	150	2	95.8	71.5	3 800	4 800	218
6219	95	170	32	2.1	107	158	2.1	110	82.8	3 600	4 500	219
6220	100	180	34	2.1	112	168	2.1	122	92.8	3 400	4 300	220

(0) 3 尺寸系列

轴承代号	d	D	B	r_s min	d_a min	D_a max	r_{as} max	C_r /kN	C_{0r} /kN	脂润滑	油润滑	原轴承代号
6300	10	35	11	0.6	15	30	0.6	7.65	3.48	18 000	24 000	300
6301	12	37	12	1	18	31	1	9.72	5.08	17 000	22 000	301
6302	15	42	13	1	21	36	1	11.5	5.42	16 000	20 000	302
6303	17	47	14	1	23	41	1	13.5	6.58	15 000	19 000	303
6304	20	52	15	1.1	27	45	1	15.8	7.88	13 000	17 000	304
6305	25	62	17	1.1	32	55	1	22.2	11.5	10 000	14 000	305

续表二

轴承代号	基本尺寸/mm				安装尺寸/mm			基本额定动载荷 C_r	基本额定静载荷 C_{0r}	极限转速/(r/min)		原轴承代号
	d	D	B	r_s min	d_a min	D_a max	r_{as} max	/kN		脂润滑	油润滑	
6306	30	72	19	1.1	37	65	1	27.0	15.2	9 000	12 000	306
6307	35	80	21	1.5	44	71	1.5	33.0	19.2	8 000	10 000	307
6308	40	90	23	1.5	49	81	1.5	40.8	24.0	7 000	9 000	308
6309	45	100	25	1.5	54	91	1.5	52.8	31.8	6 300	8 000	309
6310	50	110	27	2	60	100	2	61.8	38.0	6 000	7 500	310
6311	55	120	29	2	65	110	2	71.5	44.8	5 300	6 700	311
6312	60	130	31	2.1	72	118	2.1	81.8	51.8	5 000	6 300	312
6313	65	140	33	2.1	77	128	2.1	93.8	60.5	4 500	5 600	313
6314	70	150	35	2.1	82	138	2.1	105	68.0	4 300	5 300	314
6315	75	160	37	2.1	87	148	2.1	112	76.8	4 000	5 000	315
6316	80	170	39	2.1	92	158	2.1	122	86.5	3 800	4 800	316
6317	85	180	41	3	99	166	2.5	132	96.5	3 600	4 500	317
6318	90	190	43	3	104	176	2.5	145	108	3 400	4 300	318
6319	95	200	45	3	109	186	2.5	155	122	3 200	4 000	319
6320	100	215	47	3	114	201	2.5	172	140	2 800	3 600	320

(0) 4 尺寸系列

轴承代号	d	D	B	r_s min	d_a min	D_a max	r_{as} max	/kN		脂润滑	油润滑	原轴承代号
6403	17	62	17	1.1	24	55	1	22.5	10.8	11 000	15 000	403
6404	20	72	19	1.1	27	65	1	31.0	15.2	9 500	13 000	404
6405	25	80	21	1.5	34	71	1.5	38.2	19.2	8 500	11 000	405
6406	30	90	23	1.5	39	81	1.5	47.5	24.5	8 000	10 000	406
6407	35	100	25	1.5	44	91	1.5	56.8	29.5	6 700	8 500	407
6408	40	110	27	2	50	100	2	65.5	37.5	6 300	8 000	408
6409	45	120	29	2	55	110	2	77.5	45.5	5 600	7 000	409
6410	50	130	31	2.1	62	118	2.1	92.2	55.2	5 300	6 700	410
6411	55	140	33	2.1	67	128	2.1	100	62.5	4 800	6 000	411
6412	60	150	35	2.1	72	138	2.1	108	70.0	4 500	5 600	412
6413	65	160	37	2.1	77	148	2.1	118	78.5	4 300	5 300	413
6414	70	180	42	3	84	166	2.5	140	99.5	3 800	4 800	414
6415	75	190	45	3	89	176	2.5	155	115	3 600	4 500	415
6416	80	200	48	3	94	186	2.5	162	125	3 400	4 300	416
6417	85	210	52	4	103	192	3	175	138	3 200	4 000	417
6418	90	225	54	4	108	207	3	192	158	2 800	3 600	418
6420	100	250	58	4	118	232	3	222	195	2 400	3 200	420

注: (1) 60/22、60/28、60/32、62/22、62/28、62/32、63/22、63/28 和 63/32 表中未摘录。

(2) $r_{a\,min}$ 为 r 的单向最小倒角尺寸; $r_{a\,max}$ 为 r_{as} 的单向最大倒角尺寸。

(3) 原轴承标准为 GB/T 276—1994。

附表二　角接触球轴承　　　　　(GB/T 292－2007 摘录)

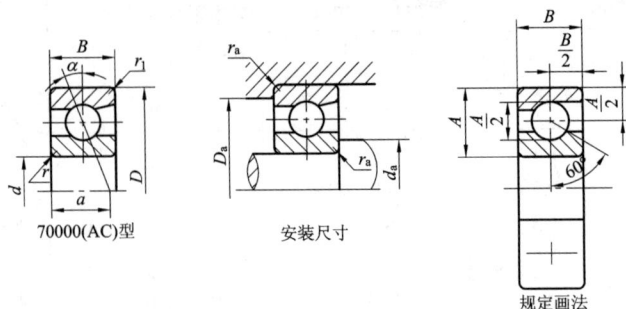

70000(AC)型　　　　　安装尺寸　　　　　规定画法

标记示例：滚动轴承 7210C　GB/T 292－2007

iF_a/C_{0r}	e	Y	7000C 型	7000 AC 型
0.015	0.19	2.30	径向当量动载荷	径向当量动载荷
0.029	0.22	1.99	当 $F_a/F_r \leqslant e$ 时，$P_r = F_r$；	当 $F_a/F_r \leqslant 0.68$ 时，$P_r = F_r$；
0.058	0.26	1.71	当 $F_a/F_r > e$ 时，$P_r = 0.44F_r + YF_a$	当 $F_a/F_r > 0.68$ 时，$P_r = 0.41F_r + 0.87F_a$
0.087	0.28	1.55		
0.12	0.30	1.45	径向当量静载荷	径向当量静载荷
0.17	0.34	1.31	$P_{0r} = 0.5F_r + 0.46F_a$	$P_{0r} = 0.5F_r + 0.38F_a$
0.29	0.38	1.15		
0.44	0.42	1.04	当 $P_{0r} < F_r$ 时，取 $P_{0r} = F_r$	当 $P_{0r} < F_r$ 时，取 $P_{0r} = F_r$
0.58	0.44	1.00		

轴承代号		基本尺寸/mm					安装尺寸/mm			7000C ($\alpha = 15°$)			7000 AC ($\alpha = 25°$)			极限转速/(r/min)		原轴承代号	
		d	D	B	r_s min	r_{1s} min	d_a min	D_a max	r_{as} max	a/mm	基本额定 动载荷 C_r /kN	静载荷 C_{0r} /kN	a/mm	基本额定 动载荷 C_r /kN	静载荷 C_{0r} /kN	脂润滑	油润滑		
(1) 0 尺寸系列																			
7000C	7000AC	10	26	8	0.3	0.15	12.4	23.6	0.3	6.4	4.92	2.25	8.2	4.75	2.12	19 000	28 000	36100	46100
7001C	7001AC	12	28	8	0.3	0.15	14.4	25.6	0.3	6.7	5.42	2.65	8.7	5.20	2.55	18 000	26 000	36101	46101
7002C	7002AC	15	32	9	0.3	0.15	17.4	29.6	0.3	7.6	6.25	3.42	10	5.95	3.25	17 000	24 000	36102	46102
7003C	7003AC	17	35	10	0.3	0.15	19.4	32.6	0.3	8.5	6.60	3.85	11.1	6.30	3.68	16 000	22 000	36103	46103
7004C	7004AC	20	42	12	0.6	0.15	25	37	0.6	10.2	10.5	6.08	13.2	10.0	5.78	14 000	19 000	36104	46104
7005C	7005AC	25	47	12	0.6	0.15	30	42	0.6	10.8	11.5	7.45	14.4	11.2	7.08	12 000	17 000	36105	46105
7006C	7006AC	30	55	13	1	0.3	36	49	1	12.2	15.2	10.2	16.4	14.5	9.85	9 500	14 000	36106	46106
7007C	7007AC	35	62	14	1	0.3	41	56	1	13.5	19.5	14.2	18.3	18.5	13.5	8 500	12 000	36107	46107
7008C	7008AC	40	68	15	1	0.3	46	62	1	14.7	20.0	15.2	20.1	19.0	14.5	8 000	11 000	36108	46108
7009C	7009AC	45	75	16	1	0.3	51	69	1	16	25.8	20.5	21.9	25.8	19.5	7 500	10 000	36109	46109
7010C	7010AC	50	80	16	1	0.3	56	74	1	16.7	26.5	22.0	23.2	25.2	21.0	6 700	9 000	36110	46110

续表一

轴承代号		基本尺寸/mm					安装尺寸/mm			7000C ($\alpha=15°$)			7000 AC ($\alpha=25°$)			极限转速/ (r/min)		原轴承代号	
					r_s	r_{1s}	d_a	D_a	r_{as}	a/	基本额定		a/	基本额定					
		d	D	B			min	max		mm	动载荷 C_r	静载荷 C_{0r}	mm	动载荷 C_r	静载荷 C_{0r}	脂润滑	油润滑		
					min			max			/kN			/kN					
7011C	7011AC	55	90	18	1.1	0.6	62	83	1	18.7	37.2	30.5	25.9	35.2	29.2	6 000	8 000	36111	46111
7012C	7012AC	60	95	18	1.1	0.6	67	88	1	19.4	38.2	32.8	27.1	36.2	31.5	5 600	7 500	36112	46112
7013C	7013AC	65	100	18	1.1	0.6	72	93	1	20.1	40.0	35.5	28.2	38.0	33.8	5 300	7 000	36113	46113
7014C	7014AC	70	110	20	1.1	0.6	77	103	1	22.1	48.2	43.5	30.9	45.8	41.5	5 000	6 700	36114	46114
7015C	7015AC	75	115	20	1.1	0.6	82	108	1	22.7	49.5	46.5	32.2	46.8	44.2	4 800	6 300	36115	46115
7016C	7016AC	80	125	22	1.5	0.6	89	116	1.5	24.7	58.5	55.8	34.9	55.5	53.2	4 500	6 000	36116	46116
7017C	7017AC	85	130	22	1.5	0.6	94	121	1.5	25.7	62.5	60.2	36.1	59.2	57.2	4 300	5 600	36117	46117
7018C	7018AC	90	140	24	1.5	0.6	99	131	1.5	27.4	71.5	69.8	38.8	67.5	66.5	4 000	5 300	36118	46118
7019C	7019AC	95	145	24	1.5	0.6	104	136	1.5	28.1	73.5	73.2	40	69.5	69.8	3 800	5 000	36119	46119
7020C	7020AC	100	150	24	1.5	0.6	109	141	1.5	28.7	79.2	78.5	41.2	75	74.8	3 800	5 000	36120	46120

(0) 2 尺寸系列

轴承代号		基本尺寸/mm					安装尺寸/mm			7000C ($\alpha=15°$)			7000 AC ($\alpha=25°$)			极限转速/ (r/min)		原轴承代号	
7200C	7200AC	10	30	9	0.6	0.15	15	25	0.6	7.2	5.82	2.95	9.2	5.58	2.82	18 000	26 000	36200	46200
7201C	7201AC	12	32	10	0.6	0.15	17	27	0.6	8	7.35	3.52	10.2	7.10	3.35	17 000	24 000	36201	46201
7202C	7202AC	15	35	11	0.6	0.15	20	30	0.6	8.9	8.68	4.62	11.4	8.35	4.40	16 000	22 000	36202	46202
7203C	7203AC	17	40	12	0.6	0.3	22	35	0.6	9.9	10.8	5.95	12.8	10.5	5.65	15 000	20 000	36203	46203
7204C	7204AC	20	47	14	1	0.3	26	41	1	11.5	14.5	8.22	14.9	14.0	7.82	13 000	18 000	36204	46204
7205C	7205AC	25	52	15	1	0.3	31	46	1	12.7	16.5	10.5	16.4	15.8	9.88	11 000	16 000	36205	46205
7206C	7206AC	30	62	16	1	0.3	36	56	1	14.2	23.0	15.0	18.7	22.0	14.2	9 000	13 000	36206	46206
7207C	7207AC	35	72	17	1.1	0.6	42	65	1	15.7	30.5	20.0	21	29.0	19.2	8 000	11 000	36207	46207
7208C	7208AC	40	80	18	1.1	0.6	47	73	1	17	36.8	25.8	23	35.2	24.5	7 500	10 000	36208	46208
7209C	7209AC	45	85	19	1.1	0.6	52	78	1	18.2	38.5	28.5	24.7	36.8	27.2	6 700	9 000	36209	46209
7210C	7210AC	50	90	20	1.1	0.6	57	83	1	19.4	42.8	32.0	26.3	40.8	30.5	6 300	8 500	36210	46210
7211C	7211AC	55	100	21	1.5	0.6	64	91	1.5	20.9	52.8	40.5	28.6	50.5	38.5	5 600	7 500	36211	46211
7212C	7212AC	60	110	22	1.5	0.6	69	101	1.5	22.4	61.0	48.5	30.8	58.2	46.2	5 300	7 000	36212	46212
7213C	7213AC	65	120	23	1.5	0.6	74	111	1.5	24.2	69.8	55.2	33.5	66.5	52.5	4 800	6 300	36213	46213
7214C	7214AC	70	125	24	1.5	0.6	79	116	1.5	25.3	70.2	60.0	35.1	69.2	57.5	4 500	6 000	36214	46214
7215C	7215AC	75	130	25	1.5	0.6	84	121	1.5	26.4	79.2	65.8	36.6	75.2	63.0	4 300	5 600	36215	46215
7216C	7216AC	80	140	26	2	1	90	130	2	27.7	89.5	78.2	38.9	85.0	74.5	4 000	5 300	36216	46216
7217C	7217AC	85	150	28	2	1	95	140	2	29.9	99.8	85.0	41.6	94.8	81.5	3 800	5 000	36217	46217

续表二

轴承代号		基本尺寸/mm					安装尺寸/mm			7000C ($\alpha=15°$)			7000 AC ($\alpha=25°$)			极限转速/ (r/min)		原轴承代号	
		d	D	B	r_s	r_{1s}	d_a	D_a	r_{as}	a/ mm	基本额定		a/ mm	基本额定		脂润滑	油润滑		
					min		min	max			动载荷 C_r	静载荷 C_{0r}		动载荷 C_r	静载荷 C_{0r}				
											/kN			/kN					
7218C	7218AC	90	160	30	2	1	100	150	2	31.7	122	105	44.2	118	100	3 600	4 800	36218	46218
7219C	7219AC	95	170	32	2.1	1.1	107	158	2.1	33.8	135	115	46.9	128	108	3 400	4 500	36219	46219
7220C	7220AC	100	180	34	2.1	1.1	112	168	2.1	35.8	148	128	49.7	142	122	3 200	4 300	36220	46220

(0) 3 尺寸系列

轴承代号		d	D	B	r_s	r_{1s}	d_a	D_a	r_{as}	a/mm	C_r	C_{0r}	a/mm	C_r	C_{0r}	脂润滑	油润滑		
7301C	7301AC	12	37	12	1	0.3	18	31	1	8.6	8.10	5.22	12	8.08	4.88	16 000	22 000	36301	46301
7302C	7302AC	15	42	13	1	0.3	21	36	1	9.6	9.38	5.95	13.5	9.08	5.58	15 000	20 000	36302	46302
7303C	7303AC	17	47	14	1	0.3	23	41	1	10.4	12.8	8.62	14.8	11.5	7.08	14 000	19 000	36303	46303
7304C	7304AC	20	52	15	1.1	0.6	27	45	1	11.3	14.2	9.68	16.8	13.8	9.10	12 000	17 000	36304	46304
7305C	7305AC	25	62	17	1.1	0.6	32	55	1	13.1	21.5	15.8	19.1	20.8	14.8	9 500	14 000	36305	46305
7306C	7306AC	30	72	19	1.1	0.6	37	65	1	15	26.5	19.8	22.2	25.2	18.5	8 500	12 000	36306	46306
7307C	7307AC	35	80	21	1.5	0.6	44	71	1.5	16.6	34.2	26.8	24.5	32.8	24.8	7 500	10 000	36307	46307
7308C	7308AC	40	90	23	1.5	0.6	49	81	1.5	18.5	40.2	32.3	27.5	38.5	30.5	6 700	9 000	36308	46308
7309C	7309AC	45	100	25	1.5	0.6	54	91	1.5	20.2	49.2	39.8	30.2	47.5	37.2	6 000	8 000	36309	46309
7310C	7310AC	50	110	27	2	1	60	100	2	22	53.5	47.2	33	55.5	44.5	5 600	7 500	36310	46310
7311C	7311AC	55	120	29	2	1	65	110	2	23.8	70.5	60.5	35.8	67.2	56.8	5 000	6 700	36311	46311
7312C	7312AC	60	130	31	2.1	1.1	72	118	2.1	25.6	80.5	70.2	38.7	77.8	65.8	4 800	6 300	36312	46312
7313C	7313AC	65	140	33	2.1	1.1	77	128	2.1	27.4	91.5	80.5	41.5	89.8	75.5	4 300	5 600	36313	46313
7314C	7314AC	70	150	35	2.1	1.1	82	138	2.1	29.2	102	91.5	44.3	98.5	86.0	4 000	5 300	36314	46314
7315C	7315AC	75	160	37	2.1	1.1	87	148	2.1	31	112	105	47.2	108	97.0	3 800	5 000	36315	46315
7316C	7316AC	80	170	39	2.1	1.1	92	158	2.1	32.8	122	118	50	118	108	3 600	4 800	36316	46316
7317C	7317AC	85	180	41	3	1.1	99	166	2.5	34.6	132	128	52.8	125	122	3 400	4 500	36317	46317
7318C	7318AC	90	190	43	3	1.1	104	176	2.5	36.4	142	142	55.6	135	135	3 200	4 300	36318	46318
7319C	7319AC	95	200	45	3	1.1	109	186	2.5	38.2	152	158	58.5	145	148	3 000	4 000	36319	46319
7320C	7320AC	100	215	47	3	1.1	114	201	2.5	40.2	162	175	61.9	165	178	2 600	3 600	36320	46320

注：(1) 表中的 C_r 值，对(1) 0、(0)2 系列为真空脱气轴承钢的负荷能力，对(0)3 系列为电炉轴承钢的负荷能力。

　　　(2) 原轴承标准为 GB/T 292－1994。

附表三　圆锥滚子轴承　(GB/T 297—2015 摘录)

径向当量动载荷

当 $\dfrac{F_a}{F_r} \leqslant e$ 时，$P_r = F_r$；当 $\dfrac{F_a}{F_r} > e$ 时，$P_r = 0.4F_r + YF_a$

径向当量静载荷

$P_{0r} = F_r$

$P_{0r} = 0.5F_r + Y_0F_a$

取上列两式计算结果的较大值

标记示例：滚动轴承 30310 GB/T 297—2015

30000型　　安装尺寸　　规定画法

轴承代号	尺寸/mm								安装尺寸/mm									计算系数			基本额定		极限转速/(r/min)		原轴承代号
	d	D	T	B	C	r_s min	r_{1s} min	a ≈	d_a min	d_b max	D_a min	D_a max	D_b min	a_1 min	a_2 min	r_{as} max	r_{bs} max	e	Y	Y_0	动载荷 C_r /kN	静载荷 C_{0r} /kN	脂润滑	油润滑	
02 尺寸系列																									
30203	17	40	13.25	12	11	1	1	9.9	23	23	34	34	37	2	2.5	1	1	0.35	1.7	1	20.8	21.8	9 000	12 000	7203E
30204	20	47	15.25	14	12	1	1	11.2	26	27	40	41	43	2	3.5	1	1	0.35	1.7	1	28.2	30.5	8 000	10 000	7204E
30205	25	52	16.25	15	13	1	1	12.5	31	31	44	46	48	2	3.5	1	1	0.37	1.6	0.9	32.2	37.0	7 000	9 000	7205E
30206	30	62	17.25	16	14	1	1	13.8	36	37	53	56	58	2	3.5	1	1	0.37	1.6	0.9	43.2	50.5	6 000	7 500	7206E
30207	35	72	18.25	17	15	1.5	1.5	15.3	42	44	62	65	67	3	3.5	1.5	1.5	0.37	1.6	0.9	54.2	63.5	5 300	6 700	7207E
30208	40	80	19.75	18	16	1.5	1.5	16.9	47	49	69	73	75	3	4	1.5	1.5	0.37	1.6	0.9	63.0	74.0	5 000	6 300	7208E
30209	45	85	20.75	19	16	1.5	1.5	18.6	52	53	74	78	80	3	5	1.5	1.5	0.4	1.5	0.8	67.8	83.5	4 500	5 600	7209E
30210	50	90	21.75	20	17	1.5	1.5	20	57	58	79	83	86	3	5	1.5	1.5	0.42	1.4	0.8	73.2	92.0	4 300	5 300	7210E
30211	55	100	22.75	21	18	2	1.5	21	64	64	88	91	95	4	5	2	1.5	0.4	1.5	0.8	90.8	115	3 800	4 800	7211E
30212	60	110	23.75	22	19	2	1.5	22.3	69	69	96	101	103	4	5	2	1.5	0.4	1.5	0.8	102	130	3 600	4 500	7212E
30213	65	120	24.75	23	20	2	1.5	23.8	74	77	106	111	114	4	5	2	1.5	0.4	1.5	0.8	120	152	3 200	4 000	7213E
30214	70	125	26.25	24	21	2	1.5	25.8	79	81	110	116	119	4	5.5	2	1.5	0.42	1.4	0.8	132	175	3 000	3 800	7214E

续表一

轴承代号		尺寸/mm						a ≈	安装尺寸/mm									计算系数			基本额定		极限转速/(r/min)		原轴承代号
d	D	T	B	C	r_s min	r_{1s} min			d_a min	d_b max	D_a min	D_a max	D_b min	a_1 min	a_2 min	r_{as} max	r_{bs} max	e	Y	Y_0	动载荷 C_r /kN	静载荷 C_{0r} /kN	脂润滑	油润滑	
02 尺寸系列																									
30215	75	130	27.25	25	22	2	1.5	27.4	84	85	115	121	125	4	5.5	2	1.5	0.44	1.4	0.8	138	185	2 800	3 600	7215E
30216	80	140	28.25	26	22	2.5	2	28.1	90	90	124	130	133	4	6	2.1	2	0.42	1.4	0.8	160	212	2 600	3 400	7216E
30217	85	150	30.5	28	24	2.5	2	30.3	95	96	132	140	142	5	6.5	2.1	2	0.42	1.4	0.8	178	238	2 400	3 200	7217E
30218	90	160	32.5	30	26	2.5	2	32.3	100	102	140	150	151	5	6.5	2.1	2	0.42	1.4	0.8	200	270	2 200	3 000	7218E
30219	95	170	34.5	32	27	3	2.5	34.2	107	108	149	158	160	5	7.5	2.5	2.1	0.42	1.4	0.8	228	308	2 000	2 800	7219E
30220	100	180	37	34	29	3	2.5	36.4	112	114	157	168	169	5	8	2.5	2.1	0.42	1.4	0.8	255	350	1 900	2 600	7220E
03 尺寸系列																									
30302	15	42	14.25	13	11	1	1	9.6	21	22	36	36	38	2	3.5	1	1	0.29	2.1	1.2	22.8	21.5	9 000	12 000	7302E
30303	17	47	15.25	14	12	1	1	10.4	23	25	40	41	43	3	3.5	1	1	0.29	2.1	1.2	28.2	27.2	8 500	11 000	7303E
30304	20	52	16.25	15	13	1.5	1.5	11.1	27	28	44	45	48	3	3.5	1.5	1.5	0.3	2	1.1	33.0	33.2	7 500	9 500	7304E
30305	25	62	18.25	17	15	1.5	1.5	13	32	34	54	55	58	3	3.5	1.5	1.5	0.3	2	1.1	46.8	48.0	6 300	8 000	7305E
30306	30	72	20.75	19	16	1.5	1.5	15.3	37	40	62	65	66	3	5	1.5	1.5	0.31	1.9	1.1	59.0	63.0	5 600	7 000	7306E
30307	35	80	22.75	21	18	2	1.5	16.8	44	45	70	71	74	3	5	2	1.5	0.31	1.9	1.1	75.2	82.5	5 000	6 300	7307E
30308	40	90	25.25	23	20	2	1.5	19.5	49	52	77	81	84	3	5.5	2	1.5	0.35	1.7	1	90.8	108	4 500	5 600	7308E
30309	45	100	27.25	25	22	2	1.5	21.3	54	59	86	91	94	3	5.5	2	1.5	0.35	1.7	1	108	130	4 000	5 000	7309E
30310	50	110	29.25	27	23	2.5	2	23	60	65	95	100	103	4	6.5	2	2	0.35	1.7	1	130	158	3 800	4 800	7310E
30311	55	120	31.5	29	25	2.5	2	24.9	65	70	104	110	112	4	6.5	2.5	2	0.35	1.7	1	152	188	3 400	4 300	7311E
30312	60	130	33.5	31	26	3	2.5	26.6	72	76	112	118	121	5	7.5	2.5	2.1	0.31	1.7	1	170	210	3 200	4 000	7312E
30313	65	140	36	33	28	3	2.5	28.7	77	83	122	128	131	5	8	2.5	2.1	0.35	1.7	1	195	242	2 800	3 600	7313E
30314	70	150	38	35	30	3	2.5	30.7	82	89	130	138	141	5	8	2.5	2.1	0.35	1.7	1	218	272	2 600	3 400	7314E
30315	75	160	40	37	31	3	2.5	32	87	95	139	148	150	5	9	2.5	2.1	0.35	1.7	1	252	318	2 400	3 200	7315E
30316	80	170	42.5	39	33	3	2.5	34.4	92	102	148	158	160	5	9.5	2.5	2.1	0.35	1.7	1	278	352	2 200	3 000	7316E

续表一

轴承代号	尺寸/mm								安装尺寸/mm									计算系数			基本额定		极限转速/(r/min)		原轴承代号
	d	D	T	B	C	r_s min	r_{1s} min	$a \approx$	d_a min	d_b max	D_a min	D_a max	D_b min	a_1 min	a_2 min	r_{as} max	r_{bs} max	e	Y	Y_0	动载荷C_r /kN	静载荷C_{0r} /kN	脂润滑	油润滑	
03 尺寸系列																									
30317	85	180	44.5	41	34	4	3	35.9	99	107	156	166	168	6	10.5	3	2.5	0.35	1.7	1	305	388	2 000	2 800	7317E
30318	90	190	46.5	43	36	4	3	37.5	104	113	165	176	178	6	10.5	3	2.5	0.35	1.7	1	342	440	1 900	2 600	7318E
30319	95	200	49.5	45	38	4	3	40.1	109	118	172	186	185	6	11.5	3	2.5	0.35	1.7	1	370	478	1 800	2 400	7319E
30320	100	215	51.5	47	39	4	3	42.2	114	127	184	184	199	6	12.5	3	2.5	0.35	1.7	1	405	525	1 600	2 000	7320E
22 尺寸系列																									
32206	30	62	21.25	20	17	1	1	15.6	36	36	52	56	58	3	4.5	1	1	0.37	1.6	0.9	51.8	63.8	6 000	7 500	7506E
32207	35	72	24.25	23	19	1.5	1.5	17.9	42	42	61	65	68	3	5.5	1.5	1.5	0.37	1.6	0.9	70.5	89.5	5 300	6 700	7507E
32208	40	80	24.75	23	19	1.5	1.5	18.9	47	48	68	73	75	3	6	1.5	1.5	0.37	1.6	0.9	77.8	97.2	5 000	6 300	7508E
32209	45	85	24.75	23	19	1.5	1.5	20.1	52	53	73	78	81	3	6	1.5	1.5	0.4	1.5	0.8	80.8	105	4 500	5 600	7509E
32210	50	90	24.75	23	19	1.5	1.5	21	57	57	78	83	86	3	6	1.5	1.5	0.42	1.4	0.8	82.8	108	4 300	5 300	7510E
32211	55	100	26.75	25	21	2	1.5	22.8	64	62	87	91	96	4	6	2	1.5	0.4	1.5	0.8	108	142	3 800	4 800	7511E
32212	60	110	29.75	28	24	2	1.5	25	69	68	95	101	105	4	6	2	1.5	0.4	1.5	0.8	132	180	3 600	4 500	7512E
32213	65	120	32.75	31	27	2	1.5	27.3	74	75	104	111	115	4	6	2	1.5	0.4	1.5	0.8	160	222	3 200	4 000	7513E
32214	70	125	33.25	31	27	2	1.5	28.8	79	79	108	116	120	4	6.5	2	1.5	0.42	1.5	0.8	168	238	3 000	3 800	7514E
32215	75	130	33.25	31	27	2	1.5	30	84	84	115	121	126	4	6.5	2	1.5	0.44	1.5	0.8	170	242	2 800	3 600	7515E
32216	80	140	35.25	33	28	2.5	2	31.4	90	89	122	130	135	5	7.5	2.1	2	0.42	1.4	0.8	198	278	2 600	3 400	7516E
32217	85	150	38.5	36	30	2.5	2	33.9	95	95	130	140	143	5	8.5	2.1	2	0.42	1.4	0.8	228	325	2 400	3 200	7517E
32218	90	160	42.5	40	34	2.5	2	36.8	100	101	138	150	153	5	8.5	2.1	2	0.42	1.4	0.8	270	395	2 200	3 000	7518E
32219	95	170	45.5	43	37	3	2.5	39.2	107	106	145	158	163	5	8.5	2.5	2.1	0.42	1.4	0.8	302	448	2 000	2 800	7519E
32220	100	180	49	46	39	3	2.5	41.9	112	113	154	168	172	5	10	2.5	2.1	0.42	1.4	0.8	340	512	1 900	2 600	7520E

续表三

23 尺寸系列

轴承代号	d	D	T	B	C	r_s min	r_{1s} min	$a \approx$	d_a min	d_b max	D_a min	D_a max	D_b min	a_1 min	a_2 min	r_{as} max	r_{bs} max	e	Y	Y_0	动载荷 C_r /kN	静载荷 C_{0r} /kN	脂润滑	油润滑	原轴承代号
32303	17	47	20.25	19	16	1	1	12.3	23	24	39	41	43	3	4.5	1	1	0.29	2.1	1.2	35.2	36.2	8 500	11 000	7603E
32304	20	52	22.25	21	18	1.5	1.5	13.6	27	26	43	45	48	3	4.5	1.5	1.5	0.3	2	1.1	42.8	46.2	7 500	9 500	7604E
32305	25	62	25.25	24	20	1.5	1.5	15.9	32	32	52	55	58	3	5.5	1.5	1.5	0.3	2	1.1	61.5	68.8	6 300	8 000	7605E
32306	30	72	28.75	27	23	1.5	1.5	18.9	37	38	59	65	66	4	6	2	1.5	0.31	1.9	1.1	81.5	96.5	5 600	7 000	7606E
32307	35	80	32.75	31	25	2	1.5	20.4	44	43	66	71	74	4	8.5	2	1.5	0.31	1.9	1.1	99.0	118	5 000	6 300	7607E
32308	40	90	35.25	33	27	2	1.5	23.3	49	49	73	81	83	4	8.5	2	1.5	0.35	1.7	1	115	148	4 500	5 600	7608E
32309	45	100	38.25	36	30	2	1.5	25.6	54	56	82	91	93	4	8.5	2	1.5	0.35	1.7	1	145	188	4 000	5 000	7609E
32310	50	110	42.25	40	33	2.5	2	28.2	60	61	90	100	102	5	9.5	2	2	0.35	1.7	1	178	235	3 800	4 800	7610E
32311	55	120	45.5	43	35	2.5	2	30.4	65	66	99	110	111	5	10	2	2	0.35	1.7	1	202	270	3 400	4 300	7611E
32312	60	130	48.5	46	37	3	2.5	32	72	72	107	118	122	6	11.5	2.5	2.1	0.35	1.7	1	228	302	3 200	4 000	7612E
32313	65	140	51	48	39	3	2.5	34.3	77	79	117	128	131	6	12	2.5	2.1	0.35	1.7	1	260	350	2 800	3 600	7613E
323143	70	150	54	51	42	3	2.5	36.5	82	84	125	138	141	6	12	2.5	2.1	0.35	1.7	1	298	408	2 600	3 400	7614E
32315	75	160	58	55	45	3	2.5	39.4	87	91	133	148	150	7	13	2.5	2.1	0.35	1.7	1	348	482	2 400	3 200	7615E
32316	80	170	61.5	58	48	3	2.5	42.1	92	97	142	158	160	7	13.5	2.5	2.1	0.35	1.7	1	388	542	2 200	3 000	7616E
32317	85	180	63.5	60	49	4	3	43.5	99	102	150	166	168	8	14.5	3	2.5	0.35	1.7	1	422	592	2 000	2 800	7617E
32318	90	190	67.5	64	53	4	3	46.2	104	107	157	176	178	8	14.5	3	2.5	0.35	1.7	1	478	682	1 900	2 600	7618E
32319	95	200	71.5	67	55	4	3	49	109	114	166	186	187	8	16.5	3	2.5	0.35	1.7	1	515	738	1 800	2 400	7619E
32320	100	215	77.5	73	60	4	3	52.9	114	122	177	201	201	8	17.5	3	2.5	0.35	1.7	1	600	872	1 600	2 000	7620E

注：原轴承标准为 GB/T 297—1994。

附表四　凸缘联轴器　　　(GB/T 5843—2003 摘录)

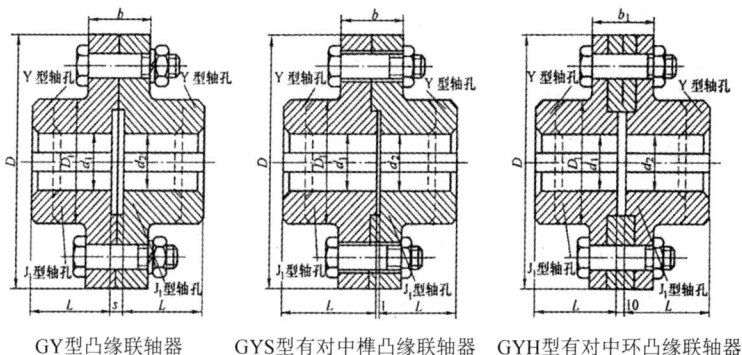

GY型凸缘联轴器　　　　GYS型有对中榫凸缘联轴器　　　GYH型有对中环凸缘联轴器

标记示例：GY5 凸缘联轴器 $\dfrac{Y30 \times 82}{J_1 30 \times 60}$ GB/T 5843—2003

主动端：Y 型轴孔、A 型键槽、$d_1 = 30$ mm、$L = 82$ mm；

从动端：J_1 型轴孔、A 型键槽、$d_1 = 30$ mm、$L = 60$ mm。

型号	公称转矩/ (N·m)	许用转速/ (r/min)	轴孔直径 d_1、d_2/mm	轴孔长度 Y型	轴孔长度 J_1型	D/ mm	D_1/ mm	b/ mm	b_1/ mm	s/ mm	转动惯量/ (kg·m²)	质量/ kg
CY1 GYS1 GYH1	25	12000	12,14	32	27	80	30	26	42	6	0.0008	1.16
			16,18,19	42	30							
GY2 CYS2 CYH2	63	10000	16,18,19	42	30	90	40	28	44	6	0.0015	1.72
			20,22,24	52	38							
			25	62	44							
GY3 GYS3 CYH3	112	9500	20,22,24	52	38	100	45	30	46	6	0.0025	2.38
			25,28	62	44							
GY4 GYS4 CYH4	224	9000	25,28	62	44	105	55	32	48	6	0.003	3.15
			30,32,35	82	60							
CY5 GYS5 CYH5	400	8000	30,32,35,38	82	60	120	68	36	52	8	0.007	5.43
			40,42	112	84							
GY6 GYS6 GYH6	900	6800	38	82	60	140	80	40	56	8	0.015	7.59
			40,42,45,48,50	112	84							
GY7 GYS7 GYH7	1600	6000	48,50,55,56	112	84	160	100	40	56	8	0.031	13.1
			60.63	142	107							
CY8 GYS8 CYII8	3150	4800	60,63,65,70, 71,75	142	107	200	130	50	68	10	0.103	27.5
			80	172	132							
CY9 CYS9 GYH9	6300	3600	75	142	107	260	160	66	84	10	0.319	47.8
			80,85,90,95	172	132							
			100	212	167							

注：本联轴器不具备径向、轴向和角向的补偿性能，刚性好，传递转矩大，结构简单，工作可靠，维护简便，适用于两轴对中精度良好的一般轴系传动。

附表五　弹性套柱销联轴器　　（GB/T 4323－2017 摘录）

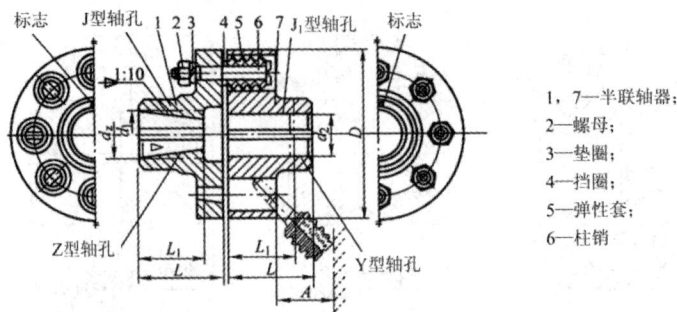

1，7—半联轴器；
2—螺母；
3—垫圈；
4—挡圈；
5—弹性套；
6—柱销

标记示例：LT5 联轴器 $\dfrac{J_1 30 \times 50}{J_1 35 \times 50}$ GB/T 4323—2017

主动端：J_1 型轴孔、A 型键槽、$d = 30$ mm、$L = 50$ mm；

从动端：J_1 型轴孔、A 型键槽、$d = 35$ mm、$L = 50$ mm。

型号	公称转矩 T_n/(N·m)	许用转速 $[n]$/(r/min)	轴孔直径 d_1、d_2、d_z/mm	轴孔长度			D/mm	D_1/mm	S/mm	A/mm	转动惯量/(kg·m²)	质量/kg
				Y 型	J、Z 型							
				L	L_1	L						
				mm								
LT1	16	8800	10, 11	22	25	22	71	22	3	18	0.0004	0.7
			12, 14	27	32	27						
LT2	25	7600	12, 14	27	32	27	80	30	3	18	0.001	1.0
			16, 18, 19	30	42	30						
LT3	63	6300	16, 18, 19	30	42	30	95	35	4	35	0.002	2.2
			20, 22	38	52	38						
LT4	100	5700	20, 22, 24	38	52	44	106	42	4	35	0.004	3.2
			25, 28	44	62	44						
LT5	224	4600	25, 28	44	62	44	130	56	5	45	0.011	5.5
			30, 32, 35	60	82	60						
LT6	355	3800	32, 35, 38	60	82	60	160	71	5	45	0.026	9.6
			40, 42	84	112	84						
I.T7	560	3600	40, 42, 45, 48	84	112	84	190	80	5	45	0.06	15.7
LT8	1120	3000	40, 42, 45, 48, 50, 55	84	112	84	224	95	6	65	0.13	24.0
			60, 63, 65	107	142	107						
LT9	1600	2850	50, 55	84	112	84	250	110	6	65	0.20	31.0
			60, 63, 65, 70	107	142	107						
LT10	3150	2300	63, 65, 70, 75	107	142	107	315	150	8	80	0.64	60.2
			80, 85, 90, 95	132	172	132						
LT11	6300	1800	80, 85, 90, 95	132	172	132	400	190	10	100	2.06	114
			100, 110	167	212	167						

注：(1) 转动惯量和质量是按 Y 型最大轴孔长度、最小轴孔直径计算的数值。

　　(2) 轴孔型式组合为：Y/Y、J/Y、Z/Y。

附表六　弹性柱销联轴器　（GB/T 5014－2017摘录）

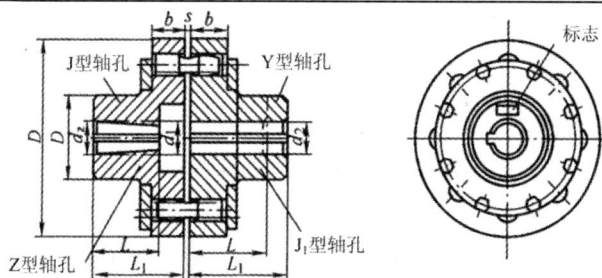

标记示例：LX7 联轴器 $\dfrac{ZC75 \times 107}{JB70 \times 107}$ GB/T 5014—2017

主动端：Z 型轴孔、C 型键槽、$d_z = 75$ mm、$L_1 = 107$ mm；

从动端：J 型轴孔、B 型键槽、$d_z = 70$ mm、$L_1 = 107$ mm。

型号	公称转矩/(N·m)	许用转速/(r/tnin)	轴孔直径 d_1、d_2、d_z/mm	轴孔长度			D/mm	D_1/mm	B/mm	s/mm	转动惯量/(kg.m²)	质量/kg
				Y 型	J、J_1、Z 型							
				L	L	L_1						
LXI	250	8500	12, 14	32	27	—	90	40	20	2.5	0.002	2
			16, 18, 19	42	30	42						
			20, 22, 24	52	38	52						
LX2	560	6300	20, 22, 24	52	38	52	120	55	28	2.5	0.009	5
			25, 28	62	44	62						
			30, 32, 35	82	60	82						
LX3	1250	4700	30, 32, 35, 38	82	60	82	160	75	36	2.5	0.026	8
			40, 42, 45, 48	112	84	112						
LX4	2500	3870	40, 42, 45, 48, 50, 55, 56	112	84	112	195	100	45	3	0.109	22
			60, 63	142	107	142						
LX5	3150	3450	50, 55, 56	112	84	112	220	120	•is	3	0.191	30
			60, 63, 65, 70, 71, 75	142	107	142						
LX6	6300	2720	60, 63, 65, 70, 71, 75	142	107	142	280	140	56	4	0.543	53
			80, 85	172	132	172						
LX7	11200	2360	70, 71, 75	142	107	142	320	170	56	4	1.314	98
			80, 85, 90, 95	172	132	172						
			100, 110	212	167	212						
LX8	16000	2120	80, 85, 90, 95	172	132	172	360	200	56	5	2.023	119
			100, 110, 120, 125	212	167	212						
LX9	22400	1850	100, 110, 120, 125	212	167	212	410	230	63	5	4.386	197
			130, 140	252	202	252						
LX10	35500	1600	110, 120, 125	212	167	212	480	280	75	6	9.760	322
			130, 140, 150	252	202	252						
			160, 170, 180	302	242	302						

注：本联轴器适用于连接两同轴线的传动轴系，并具有补偿两轴相对位移和一般减振性能。工作温度为 −20～+70℃。

参 考 文 献

[1]　许德珠. 机械工程材料. 北京：高等教育出版社，2001

[2]　徐广民. 工程力学. 成都：西南交通大学出版社，2008

[3]　刘鸿文. 材料力学. 北京：高等教育出版社，2011

[4]　陈立德. 机械设计基础课程设计指导书. 北京：高等教育出版社，2007

[5]　张建中. 机械设计机械设计基础课程设计. 北京：高等教育出版社，2009

[6]　陈立德. 机械设计基础. 北京：高等教育出版社，2004

[7]　陈长生. 机械基础. 北京：机械工业出版社，2010

[8]　陈长生. 机械基础综合实训. 北京：机械工业出版社，2011

[9]　吴细辉. 机械基础. 北京：机械工业出版社，2012

[10]　李铁成. 机械工程基础. 北京：高等教育出版社，2009

[11]　张秀芳. 公差配合与精度检测. 北京：电子工业出版社，2009

[12]　李培根. 机械工程基础. 北京：机械工业出版社，2006

[13]　赵贤民. 机械测量技术. 北京：机械工业出版社，2010

[14]　毛平淮. 互换性与测量技术基础. 北京：机械工业出版社，2010

[15]　孙建东. 机械设计基础. 北京：清华大学出版社，2006

[16]　骆素君. 机械课程设计简明手册. 北京：化学工业出版社，2006